貞穎媽

100道 低糖・低鹽・低油 無麩質・低敏副食品

嬰幼兒手指食物

吳貞穎 貞穎麻麻的綺幻料理 ◎著

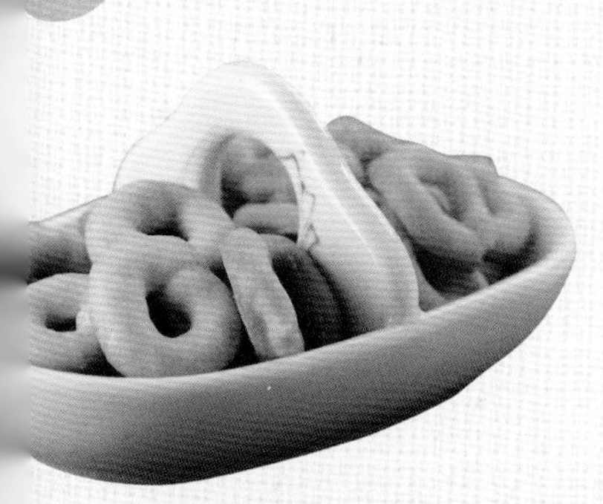

健康、美味的手指副食品

文／陳臻　臻麻的創意實驗室　寶寶副食品交流區管理員

當初加入副食品社團時，第一次讓我眼睛發亮的就是貞穎的料理。

印象很深刻，那是空心米餅！除了料理本身讓我嘖嘖稱奇外，還記得那時貞穎原本說不想公開做法，卻拗不過朋友粉絲的懇求，沒多久還是分享了詳細的做法給大家。

這就是貞穎！她是一個個性很直，卻樂於分享、善良的媽咪，雖然有溫柔的外表，但對寶寶副食品卻相當有原則！對於我這個菜鳥媽媽來說，她簡直像一本活字典，因為貞穎不僅很會做料理，對食品食材方面更是做足了功課，她很清楚什麼樣的食材會對寶寶造成什麼樣的影響，所以貞穎的料理材料其實都相當簡單，尤其是烘焙點心方面，她的食譜沒有讓人看不懂的材料，也沒有複雜到讓人眼花撩亂的步驟，或許料理也可以反映出作者的性格，而貞穎就是一個很單純的人。

我代表媽媽界感謝新手父母出版給貞穎這個機會，因為她的料理和知識將會帶給新手媽咪很大的幫助，每個可愛的寶寶都能吃得健康美味也是貞穎的願望，這是一本媽咪必備的書，裡面每道料理都是貞穎的心血結晶，翻開它將帶領妳走向寶寶副食品的奇妙旅程！

育兒路上美麗的邂逅

文／Tian Jan（小龍媽） 小龍副食品實驗室

非常感謝貞穎媽的邀請，很榮幸的在此為她寫下推薦序，也由衷的為她感到高興、因為她真的做到了！

和貞穎媽是在臉書上副食品社團結識的，我一直都知道她是個相當認真努力的媽媽，每每分享食譜都是研究許久、實驗又實驗過才分享出來；她的為人也相當熱誠，只要看見對嬰幼兒不適合的食譜或食材也會立即整理資訊分享出來。我們之間有著最多的話題還是圍繞在彼此年齡相仿的孩子身上。

初為人母的我也曾為了孩子開始吃副食品而苦惱，當時沒有可以一起研究討論的對象，對於一個零廚藝的廚房新手料理而言，煮出一頓副食品簡直比登天還難；後來藉由網路和書籍學習到相關的知識，才能持續為孩子下廚到現在。

貞穎媽的料理沒有華而不實的外表，有的是一個媽媽對孩子健康的用心付出。每道料理都是以適合嬰幼兒的生理狀況為出發點來設計，書中的食譜也是她育兒路上一路過來的經驗分享，相信這對新手爸媽而言是個非常實用的工具書。

給孩子最簡單最天然的食物

文／Lian Yang（莉恩媽）　本宮的御膳房 寶寶副食品交流區管理員

記得我剛加入寶寶副食品交流區時，在眾多廚藝出色的媽媽中，最讓我印象深刻的就是貞穎媽——深刻於她的堅持、深刻於她的創意、深刻於她的勇敢。我從來沒見過一位媽媽如此有勇氣地在社團裡宣揚健康副食品及點心的理念，堅持著給孩子最簡單及天然的食物，而且言之有物而非空口無憑，認真地在這當中鑽研精進自己，她的堅持及敢言讓我感到非常佩服。

而讓我真正驚豔、驚奇，進而深深認識她的契機，就是一系列的「山寨知名零食」，當中第一個吸引我目光的，就是神奇的星星空心餅乾，一看到那道點心，我馬上聯想到了小時候愛吃的空心小魚餅乾，我的天兒啊！完全喚起了媽媽我的兒時回憶，做法竟然如此簡單，材料也是唾手可得；之後她甚至還研發了「偽乖乖」、「偽蔬菜餅」，還有我家二寶最愛的「米捲兒」，每一份作品都讓我在螢幕前面驚嘆並且開懷大笑！竟然真的做出來了？！也太過於神奇了吧？！

後來我們幾個社團裡的媽媽們聚集起來，展開了一段剪不斷的緣分和友誼，即使從來沒見過面，但那當中真誠的關心和鼓勵，卻透過網路傳遞，多麼奇妙的緣分啊！之後知道貞穎要出書了，我們可是樂壞了，這是一個多麼好的契機及機會，我們相信，秉持著自己理念的她，絕對可以出一本與眾不同的副食品書，讓更多媽媽學習到，如何真正給予自己的寶寶健康天然的飲食並認識身邊看似健康其實充滿潛在危機人工食品。我想，對貞穎媽有初步認識的人，一定能懂得我所想及期待的吧！好不容易，這本書終於要問世了，我衷心希望這本帶著貞穎用心為孩子健康而寫成的副食品書，能夠給予新手媽媽或者和我一樣的老手媽媽幫助，滿心雀躍並且衷心期盼。

提供孩子天然、健康的食物

文／吳貞穎 貞穎麻麻的綺幻料理

首先感謝臉書社團——「寶寶副食品交流區」創辦人葉勝雄醫師，由於他的推薦才有這本書的誕生。回顧副食品之路，貞穎媽從完全沒有概念的菜鳥，慢慢地升級到現在可以分享自己的原創食譜，這一路走來跌跌撞撞，非常辛苦，但只要看著女兒大口開心地吃著自己做的食物，就感到心滿意足。

平價食材也能吃出健康

雖然我非常重視食安問題，但因家境普通所以製作副食品時最常選用的是平價食材。曾經有媽媽向我訴苦，為了選購有機蔬菜給寶寶吃，經常入不敷出。但我和她分享，製作副食品不見得非得選用昂貴的有機蔬菜，只要具備正確的挑選及清洗觀念，就能吃得安心、吃得健康。

孩子的健康不能等，因此食材的挑選除了力求新鮮自然之外，掌握產地最安心，在寶寶 6 個月左右，我也開始購買種子，在自家陽台嘗試種一些蔬菜，像是小松菜、A 菜、九層塔和紅蘿蔔等，盡量提供孩子最天然、單純的食物。我女兒現在 3 歲多，她最常要求的點心還是蘋果薯條或是芭樂薯條（蘋果和芭樂切成薯條那樣細長狀），這就是從小養成的飲食好習慣。

讓製作副食品變成一件有趣的事

而在台灣食安問題頻頻發生後，我也開始捲起袖子認真學習烘焙，為孩子製作少油、少糖、少調味的「媽媽牌零食點心」，在不影響正餐食慾的考量下製作美味的好吃小點。

我曾經參考網路上的食譜來自製米餅，但口感差強人意，因此我開始踏上屬於自己的米餅之路。當時我選擇以蛋黃或蔬果泥來製作米餅，最後我了解自製米餅除了高溫澎化外，只能盡量縮短加熱時間，以免澱粉老化過快，而使表面脆硬無法藉由咀嚼或口水融化，在女兒 1 歲半左右，我陸續研發出薄片米餅以及空心米餅等。一路走來雖然辛苦，但值得欣慰的是，在女兒 2 歲之前，我幾乎沒讓她接觸過市售嬰兒餅乾或甜點。

有些媽媽會完全排斥烘焙類的點心，事實上，我並非鼓勵讓孩子多吃烘焙類點心，而是想藉由一些烘焙基礎，來奠定寶寶的味覺習慣和飲食態度。貞穎媽的初衷是，能無糖就無糖，能少油就少油，能加入一些纖維質或是營養密度較高的五穀根莖類就盡量加，做出較理想的寶寶烘焙點心。

貞穎媽在研發這本食譜書時，使用的食材種類也許不是那麼豐富完善，但製作副食品就像使用調色盤一樣，雖然貞穎媽只運用了三原色或簡單的黑白色，想要怎麼調配運用，還是掌握在媽媽們自己手中，如五穀根莖類之間可以互換取代，而水果葉菜類也可以自由替換。相信看完這本食譜，能激發媽媽們許多靈感及創意。

目錄

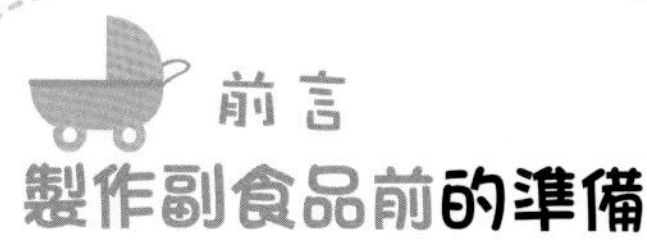

前言 製作副食品前的準備

part 1 製作副食品的基本知識

part 2 第一階段
4～6個月手指食物

part 3 第二階段
7～9個月手指食物

part4 第三階段 10～12個月手指食物

特別篇

〔專欄目錄〕

貞穎媽製作心得

製作副食品前的準備

做副食品最需要的配備就是——簡單的磨泥器、電鍋、料理棒或果汁機（果汁機較無法將少量的食物打成細緻的泥）和一顆想給寶貝最安全以及天然的食物的初心就夠了。

當寶貝日漸長大，接觸的食物種類也會慢慢增加，自己嘗試製作除了可以掌控食材的新鮮度外，也能避免市售食品所帶來的食安風險或是看不見的食品衛生條件。

製作副食品所需的工具

製作副食品一定要很多工具嗎？礙於經濟因素，貞穎媽大多選用平實且平價的工具，不過，不妨礙成品的美觀及美味，生活中的小物都是很棒的塑形工具。以下分享我製作副食品常使用到的器具。

選購平價・好用的基礎器具

做副食品只要一些基本配備（如平底鍋、電鍋）就可以做出許多點心和餅乾了，而如果有烤箱，能製作的烘焙點心也更多樣化。

貞穎媽平常較常使用的工具，真的就只有這些喔！

烹飪基礎工具

電鍋蒸籠 可以架在瓦斯爐的鍋子上蒸饅頭或副食品，通常製作饅頭時，會使用饅頭紙來防止沾黏；饅頭紙在一般五金小賣場或超市就買的到。

電鍋蒸籠

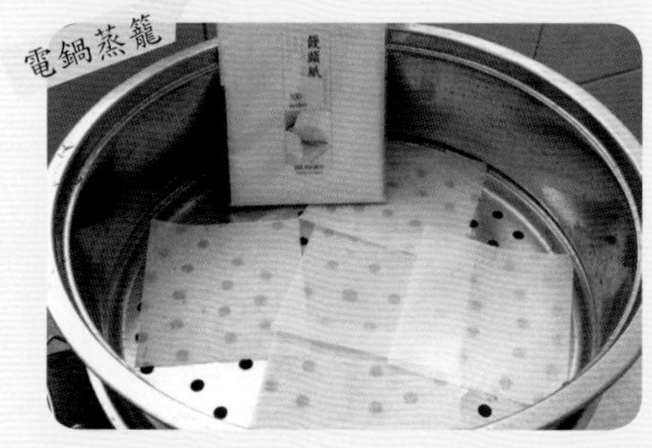

蒸籠布 饅頭麵糰放入後，我會用蒸籠布綁在鍋蓋上，以防止水蒸氣滴到饅頭上，避免造成饅頭表面坑洞。

蒸籠布

桿麵墊・桿麵棍 麵糰切割板，在製作饅頭麵糰或麵條、麵包麵糰時都會用到，桿麵墊使用完畢只需要

以清水或使用洗碗布加少許洗碗精洗淨晾乾即可；而木製桿麵棍也是清洗後晾乾，可塗抹少許食用油來保養，增長桿麵棍的壽命。

桿麵墊・桿麵棍

料理電子秤・酵母量匙 圖裡的2種都是料理電子秤，市面上也有可以量到小數點的料理秤，準確度會更佳；而圖左下是酵母量匙，也可使用圖右下的烘焙量匙來量酵母粉和烘焙食譜上的調味料份量，例如：1／4茶匙=1.25g；1／2茶匙=2.5g；1茶匙=5g以此類推。

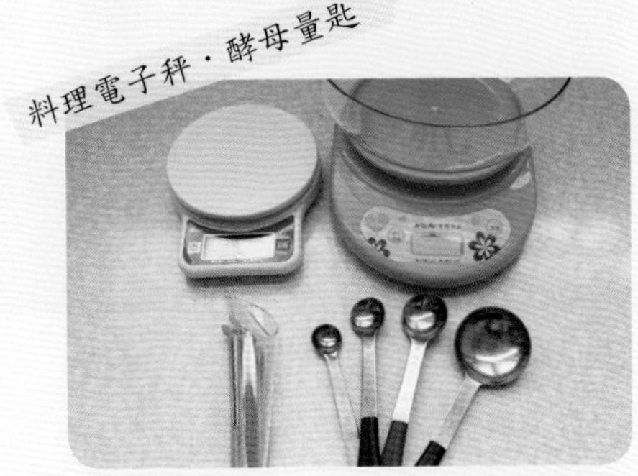
料理電子秤・酵母量匙

各式模具 餅乾模、矽膠模、擠花袋、鬆餅模、馬芬盤（前面12格圓孔的模具）、布丁杯可以製造出各種造型的雞蛋糕、餅乾和甜點布丁或果凍。

各式模具

其他常用工具

攪拌棒（料理棒）、小鋼杯、清潔刷、磨泥器、粉篩、壓肉（壓泥）器、刨籤器（刨絲器）、槌肉棒，以上這些器具，在一般五金小賣場都買的到，而攪拌棒可以在大賣場或網路上購買，會有較多樣性的選擇。

其他

❶ 攪拌棒 通常在一開始製作泥狀副食品時就會使用到，有單一販售的攪拌棒，也有 2 件組（攪拌棒＋攪碎機及 4 件組，再增加打蛋器和榨汁器）。攪碎機可以將絞肉攪細、將蔬菜、堅果類打碎，還可將吐司打細，做成麵包粉。

❷ 小鋼杯 在需要將少量食材打成泥的時候使用，它可以讓食物的容量增高，比較容量打出均勻細緻的泥。

❸ 清潔刷 可以將攪拌棒的刀頭死角清洗的非常乾淨。磨泥器在磨水果泥時會使用的到。

❹ 壓肉（壓泥）器 可以輕鬆將蒸熟的馬鈴薯等根莖澱粉類、米飯或魚肉類壓成泥。

❺ 粉篩 除了過篩麵粉類，也可以將地瓜泥、南瓜泥等過篩後，取得更細緻的泥。

❻ 刨籤器（刨絲器） 可以將玉米磨成泥。而槌肉棒，我是用來當餅乾壓模，也可以敲打肉類，旁邊的薄片刮刀可以將小黃瓜，紅蘿蔔等，削成薄片。

烘培基本配備

我購買的都是一般烘焙的基本配備，如麵糰攪拌器、打蛋盆、打蛋器、刮刀、矽膠刷等，媽咪可視自身需求來增加。

❶ 麵糰攪拌器 只有在做份量較多（250g 以上的麵粉）會使用的到，所以視個人需求（我只使用幾次，就懶得再搬出來使用了，因為後來製作的麵包麵糰份量都較少）。

❷ 打蛋盆 建議購買 2 個，在製作蛋糕類時，可以一個用來打蛋白，另一個製作蛋黃糊。

❸ 打蛋器 夏天室溫較高，麵糰發酵的速度也比冬天快，因此夏天的總發酵時間至少要少於冬天 10 分鐘。

❹ 刮刀 作用是將盆內的麵糊刮取乾淨或攪拌麵糰時使用。

❺ 矽膠刷 用來在麵包表面刷蛋液。

貞穎媽 製.作.心.得

冰磚盒・塑膠容器選購建議

貞穎媽以前餐餐現煮，所以很少製作冰磚，但如果需要製作冰磚，建議盡量到嬰兒用品店購買經過 SGS 認證的冰磚盒。因為國內對於嬰幼兒使用的食品器具、食品容器或包裝上的管控較為嚴格，除了不可添加 DEHP、DBP、BBP、DNOP 等 4 種塑化劑外，嬰幼兒奶瓶也不得使用含雙酚 A 的塑膠物質。媽咪可將副食品製成冰磚後，再裝進冷凍專用的夾鏈袋中。

想要寶寶長得好，就要注重不飽和脂肪酸的攝取！不飽和脂肪酸可以提供生長及維持皮膚健康所必須的脂肪酸，而維生素 A、D、E、K 等脂溶性維生素，也需要脂肪才能被吸收利用喔！

油脂，腦部發育的重要材料

禾馨婦幼醫院小兒科葉勝雄醫師指出，飲食太清淡常常出現在 1 歲前吃副食品的寶寶，很多人不知道油脂是腦部發育的重要材料，讓寶寶吃得和老人一樣清淡，造成大便卡卡，這時喝水，甚至吃更多蔬菜都沒有用反而會讓大便更卡。

因此，寶寶的副食品可以省略鹽，但油脂不應該特別限制；不論哪種油，吃過量都會增加心血管疾病風險，建議寶寶攝取的次數為每週 3～5 次，每次均適量攝取。

依烹調方式選擇適合的油品

選購油品前，可先以油品的發煙點作為初步的考量，不管植物油或動物油，每種都有不同的發煙點，發煙點是指油脂加熱至冒煙的溫度，已經冒煙代表食用油已經無法承受該溫度，而開始分解、裂變，甚至產生危害健康的過氧化物質。

但有些植物油未達發煙點，其中的多元不飽和脂肪酸在高溫環境中是呈現極不穩定的狀態，因此多元不飽和脂肪酸比例較高的植物油也不建議用於高溫烹調。

避免迷信單一品牌或特定油種

食物料理最忌諱的就是一油萬用，雖然方便，卻不健康。挑選合適的油並搭配正確的烹煮方式，才是維持健康的不二法則；否則若只是選好油，卻常用高溫烹調，一樣是不健康的。

貞穎媽建議，家中至少要有 2 種以上的油品，並依照發煙點來分配使用。此外，各種油脂應輪流使用替換，以期能攝取到各種油脂的營養素；前提是，烹調時盡量避免接近油品發煙點或善用油品本身的優點來正確烹調使用，也就是說，

適合烹調方式／油品發煙點（℃）

水煮、涼拌	小火水炒、涼拌	中火快炒、小火水炒、涼拌	大火快炒、煎炸、中火快炒、小火水炒、涼拌、	不可炸
未精製亞麻仁油（107℃）	未精製冷壓橄欖油（160℃）	未精製芝麻油（177℃）	棉籽油（216℃）	未精製豬油（182℃）
未精製葵花油（107℃）	未精製花生油（160℃）	未精製牛油（176℃）	杏仁油（216℃）	菜籽油（204℃）
未精製亞麻仁油（107℃）	未精製大豆油（160℃）	未精製椰子油（176℃）	未精製葡萄籽油（216℃）	冷壓橄欖油（207℃）
未精製芥花油（107℃）	未精製玉米油（160℃）	未精製棕櫚油（176℃）	精製豬油（220℃）	芝麻油（210℃）
	未精製胡桃油（160℃）	未精製奶油（177℃）	未精製苦茶油（223℃）	
		精製芥花油（177℃～204℃）	精製葵花油（227℃）	
		精緻紅花籽油（160℃～232℃）	精製大豆油（232℃）	
			精製花生油（232℃）	
			椰子油（232℃）	
			精緻橄欖油（232℃）	
			精製棕櫚油（232℃）	
			精製牛油（250℃）	
			苦茶油（252℃）	
			玄米油（254℃）	
			精製葡萄籽油（251℃）	
			酪梨油（271℃）	

選好油，不如用對油！適量才是一切健康的根本。

油脂無論是否精製，原料的品質最為關鍵。劣質的原料雖然低廉，但會增加精製的成本，總而言之，選油的要訣是先依料理溫度區分，高溫則建議使用精製油或動物性油脂，任何一種油品都不宜長期單獨做為烹調用，如果家中同時具備動、植物兩種食用油，再依據油脂的特性來交替使用，不僅能呈現食物的美味，也能兼顧健康。

植物性油脂烹調選購建議

就原料來說，只有好原料才做得出好產品，但就算是單一產地也不一定代表原料就是好的，以橄欖油來說，橄欖成熟程度會影響油品好壞，而花生油也可能因為製油前花生乾燥程度不同，又或是花生保存的環境與條件導致可能被真菌污染，種種因素都有可能造成原料品質受到影響。

椰子油 椰子油若有經過高溫脫臭的精製過程，無論冷壓與否，當中的 3- 單氯丙二醇酯類，有可能大幅增加，對人體的健康有潛在風險。不過，如果是品質好的椰子油，偶爾取代烘焙中的無鹽奶油是無妨，因為椰子油的中鏈脂肪酸不易轉化為脂肪堆積在體內，且能刺激新陳代謝，促進甲狀腺功能。

麻油、苦茶油 傳統市場常見現磨的麻油、苦茶油，宣稱採用冷壓古法製作，但製油種子經 70 ～ 120℃烘焙過後，磨出來的油部份呈現高溫冒煙的現象，可見溫度已經超過國際的冷壓標準溫度 49℃了，但民間的共識成俗，通常將第一道油脂稱為冷壓初榨。

酪梨油 近年來很流行的酪梨油，的確也是很好的油品選擇之一，尤其是酪梨油的發煙點可以到 260℃以上，加上酪梨油含有阿魏酸、綠原酸等抗氧化物質，能減少細胞受到自由基的傷害。蔬果中的番茄、蘋果、西洋梨等也含有綠原酸，但這些抗氧化物質通常不耐熱，因此如果選用酪梨油，也是建議盡量拿來涼拌或小火水炒，較能攝取到油品的全方位營養。

葡萄籽油 未精製的葡萄籽油雖然發煙點也高達 216℃，但葡萄籽油的多元不飽和脂肪酸高達 73%，而 Omega3 含量則微乎其微，這和美國心臟學會提出的飽和脂肪酸：單元不飽和酸：多元不飽和酸的最佳比例 0.8：1.5：1 相差甚遠。

玄米油 貞穎媽有時會以玄米油來取代烘焙上的無鹽奶油，是因為玄米油富含植物固醇和 γ-穀維素（γ-Oryzanol）可降低血中總膽固醇，並可增加 HDL 膽固醇（高密度膽固醇）；還具有保護腸黏膜及抗氧化的功效。

橄欖油 同樣地，如果以苦茶油冷壓的定義用在橄欖油上，該橄欖油則為第二道或第三道較劣質的橄欖油，橄欖油的選購建議以具有果香、苦味、辣味之特級初榨（Extra virgin）橄欖油為最佳，而特級初榨橄欖油比較建議以涼拌或小火水炒的方式來使用，因此真正好的橄欖油必須是冷壓榨取出來的冷榨油，而冷壓橄欖油富含維生素 A、D、E、K 及 82%的油酸含量（omega-9），被譽為最適合人體營養的油脂，橄欖油簡易分辨方式：

❶ **看條碼的前三碼**：西班牙原

貞穎媽 製.作.心.得

烘焙請勿以植物奶油取代動物性奶油

有些植物奶油會經由氫化步驟，提高植物油的穩定性，以及添加香料、色素等，來增加風味，因此烘焙用的無鹽奶油也建議選擇無鹽發酵奶油，因為發酵奶油含有乳酸菌，乳酸菌可吃掉大部份乳糖，對寶寶的腸胃負擔較小。

裝進口，開頭為 841 ～ 849；義大利為 800；希臘 520，台灣分裝則為 471。

❷ **看英文標示分辨等級**：進口橄欖油未必都很高級。

→ 初榨橄欖油（Extra Virgin Olive Oil），以冷壓方式壓榨而成，為級數較高的橄欖油。

→ 其次是 100%純橄欖油（Pure Olive Oil），為第二道壓榨，混合少數初榨橄欖油和多數第三道精緻橄欖油調和而成。

→ 第三級是精緻橄欖油（Extra Light Olive Oil），橄欖果皮及果核以己烷溶劑高溫將油提煉出來，再經過脫色、除臭處理。

→ 第四級是精製橄欖油粕（Olio Di Sansa 或 Olive Pomace Oil 或 Marc Olive Oil），壓榨過的橄欖果渣以己烷溶劑高溫將油提煉出來，並經脫色、除臭處理，去除油中有害物質而成，而這種以化學溶劑、高溫精煉的橄欖果渣油，已無橄欖油應有的營養成份。

因此，貞穎媽建議盡量購買原裝進口且包裝為深色玻璃瓶裝的初榨橄欖油，因為深色玻璃瓶不透光、不導熱，是保存油品的最佳選擇。另外，也不建議放冰箱保存，放冰箱瓶蓋就容易積聚水氣，一旦滴到油裡，就會氧化變質，開封後也建議半年內盡快使用完畢。

動物性油脂烹調選購建議

那麼動物性油脂適合寶寶嗎？一般動物性油脂因含有飽和脂肪酸成份較高，比較擔心膽固醇過高的

挑選合適的油並搭配正確的烹煮方式才是健康的不二法則。

情形發生，但其實脂肪和類脂質（膽固醇、腦磷脂、卵磷脂）都是神經細胞發育和增殖所需的基本物質，只要控制烹調溫度、均衡的飲食，就能避免吃下的膽固醇變成壞膽固醇。

豬油 撇開膽固醇不談，豬油的不飽和脂肪酸是飽和脂肪的 1.2 倍，它的單元不飽和脂肪酸高達 44%，也是奶油的 2 倍（奶油為 21%），因此豬油算是動物性油脂中蠻好的油品選擇（豬油最讓人詬病的花生四烯酸，也可以經由多吃蔬果或適度運動而抵銷）。

鵝油 貞穎媽偶爾也會使用鵝油，鵝油脂肪酸成分以 omega-9 的油酸（18：1n-9）含量最豐富，達 53.5%，但原則上還是建議偶爾且少量攝取即可。

向食材借油 如果能跟食材借油，例如鍋內不放油，利用小火將肉類本身的油脂逼出，或是肉湯的油脂可以不用完全瀝到非常乾淨，也是讓寶寶攝取動物油脂較安全也健康的方式。

貞穎媽 製.作.心.得

寶寶不適合食用滴雞精

須提醒的是，不建議 2 歲以下的寶寶食用滴雞精，因為滴雞精的蛋白質與鈉含量較高，容易攝取過多，造成寶寶的腎臟負擔，建議直接攝取肉類即可。

烹調基礎 2 依製作型態選擇粉類

一般市售常見粉類，諸如高筋麵粉、低筋麵粉、馬鈴薯澱粉、樹薯澱粉、玉米澱粉、在來米粉、番薯粉、黃豆粉、芝麻粉、嬰兒米粉、速發酵母粉、活性乾酵母等，貞穎媽在下面也會分析選購、使用注意事項及方法。

烘焙常用粉類介紹

麵粉 小麥主要是由胚乳（85%）+ 麩皮（12.5%）+ 胚芽（2.5%）所構成，而市售的麵粉就是由小麥磨成粉末。簡單來說，白麵粉是去除麩皮之後由胚乳磨製而成，全麥麵粉則由整粒小麥磨製成粉（不去除麩皮）。然而蛋白質含量的多寡又可將麵粉分為：特高筋麵粉、高筋麵粉、粉心粉、中筋麵粉、低筋麵粉。

這些是我平常做烘焙或點心會用到的粉類。

❶ 高筋麵粉

蛋白質含量高，筋性較大，黏度也較強，通常用於製作麵包。

❷ 中筋麵粉

蛋白質含量適中，筋性和黏度較均衡，通常使用於麵條、包子、饅頭、水餃皮、蛋餅皮。

❸ 低筋麵粉

筋性最低，黏度也最低，口感比較鬆軟，通常用於製作蛋糕、餅乾等甜點，不過一開始給寶寶製作麵條、麵包、饅頭，我都是以低筋麵粉搭配高筋麵粉的方式來製作。

❹ 全麥麵粉

含有大量胚芽與麩皮，以全麥麵粉製做的麵食，如：全麥麵包嚼起來質感較硬，但是營養比只以胚乳磨製而成的白麵粉豐富。不過，衛生福利部曾在《降低食品中丙烯醯胺含量加工參考手冊》中列出一些降低丙烯醯胺含量的方式，其中包含以精緻麵粉取代全麥麵粉，其優點及說明為一般天門冬胺酸大多集中於麥麩部位，去除外皮可以降低麥粉類食品烹調後的丙烯醯胺含量，而缺點為產品的營養流失（如纖維、維生素、礦物質）。

貞穎媽 製.作.心.得

使用全麥麵粉的風險

建議大家盡量不要用全麥麵粉來製作麵包或吐司，因為一般麵包的烘焙溫度較高，而高溫烹煮的時間愈長、溫度愈高，則產生丙烯醯胺的量也愈多；如果以全麥麵粉來製作饅頭、蛋餅皮等，則較不用擔心丙烯醯胺的問題，但建議將全麥麵粉的比例降低至 1/3 以下，對消化系統的較弱的寶寶來說，負擔也較少。就像稻米我也是會建議以胚芽米來取代糙米一樣，也是因為糙米保留大部份的麩皮（糠層），但胚芽米則是去除部分糠層，而保留大部分的胚乳，所以營養價值還是跟糙米非常相近的。

在來米粉 中式點心中最廣泛使用的粉，製作中式小吃如蘿蔔糕、肉圓、碗粿、米苔目、米粉時用到。不過市售100%純在來米粉非常少，一般含米量較高的產品約80%以上的含米量而已。

太白粉 常常被使用在中式烹調（尤其是台菜）上做勾芡，使湯汁看起來濃稠，同時也可以讓食物外表看起來有光澤。市面上的太白粉分為兩種：一種是寶島太白粉，也就是樹薯澱粉，另一種是日本太白粉，也就是馬鈴薯澱粉，而馬鈴薯澱粉在日本稱為片栗粉。不過，台灣和日本的製作方法略有不同，所以台灣的馬鈴薯澱粉的含水量會比片栗粉稍微高一些，因此在製作小饅頭餅乾時，也可以先將馬鈴薯澱粉炒熟，以減少粉的濕度，增加餅乾的蓬鬆度。

玉米粉 一般烘焙上會使用的玉米粉為玉米澱粉，適用於製作蛋糕或製作派餡內的克林姆醬、布丁或在蛋糕上，使其組織細膩、綿密，製作餅乾也能添加20%以內的玉米粉來降低筋性，使口感較為鬆軟，尤其是添加液體或果泥的餅乾食譜。

貞穎媽 製.作.心.得

貞穎媽烘焙基本公式：總粉量

舉例來說，果汁或果泥20g，雞蛋、糖、油通通可以用20g來做食譜搭配，而總粉量我會訂在60g，所以60g的粉量會包含50g的低筋麵粉和10g的玉米澱粉。

另外，蛋糕配方中也可以使用總麵粉量20%的玉米粉，加在蛋白霜中，除了幫助蛋白霜吸收水份、穩定蛋白霜外，也能讓蛋糕口感較為軟嫩細緻。但麵包類就不需要使用到玉米粉。

地瓜粉 又稱番薯粉，通常家中購買以粗粒地瓜粉為佳，但市面上有些地瓜粉其實也是樹薯做成的，所以我都到有機商店購買 100%純番薯粉。一般用於油炸，將醃好的排骨或雞肉裹上粗粒地瓜粉油炸後呈現酥脆的口感（寶寶 2 歲後，我偶爾會使用於半煎炸的肉類食譜中）。

嬰兒米粉 一般烘焙上都會使用蓬萊米粉，不過，現在市面上較不易買到蓬萊米粉，且擔心稻米農藥殘留的問題，我都會選擇以嬰兒米粉來取代。有些媽媽會質疑嬰兒米粉有添加物，但其實這與配方奶粉添加營養素的意思是相同的，且嬰兒米粉大部份是經由水解技術，讓分子變小，也易於消化吸收，如果用來取代其它粉類製作點心，在添加物的部份，風險反而是最低的。

尤其有些人吃小麥會過敏、氣喘、脹氣，有時會將問題歸咎於麵粉中的麩質，但當然其他像是馬鈴薯澱粉、玉米澱粉、樹薯澱粉等澱粉類也可能透過硫酸、磷酸、醋酸、過氧化氫等不同化學物質進行修飾，因此在選購這類澱粉時，我都會以有機產品作為優先考量，尤其是經過歐盟認證的有機澱粉。

其他 黃豆粉我會選擇非基改黃豆且無糖的；芝麻粉、糙米麩也是選擇無糖的；酵母粉除新鮮酵母外，有時候會買台灣製的快發酵母或是在寶寶還小時，選擇進口的有機的酵母粉。

貞穎媽 製．作．心．得

貞穎媽烘焙基本公式：酵母的使用

一般新鮮酵母的使用量為酵母粉的 3 倍，例如食譜中為 1g 的酵母粉，則可改為 3g 的新鮮酵母；不過新鮮酵母和酵母粉的發酵速度略有不同，所以必須視麵糰體積是否增加 1 倍來判斷。夏天室溫較高，麵糰發酵的速度也比冬天快，因此夏天的總發酵時間至少要少於冬天 10 分鐘。

麵粉類的添加物危機

雖然麵粉類可能存在微乎其微的添加物，但也不用因此而排斥麵粉類食物，不論是麵粉或其他食材都應秉持均衡且多元的原則，以減少單一食材中可能潛藏疑慮物質的風險。另外，市面上也有 100％無添加的麵粉，但對於麵包的初學者來說，可能較不易掌控麵糰的吸水性和穩定性。

合法添加物 一般麵粉中常見的合法添加物「過氧化苯甲醯」，若食用過多，容易在體內累積過多的苯，造成肝臟解毒功能的損害，而還有一項合法添加物「偶氮二甲醯胺」則可能誘發氣喘，這 2 項添加物在某些國家已禁用，台灣目前仍是合法麵粉品質改良劑。

另外，澱粉液化酵素可給酵母養份，產生酒精和二氧化碳讓麵包有香氣，且體積膨脹，而維生素 C 則是增加操作性和麵筋強度，也具有氧化的還原性，添加維生素 C 也可以避免使用漂白劑，且維生素 C 在烘焙階段即受高熱破壞，不會殘留於烘烤好的麵包中，所以這 2 項添加物是較安全無害的，也比其他合法且不需要標示的隱形添加物來得好一些。

低筋麵粉 為了讓消費者方便製作出蛋糕的蓬鬆口感，有些低筋麵粉會標示為蛋糕粉；低筋麵粉常使用膨脹劑類的人工添加物，例如：碳酸鈉、碳酸氫銨、酒石酸氫鉀等。因此也不建議購買蛋糕粉或鬆餅預拌粉等經過廠商調配的粉類食材。

如果將麵粉置於常溫中半年以上，都沒有發霉或蟲蛀，很可能就是添加了連蟲都不敢吃的人工添加物。

中筋麵粉 因為比較不要求口感，添加物也相對的少許多。

高筋麵粉 常添加乳化劑和黏稠劑，所以建議選購包裝上標示添加維生素 C 及液化酵素的高筋麵粉或是有機的高筋麵粉；尤其一般麵包皆以 180℃以上高溫烘烤，維生素 C 反而可以減少丙烯醯胺的生成。這也是許多市售零食添加抗壞血酸或檸檬酸的原因，像是馬鈴薯相關零食。

貞穎媽 烹.調.心.得

粉類材料的保存方式

麵粉的保存方法是盡量以密封的罐子來盛裝。例如，奶粉罐也是很方便用來裝粉類食材，若是使用較頻繁，則放置在室內陰涼處即可，使用次數較少的情況下，可移至冰箱冷藏，罐子上面記得標示保存期限。

酵母粉和其他澱粉類我也是裝入盒子內冷藏保存，若是新鮮酵母，可以捏碎後，平鋪在袋子內冷凍保存，如果整塊冷凍的話，要取出少量來使用，會較不方便。

烹調基礎 3

食材的保存＆清洗方式

蔬果農藥殘留的新聞屢見不鮮，避免及降低農藥殘留也是安心飲食的首要課題，除了建議爸媽們盡量選購當季、在地的食材外，也最好能養成認真清洗的好習慣。

蔬果的保存＆清洗

一般如果在安全採收期採收，大部份的表面噴灑型農藥會隨時間消散分解，不太需要擔心農藥殘留的問題。

稻米

〔保存〕

建議挑選有 CAS 一等米或 CAS 台灣好米等標示的包裝米，較能確保品質。濕熱的環境會加速米質變差或長蟲，因此建議將米倒入米桶內，米桶應放在乾燥陰涼處，或是冷藏保存最為理想，而室溫下保存的米，最好在開封後的 2 ～ 4 週內食用完畢。

〔清洗〕

將米放入盆內，以流動的水沖洗，並輕輕攪動米粒，水快溢出盆子時，則將盆內的水倒掉，再以流動的水繼續清洗，重覆 2 ～ 3 次，洗過幾次後，再浸泡在水中 3 ～ 5 分鐘，然後將浸泡的水倒掉，再次以流動的水沖洗，最後瀝乾水份，即完成清洗。

蔬菜類

〔保存〕

・**葉菜類：**先用料理紙（超市或烘焙用品店有售）或白報紙（烘焙用品店有售）包起來，裝進保鮮袋內綁緊，再用牙籤或剪刀在保鮮

袋上刺幾個小洞，讓空氣可以進入、增加保鮮度。蔥則可對切成 2 段，再放進保鮮袋內。

青花菜如果買回來，擔心乾燥或腐爛，可以稍微汆燙、瀝乾水份，放在金屬盤上，待冷凍變硬後，再裝進冷凍專用的保鮮袋內。蘆筍則需要將切面浸泡在水中，上面用保鮮袋包覆。

・根莖類：如地瓜、南瓜、芋頭、馬鈴薯、白蘿蔔，買回來後，可以放在紙箱內，並放置於陰涼通風處即可，但如果短時間內（超過 1 週）無法食用完畢或是擔心發芽，可以整顆丟進冷凍（勿清洗），也無需退冰；清洗乾淨後，直接放入電鍋蒸熟食用。

貞穎媽 製.作.心.得

陰涼處存放，消散農藥

研究顯示，植物本身具有分解少量農藥的能力，因此像是南瓜、蘿蔔、芋頭等，可以儲存較長時間的蔬菜，購買後建議不妨放置 1～2 天再食用；購買時，可選擇表面帶有泥土或表面乾燥的產品，較能存放。烹煮前務必以刷子刷除表面泥土及髒污，再進行沖洗及去皮的步驟。

南瓜有時候買太大顆，也可以切薄片（勿沖洗）裝入夾鍊袋後冷凍，冷凍後取出，再進行烹調料理。

〔清洗〕

❶ **先浸泡**：尤其是表面凹陷、帶蒂頭的蔬果（如彩椒、茄類、瓜果、葉菜類等）以及連皮食用的水果（如芭樂、桃子、蓮霧等），稍微沖洗表面髒污後，以清水浸泡3分鐘，再進行認真沖洗的步驟。

❷ **沖洗**：水龍頭下直接以清水沖洗蔬果是最有效避免農藥殘留的方法，尤其是附著在蔬果表面的接觸型農藥。另外，有些表面凹凸不平的蔬果如青椒、蘆筍、小黃瓜等，需搭配軟毛刷（貞穎媽使用兒童的軟毛牙刷）在水龍頭下，以流動的水刷洗。

❸ **切除不食用的葉柄及根部**：椒類、瓜果、蘿蔔、青蔥等，需在完成認真清洗的步驟後再切除蒂頭或根部，以免殘留的農藥藉由水進入蔬果內部。

❹ **汆燙**：有些食花不食葉的蔬菜，像是花椰菜及甘藍，農藥易殘留在小花間的縫隙，建議汆燙3～5分鐘後再食用。另外，有些使用系統性農藥的蔬菜可藉由作物吸收進入植物組織中，例如蘆筍、筊白筍、花椰菜等，建議由冷水開始加熱，藉由水蒸氣的蒸發，讓可能殘留的系統性農藥揮發。

菇類

〔保存〕

新鮮香菇在購買原則上，以菇體完整無褐化現象，氣味清香，菇柄輕捏部會滲水，或是包裝無水氣即可。而乾燥香菇則須注意來源，建議盡量選擇包裝上印有台灣香菇認證的乾香菇，而台灣香菇目前多以太空包栽培，不需使用農藥，可安心食用。

菇類的保存期限通常比一般綠色蔬菜長，新鮮香菇、杏鮑菇是直接放入夾鏈袋內冷藏即可，而金針

菇則需先去除根部，再用廚房紙巾包覆底部，放入密封袋內冷藏保存。

〔清洗〕

菇蕈類食用部位較為鬆軟，所以無法刷洗或沖洗，因此建議以盆子裝水，將菇類浸泡在水中，輕輕地翻動，接著再換水，再重覆浸泡，翻動，再換水。

其他

大蒜、洋蔥、薑，都可以放入網袋內，並吊掛在陰涼通風處，如果一次買太多，怕用不完會發芽，可以切薄片（大蒜、洋蔥需去皮），裝進冷凍用的夾鍊袋中，放入冷凍。蔥則可以切小段或蔥末後冷凍。切過的薑，也可以將剩餘的全部切成薄片，置於金屬盤上，結凍後再裝入冷凍密封袋冷凍保存。

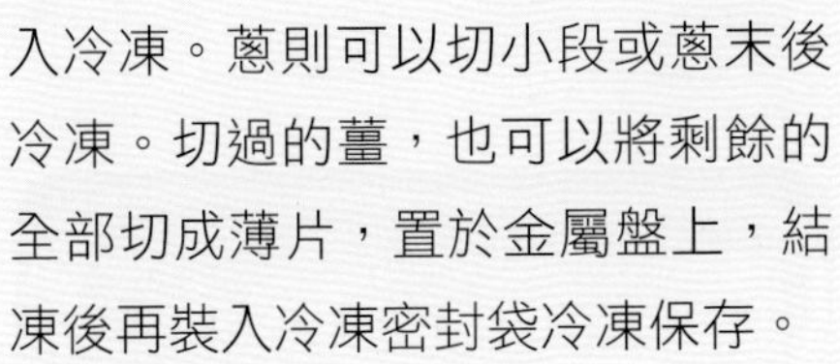

水果類

〔保存〕

先用料理紙（超市或烘焙用品店有售）或白報紙（烘焙用品店有售）先包起來，再裝進保鮮袋內綁緊，再用牙籤或剪刀在保鮮袋上刺幾個小洞後，冷藏保存。

〔清洗〕

．去皮食用水果：如葡萄、香蕉、木瓜、芒果、梨子、柑橘類等，有些可以儲放在室內陰涼通風處，讓殘留在果實內的系統型農藥降低，但也要注意水果當下的成熟度，而食用前以流動的水沖洗乾淨，再去皮以及切除蒂頭和凹陷部位。

．皮可食用水果：如芭樂、桃子、蓮霧、李子等，建議在水龍頭下以流動的水，搭配軟毛刷刷洗。切勿以鹽水浸泡，這樣反而容易將鹽及農藥滲入蔬果內部，也不建議使用蔬果清潔劑，因為蔬果清潔劑

葡萄剪下置於水盆中，在水龍頭下輕輕搓洗。

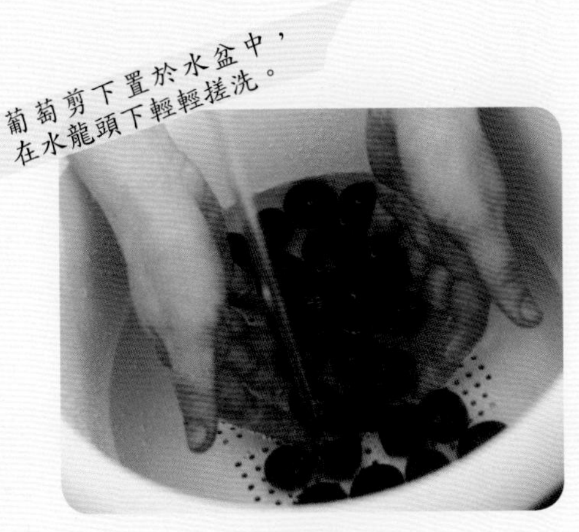

難以確保品質與安全，也有清潔劑殘留的風險。

．**小型果實：**如櫻桃、草莓、藍莓、葡萄等，建議先浸泡於清水中 3 分鐘，期間不時攪動，然後換水二至三次，再以流動的水沖洗乾淨，最後再去皮或去蒂頭。

肉．魚．豆的保存&清洗

魚、肉類如果要到傳統市場購買，建議愈早愈好，盡量一早就上市場採購，而黃昏市場的食材則可能因為反覆退冰或保存溫度過高，而變得不新鮮，尤其是海鮮類超過 25 度 C 以上，容易產生細菌，進而產生大量的組織胺，因此如果無法及早到傳統市場購買，超市的冷凍魚肉，也是不錯的選擇。

肉

〔保存．清洗〕

剛買回家的肉品，如果能在 2 天內煮完，可以放在冰箱的肉品冷藏區，但如果無法短時間內食用完畢，則應使用冷凍專用的夾鍊袋分裝（盡量壓出空氣，才能使食物不易結霜，有效防止食物酸化和流失肉品本身的水份）再放到傳冷迅速的金屬盤子上（不銹鋼或鋁製的皆可），讓食物急速冷凍，確保解凍後的品質。

．**肉片：**雞里肌肉，豬里肌肉或是鯛魚片，都可以用斜切的方式，讓體積變薄，也可以加快整體結凍的速度，切好後一樣放置在金屬盤（不銹鋼盤）上，冰硬後再放進冷凍夾鏈袋中冷凍保存。

．**絞肉：**通常我會請攤販絞 2 次，或是買超市的細絞肉，裝進

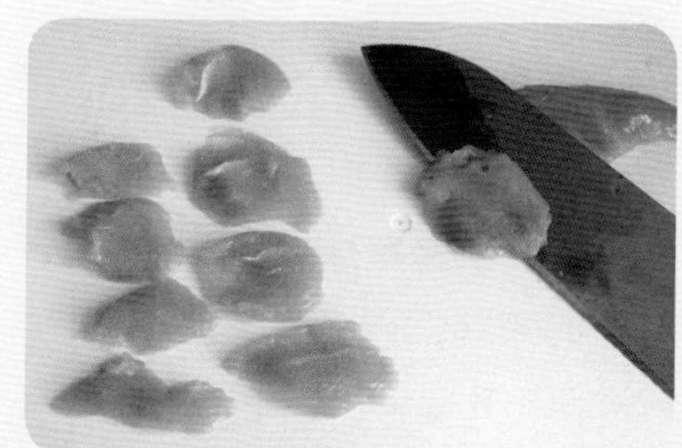

冷凍袋後，可以用手指或筷子畫格子，這樣準備取出退冰時，可以只取 1～2 塊，再另外裝進塑膠袋內，用水沖洗袋子表面，加速退冰的速度，這樣比較能控制份量，不用整包都退冰。

魚

〔保存・清洗〕

如果是小型魚，買回家後，先認真沖洗乾淨，並用廚房紙巾擦乾水份，一樣放在金屬盤子上，上面包覆保鮮膜，2 天內食用完畢，如果無法在 2 天內食用完畢，則一樣放在金屬盤內，冷凍變硬後，再用冷凍專用的夾鏈袋包裝後冷凍。冷凍過的魚肉，建議 3 星期內食用完畢，當然能盡早食用完畢更好！

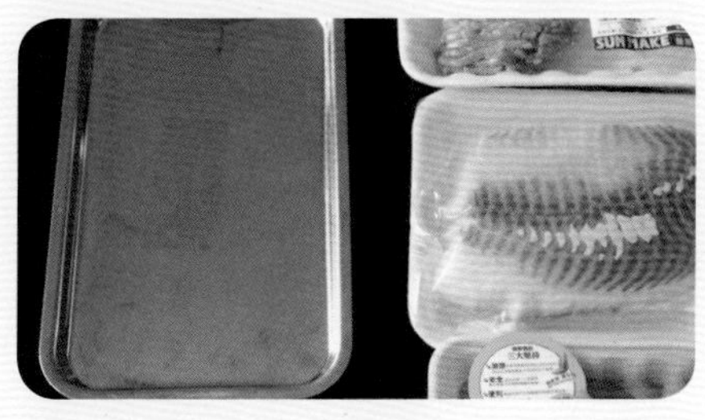

其他海鮮

〔保存・清洗〕

其他像是蝦也建議盡量選購急速冷凍或是現撈的海蝦，活繃亂跳的蝦不見得新鮮安全，有些不肖業者會在運送過程中，加入類似興奮劑之類的藥物，或是硼酸、亞硝酸等來掩飾不新鮮，食用過量都會造成身體負面的影響。

而蛤蜊則是必須先詢問是否吐沙完成，若未吐沙完成，則需加入清水和少許鹽，靜置 3～4 小時，就可以將砂吐乾淨，而品質低劣的蛤蜊，外表會呈現脫皮狀，請勿購買。

盒裝豆腐

〔保存〕

可用樂扣盒，裝入乾淨的水，冷藏保存，水需經常更換。另外，在食安風暴中，曾發生黑心商人將二甲基黃當作消泡劑或染色劑，而二甲基黃在動物實驗會誘發肝癌，是禁用的人工色素，因此如果要購買豆干給寶寶食用，建議盡量選擇有機的白豆干。

〔清洗〕

盒裝豆腐若已經開封，要將裡面的水倒掉瀝乾，重新加入冷開水或自來水，而傳統豆腐購買回來後，應馬上浸泡於水中，再放進冰箱冷藏。

其他豆類

〔保存〕

瀝乾水份後，也可以放入冷凍專用的夾鏈袋中冷凍，延長保存時間。

〔清洗〕

如四季豆、長豆、豌豆等，以清水沖洗 1～2 分鐘，再去除外皮的硬絲，放入熱水中燙 1 分鐘左右撈起，再用冷水沖一下，瀝乾水份。

貞穎媽 製.作.心.得

冷藏．冷凍保存期限

- 蔬菜類：原則上為買回來後，盡早食用為原則，以免葉片枯黃或萎縮。
- 魚肉類：低溫雖然可以抑制微生物和分解酵素的能力，但並非完全停止，因此冷藏應盡量在 2 天以內食用完畢，而肉類冷凍若保存良好可放 1～2 個月，水產品則只能放置數週，以避免氧化和耐低溫微生物的活動使肉品腐化，建議盡量買少量，趁新鮮食用以降低風險。

烹調基礎 4 各種常見的調味料

當寶寶開始吃副食品時，有些家長因擔心孩子不敢吃或覺得沒味道不好吃，而在食物中添加油、鹽、糖，長久下來，可能養成孩子重口味飲食，假如寶寶從小就習慣清淡口味的食物，當吃到重口味或過度調味的食物時，生理自然會產生排斥反應。

減少調味料，飲食更健康

從小培養良好的飲食口味相當重要，所以貞穎媽在書中可以無糖的，就盡量無糖，可以低油或無油的，我也盡量朝這方面嘗試和努力！像是無糖果醬、無糖煉乳、自製醬油、自製蕃茄醬、沙拉醬等。

鹽 一般不建議 1 歲前就嘗試醬油或是在副食品中添加鹽（母乳中的鈉含量已經足夠提供寶寶 1 日所需的鹽分）。市面上的天然海鹽，不少是打著「天然」的行銷外衣，價格也比較昂貴，其實功效和便宜精鹽並沒有太大的差別，未經處理的天然海鹽含有太高的兩價離子，以及超高含量的鈣和鎂，也會有苦味和澀味，還是需要經過加工；至於玫瑰鹽、岩鹽除食鹽的主要成份除了氯化鈉外，還可能含有過多的鎂和鉀，以及不明重金屬，吃了反而傷身。

而一般含碘的食物多為海產品，例如海帶、紫菜、鮭魚、蝦等，雖然可以由這類食物補充，但長期使用不含碘的鹽類，容易造成甲狀腺功能低下。另外，台灣的高級精鹽純度達 99.5%，純度越高，相對的雜質含量也低，因此建議買一般的高級精鹽即可。

寶寶 2 歲以前建議以天然食材自製調味料。

醬油 醬油含有很高的鹽，醬油的含鹽量約在 18％～ 20％，即 5c.c. 醬油中就有 1g 鹽；而薄鹽醬油的鈉含量約 12%，通常是以鉀來取代部份的鈉，不過很容易因為味道較淡，而添加更多，因此初次添加在副食品當中，建議以量匙來限制使用的量。建議 1 歲以上，甚至 2 歲以後再添加醬油會更理想。

糖 白糖、砂糖與黑糖，它們其實都是蔗糖，是一個葡萄糖分子與一個果糖分子結合的雙醣，糖雖然可以快速轉化為身體可利用的葡萄糖，但無論是哪一種糖，每 1 克大約都會產生約 2 ～ 4 大卡的熱量，即便是營養價值較高的種類，也不可過量，糖對身體會造成的傷害有：影響正餐、營養不良、肥胖與心血管疾病、細菌攻陷口腔、過多高糖分食品，會導致大腦昏沉、增加疾病風險，所以製作副食品點心時應盡量以低糖或無糖為基本原則。

貞穎媽 製．作．心．得

寶寶不一定適合用低鈉鹽

不少低鈉鹽會添加二氧化矽來避免鹽受潮結塊，但長期攝取二氧化矽，容易造成體內結石。以鈉來說，它能控制體內水份平衡，如果人體內鈉不足，會有虛弱、疲勞的現象（嬰兒從母乳及副食品當中已經攝取到足夠的鈉，所以不建議再另外添加鹽），過多的鈉則會造成體內水份堆滯，不僅造成血壓升高，還會導致腎臟病變，所以無論如何製作寶寶副食品時，還是應掌握力求清淡，盡量減少食鹽用量的原則。

❶ 蔗糖

一般蔗糖皆是以甘蔗或甜菜為原料精製而成，而食物中只要含有胺基酸和還原醣，經高溫加熱便很容易藉由梅納反應，產生丙烯醯胺。

❷ 黑糖

黑糖的原料甘蔗汁因為含有天門冬醯胺和單醣（葡萄糖或果糖），製作過程又經高溫熬煮，是常見容易產生 2A 級製癌物「丙烯醯胺」的食物之一。因為單次攝入的量不會太大，所以不用太恐慌，但有些廠商為了讓黑糖更焦香，會加入深褐色的糖蜜，糖蜜是精緻白糖所產生的雜質，所以含有大量的黑色素、雜質和丙烯醯胺。

❸ 白糖

以食品安全的角度來看，白糖相較於黑糖純度高且不含糖蜜，而我習慣使用熱量比白糖略低的紅冰糖（粉），但不是一般加工過的糖粉唷！

❹ 糖粉

一般烘焙用的糖粉都有添加玉米澱粉或樹薯澱粉，其中的澱粉類是否為基改作物製成或經由化學修飾，也令人質疑。當然也可以利用料理棒（杯子上方須用保鮮膜包覆，以免糖粉四處飛濺），將砂糖打成粉狀，再裝入玻璃容器中冷藏保存。

❺ 蜂蜜

蜂蜜也是糖，約有 65 ～ 80% 是人體容易吸收的葡萄糖和果糖。但因蜂蜜含有肉毒桿菌芽孢，而 1 歲以下嬰兒，免疫系統及腸道菌叢尚未發育完全，肉毒桿菌孢子就很有可能在腸道中繁殖，產生毒素而造成中毒，即使以 100 度 C 煮沸消毒也殺不死孢子，因此嚴禁 1 歲以下的嬰兒食用蜂蜜與相關製品。

貞穎媽 製.作.心.得

台糖的製糖方式

您可能聽過網路謠傳，產生砂糖漂白的疑慮，貞穎媽也特別說明台糖的製糖方式：先將原料糖溶解 ➡ 以真空方式產生結晶 ➡ 倒進結晶槽 ➡ 加入精緻砂糖做為晶母 ➡ 等結晶長大，以離心分離甩出多餘的糖蜜 ➡ 成為粗砂（二號砂糖）➡ 繼續洗滌並以離心處理 ➡ 甩出糖蜜 + 多次結晶煉製 ➡ 高純度白糖（精緻特砂）。

製作副食品 的基本知識

除寶寶的接受度外，易敏食材及長高、長肉食材，也是爸媽十分關心的重點，但貞穎媽要特別提醒，快樂也是健康的守則之一，應避免讓寶寶在用餐過程中產生不愉快的經驗及記憶。一開始接觸副食品時請務必多點愛心及耐心，以循序漸進的方式來添加，不逼迫、多鼓勵與寶寶一起共創雙贏的局面。

寶寶吃副食品咀嚼更有力

部分媽媽因擔心寶寶過敏，在孕期或哺乳期不吃或少吃易致敏食物，但國內小兒部過敏免疫科醫師建議，媽媽不論是在孕期或哺乳期，應首重自己及寶寶的營養需求，不建議限制媽媽吃本來就不會過敏的食物。

固體食物添加順序：穀類、蔬菜、水果、魚肉

通常寶寶在 3、4 個月大後，口腔範圍會向前、後延伸，舌頭在口腔的比例變小，吸奶的力量也會不如以往，此時有些寶寶會感到吸奶變得好累而進入厭奶期。

因此，建議在前 3 個月盡量延長寶寶吸吮母乳的時間，使臉頰的肌肉更結實，將來吃固體食物的咀嚼肌也會更有力。

從生理學的觀點而言，負責消化工作最重要的腺體（胰臟），一般在 4 ～ 6 個月大才慢慢成熟，因此含澱粉、蛋白質、脂肪較多的食物，以 4 ～ 6 個月之後再逐漸加入為宜。

台灣較習慣以餵食 10 倍粥和食物泥做為寶寶的初階副食品，這時媽媽們會開始為寶貝準備各種食物泥冰磚，不過我是現煮派，所以基本上會以五穀雜糧搭配魚肉或雞蛋，再添加不同的蔬菜做變化。固體食物建議添加順序為：穀類、蔬菜、水果、魚肉類；而嬰兒通常都喜愛甜食，先加水果可能就會拒絕蔬菜，這點也要注意。

少量嘗試易致敏食材有助減緩過敏

最近的研究證實，晚點給易致敏食材並不會減少致敏的機率，例如 1 歲後再給全蛋，發生過敏的機率反而提高許多，因為食物過敏可透過人體免疫系統的耐受性而受到控制，添加新食材如果產生過敏反應，可以隔 1 至 2 週再嘗試看看；4 至 9 個月是訓練寶寶腸胃道免疫力的黃金時期，建議魚、蛋、肉、水果等食材都能少量試過一次，如果安全過關，即可安心添加。

而新食材也不需要連續吃 3 天，可以在第 2 天加入另一種新食材，

易致敏的食材也可以少量嘗試；貞穎媽在書中不提供過敏層級表，就是希望媽媽們能夠盡量讓寶寶嘗試各種少量而多樣化的食材，也降低未來對這些食物過敏的機會。

方便寶寶練習自己進食的手抓食物

近年來像英國、紐奧，和一些歐美國家開始流行 BLW（Baby Led Weaning）寶寶主導式的進食（副食品），也就是建議在寶寶 6 個月時才開始給予副食品，而且是固態的食物，寶寶很可能會想辦法把食物吐出來，且像是咳出濃痰一樣，邊咳邊作出嘔吐狀，這時媽媽的心臟可能要非常夠力。

這本書裡原則上是以「手抓食物」為主，並以食物泥作少量加工製成固體形狀，除可訓練寶寶的手眼協調外，也可練習口腔肌肉。由於練習自己拿起來吃，需掌握手部抓取力道、較光吃食物泥複雜，所以舌頭和口腔也會變得比較發達，對於日後語言發展很有幫助。

此外，豐富的口感、觸感及多樣的嗅覺、味覺體驗，也可為感覺統合奠定良好基礎。

副食品常見 Q&A

下面簡單說明寶寶吃副食品時媽媽容易擔心的問題，以供參考。

Q1：斷奶就是不要喝奶嗎？

A1：斷奶並非是不要喝奶，而是意指斷奶瓶、奶嘴。奶類是六大類均衡飲食中的一類，能提供優質蛋白質及鈣質，因此建議 1 歲以上的寶寶也能每天攝取到奶類。

Q2：寶寶不喜歡咀嚼怎麼辦？

A2：通常寶寶不喜歡咀嚼很有可能是太慢開始給予副食品或是副食品的型態不洽當。尤其 4 ～ 6 個月寶寶會有反射動作，媽咪們在餵食時會發現寶寶常用舌頭把食物頂出嘴外面，這就是練習過程中的正常反應，只要多試幾次甚至把想吃東西的主導權交到寶寶手上，即使寶寶可能都沒有吃進去也沒關係，因為一開始真的只是為了練習而練習，媽咪的得失心太重，寶寶也是會產生壓力和排斥的。

適合寶寶食用的高營養食材

一般 4 ～ 6 個月初次嘗試的主食建議以全穀類和富含澱粉質的根莖蔬菜為主，例如，南瓜、地瓜、馬鈴薯都是營養密度較高的食材，那麼還有哪些食材是適合寶寶食用的呢？

適合寶寶的低敏食材

蔬菜類 紅蘿蔔、高麗菜、莧菜（含鐵量是菠菜的一倍、鈣含量則是3倍）、A菜、菠菜、大白菜、小松菜、青江菜、青花菜、南瓜、地瓜、青椒、甜椒、洋蔥、金針菇、芹菜、蘆筍、萵苣、芥蘭菜、空心菜、筊白筍、玉米、黑木耳、番茄、甜菜根等。

其它 雞肉的組織胺低，是所有肉類中最不易引發過敏的、豬肉、白米、糙米、小米、紅藜、藜麥、紅扁豆、米豆、豌豆、木瓜、蘋果、芭樂、梨子、蓮霧、香瓜、酪梨、香蕉等。

適合寶寶的抗敏食材

金針菇 菌柄中含有一種調節蛋白，可有效抑制過敏細胞增生，減輕鼻子發炎症狀。

黑木耳 富含多醣體，有助免疫抵抗病毒。

青花菜 含有異硫氰酸鹽，能增加肝臟代謝，提高人體免疫功能。

大白菜、番茄 富含維生素C。

高麗菜、萵苣 含木犀草素，可降低過敏反應，具對抗發炎及抗菌的效果。

魚 富含硒元素不過未儲存於20℃以下的魚類較易產生組織胺，反而容易致敏。硒能清除體內過氧化物，保護細胞和組織免受過氧化物的損害，也是部份有毒的重金屬元素，如鎘、鉛的天然解毒劑。除了魚之外，瘦肉、五穀、南瓜、小麥、洋蔥、青蔥、蒜頭、動物的肝、腎也含有多量的硒。

蘋果 強健腸胃，含有兒茶素，可對抗氧化、提升免疫及預防感冒。

香蕉 提高免疫、幫助排泄、改善情緒、口感軟嫩。

梨、芭樂、木瓜 富含維生素 C。

洋蔥 含槲皮素，其他如豌豆、番茄、花椰菜也含有槲皮素，可抑制組織胺的產生及分泌，也可以掃除自由基，減緩發炎症狀。

需少量嘗試的易致敏食材

魚 通常白肉魚比較不容易致敏，8 個月左右就可以添加，紅肉魚則較易致敏，例如，鮪魚、鯖魚和其它亮面魚。

臺灣的魚販常把漁獲物解凍後再販賣，雖然一般魚販都會以冰塊保持魚體鮮度，但是這個溫度大約在攝氏 10 至 20 度之間，對細菌的生長並無太大的阻礙作用。而且，開放式的空間易使魚體受細菌污染，再加上潮濕，魚體一旦受到腸內細菌污染時，在 24 小時內便足以產生引起食物中毒的組織胺。

蝦 甲殼類的主要過敏原，其中之一就是原肌球蛋白（tropomyosin），原肌球蛋白是蝦的主要過敏原，而寶寶吃了蝦後若產生過敏反應，原因極可能是蝦的新鮮度不佳或是購買了添加興奮劑及抗生素的活蝦。

堅果、雞蛋、牛奶 堅果、雞蛋、牛奶都是常見的過敏食材，雞蛋中又以蛋白引起的機率最高，不過近來研究發現，越晚添加蛋白，日後過敏的機率反而較高；尤其是喝母奶的寶寶，他們已經從喝母奶的過程中，學習消化多種不同的蛋白質，而寶寶的消化酵素在 4 個月之後也趨於成熟，因此在嘗試蛋黃約 2 週後，可少量嘗試蛋白。如果真的只是吃個一至兩口，就馬上有明顯大過敏的跡象，不妨先暫停兩週，之後將量減半再試一次。如果連續兩次都失敗，就等寶寶 1 歲以後再試看看。

小麥 小麥製品也是常見的高機率過敏食物，但過敏現象可能源自於食物本身的小麥麩質也有可能是食品添加物，例如，麵粉、酵母粉（乳化劑）或乳酪（尤其是加工起司片）。

水果 草莓、柑橘、哈密瓜、奇異果、番茄：據歐洲的調查，桃子和蘋果為水果過敏原一、二名，奇異果排名第三；但在台灣反而很少人關心桃子和蘋果，甚至許多媽媽認為，有毛的水果都容易過敏，因而自動將奇異果、芒果等列為拒絕往來戶；實際上，比起常聽到的雞蛋和牛奶，吃水果過敏的機率反而不高。

上述的食物也是常見易誘發氣喘發作的食物，但美國兒科醫學會對於氣喘的治療引導，反而是不要給孩子任何飲食上的限制。貞穎媽建議，勿過度依賴食物過敏等級表或排斥高致敏食材，除非寶寶食用後發現過敏反應，再注意是否因這些食物引起。

蔬菜中的草酸及硝酸鹽

蔬菜中的草酸 通常綠葉蔬菜不會引發過敏，不過，有些略帶苦澀味的綠色蔬菜草酸含量較高，易影響鈣和鐵的吸收，但蔬菜經汆燙水煮後，約可去除 90%的水溶性草酸。

蔬菜中的硝酸鹽 目前並無證據顯示，蔬菜中累積的硝酸鹽會對人體造成直接危害。一般蔬菜的硝酸鹽含量約占 45%～ 85%，人體的唾液酵素及消化道中的微生物，會把部份的硝酸鹽轉變成亞硝酸鹽或亞硝基化合物，如果再搭配胺類食材，例如，香蕉、起司等，人體會隨著消化產生亞硝酸和二級胺形成致癌物質。硝酸鹽和草酸一樣易溶於水，用汆燙的方式可以去除大部份的硝酸鹽，建議勿直接使用未汆燙過的蔬菜汁來製作點心。

貞穎媽 製.作.心.得

食用草酸含量較高的蔬菜可先汆燙

食用菠菜、蘆筍、莧菜等草酸含量較高的蔬菜時，建議可先在流動的水沖洗並稍微汆燙後撈起，再給寶寶食用。不過，以我自己來說，會先用冷水清洗，並用溫熱的開水再泡洗後，再進行汆燙。

婴兒成長快速，需要「高蛋白」的供給？答案是錯的，雖然婴兒每天、每公斤體重的蛋白質需要量是大人的 2 ～ 3 倍，但這個比值會隨年齡增加而遞減，醣類、蛋白質、脂肪三者的供給，必須有適當的比例，才能讓婴幼兒得到最好的成長。

醣類、蛋白質、脂肪婴兒成長關鍵營養

一開始添加副食品應以能提供「能量」的澱粉為最先考量並非蛋白質。因為攝取過多的肉、魚、豆、蛋類等富含蛋白質的食物，若總熱量攝取不足，很容易使蛋白質被當作能量使用，造成體重不增反減。

而澱粉中，建議以米食或其他穀類為優先，尤其是稻米，因為穀類食品以稻米最不會引起過敏。其他重要營養素有：

鐵質 寶寶 4 ～ 6 個月後來自母體的鐵質慢慢不足，故會建議補充含有鐵質的副食品或添加鐵的婴兒米粉，像是紅莧菜、皇帝豆、豌豆、米豆、白芝麻、葡萄、蘋果及蛋黃、瘦肉、豬肝、雞肝、文蛤等鐵質含量較高的食材，每 100 公克約有 5 毫克以上的鐵質。

鐵和蛋白質都是血紅素的原料，造血原料不足，容易引發缺鐵性貧血，易影響寶寶的免疫功能、消化吸收功能、皮膚粘膜更新及智能發育。

另外，鈣和鐵有拮抗作用，會抑制彼此吸收，食用時不妨將時間錯開來，也有助於鈣質和鐵質的吸收，例如早餐攝食含鈣豐富的乳製品，晚餐攝食含鐵豐富的食物。值得注意的是，維生素 C 不足，也會影響鐵質的吸收與利用。

蛋白質 蛋白質除了與體格的生長有密不可分的關係外，也是很重要的健腦營養素。食物中的蛋白質進到體內經消化後，會形成不同種類的胺基酸，影響神經傳導物質的製

造，例如苯丙胺酸、酪胺酸、麩胺酸及色胺酸，有助腦神經元之間的訊息傳遞，讓頭腦反應敏捷、有活力。

含豐富蛋白質的食物，像是海產、乳酪、牛奶、黃豆、發酵製品、肉類、全穀、蛋、牛奶、杏仁、花生、黃豆、小麥草、苜蓿芽、南瓜子和芝麻都是很好的健腦食材。

醣類 醣類對腦部和神經系統而言，是唯一的熱量來源，沒有吸收足夠的醣類，會使精神欠佳、注意力不集中。食物中主食類是醣類最大的來源，如糙米、燕麥、紅豆、玉米、南瓜等根莖類等多醣類，能持續穩定的供應寶寶腦部發展時大量運用的葡萄糖；單醣類的食物，如果汁、水果等，則令胰島素快速大量分泌（因為血液中葡萄糖突然變多），容易昏昏沈沈。

此外，醣類和維生素 B_1 搭配攝取就能有效地轉換成熱量，而富含 B_1 的食物有，豬肉、黃豆製品等，如果以含有維生素 B_1 的糙米或胚芽米做為主食，就能同時攝取到醣類和維生素 B_1，不過全部糙米或胚芽米，寶寶一開始可能較不能接受這樣的口感，建議先以白米：糙米 3：1 或 4：1 的比例，讓寶寶嘗試。

貞穎媽 製.作.心.得

水果不宜攝取過量

雖然水果的營養價值多，但也不宜攝取過量，嬰兒時期的水果攝取量約 0.5 ～ 1 份（成人半個～ 1 個拳頭大小），1 歲以上漸漸增加，一天不超過 2 份為佳。根據世界衛生組織與美國兒科醫學會的建議，4 ～ 6 個月的寶寶如果要吃水果，建議以「果泥」為主，例如，以蘋果、香蕉等製成果泥；果汁則建議寶寶 6 個月之後再喝比較妥當，自製果汁與冷開水的比例為 1：3 或 1：4，也就是 1c.c. 的果汁，加入 3 ～ 4c.c. 的冷開水。

脂肪 脂肪的攝取量乃配合個人熱量的需求而增減，建議依寶寶成長的需求適量增減，其中不飽和脂肪酸攝取量要大於飽和脂肪酸。油脂也是組成身體重要元素，寶寶若是油脂攝取不足也會影響成長發育，像是皮膚變得粗糙、身材顯得瘦小等。

・**卵磷脂：**能使腦部變得更靈活，提升記憶力。它還在體內扮演乳化劑的角色，可以抑制壞膽固醇附著於血管壁，卵磷脂含量高的食物包括雞蛋、大豆及大豆製品。

・**維生素B群：**攸關神經傳導及能量轉換，建議可多攝取魚、瘦肉及綠色蔬菜。

寶寶體重過輕常見原因

新陳代謝率高、活動量大、食量小、偏食（不吃澱粉或蔬菜），少數則是腸胃道的問題，例如，腹瀉、脹氣、乳糖不耐症。

若寶寶的體重過輕，會建議增加蛋白質的攝取，但缺乏足夠的維生素和礦物質、澱粉類時蛋白質也無法有效被利用；豆、魚、肉類、

貞穎媽 製.作.心.得

食物中隱藏的高脂肪、高熱量陷阱

一般人的觀念是煎、炒或炸的食物才是高脂肪、高熱量，但有些肉眼看不到的脂肪，甚至是壞的脂肪，也無所不在，例如：動物的皮（豬皮、雞皮、魚皮）、加工肉品（香腸、火腿、培根、熱狗、貢丸、火鍋餃、肉鬆油豆腐、油條等），都不建議讓 2 歲以下的寶寶食用。

雞蛋、乳品等有較優質的蛋白質，可攝取到較多的必需胺基酸，建議應占一日總蛋白質的 1／2 以上。醣、蛋白質、脂肪三者的供給，必須有適當的比例，才能讓嬰幼兒得到最好的成長。

不過，需注意的是，蛋白質攝取過多，會造成肝臟和腎臟的負擔，並增加鈣質的排出。通常過多攝取的蛋白質皆來自肉蛋類，也會增加飽和脂肪與膽固醇的攝取，提高日後心血管疾病的罹患率。

增加寶寶體重的飲食方案

怎麼補足孩子的營養呢？少量多餐，就是最適合的！在二餐之間可補充一些無法在主餐中攝取完的部份，但須注意，份量不可比正餐多，像是以牛奶或乳製品，薯類或穀類等製成的點心來補足，就是很恰當的。例如，優格、優酪乳能促進腸胃消化，進而增加食慾，對 1 歲以上的寶寶來說是不錯的選擇。

貞穎媽在這本書中也提供了不

貞穎媽 製．作．心．得

高熱量食物可能影響發育

一般人認為高熱量食物會造成肥胖，但其實不然！常食用高熱量食物也會破壞腸胃道功能，導致其它營養素流失，影響寶寶的正常發育，像是，冷凍起酥片、菠蘿麵包、鮮奶油蛋糕、小西點、奶酥麵包、炸薯條、洋芋片等。

雖然脂肪也是重要的營養來源，像一些脂溶性的維生素 A、D、E 的吸收利用也需要油脂的幫助；而適量的脂肪可提供充足的熱量，也有益腦細胞的發育，但上述高熱量食物很可能含有危害健康的反式脂肪，須特別留意。

少點心食譜，像是自製米餅（像食譜中的米捲兒因為是用蛋白製作，所以也平衡了米飯缺乏優質蛋白的缺點）；而其他大多以馬鈴薯、南瓜、地瓜等營養密度較高的食材為主角來做主食或點心，也將份量盡量減少，不用擔心過量、做失敗以及做太多不新鮮度的問題。

貞穎媽 製．作．心．得

1 歲以下寶寶不建議喝優酪乳

對於乳糖不耐症的寶寶吃優格或優酪乳也是不錯的點心選擇，一方面乳酸菌可以吃掉大部份的乳糖，對於寶寶的腸胃刺激較小，另一方面能促進腸胃消化，增加食慾，但 1 歲以內的寶寶並不建議喝優酪乳，原因如下：

- 優酪乳是由鮮乳發酵而成，其中的蛋白質分子較大，不利於 1 歲以內寶寶消化吸收（鮮奶也是建議 1 歲以上）。
- 處於此時期的寶寶，胃腸道系統發育尚未完善，胃黏膜屏障並不健全，胃酸、胃蛋白酶活性較低，而優酪乳的加工經過酸化過程，PH 值較低，進入胃腸道後，可能破壞嬰幼兒的胃腸黏膜，影響消化吸收。
- 嬰幼兒胃腸道的微生物菌群處於不穩定階段，飲用優酪乳可能導致腸道中原有的微生物菌群生態平衡失調，從而引發腸道疾病。

這個不吃那個不要，對於挑食的寶寶，是否有改善的方案呢？貞穎媽在食譜中也做了些簡單的造型，並運用小技巧地將蔬果、肉類等食材添加在內，讓寶寶自然地吃下肚。

利用食材自然的香甜味、改變食物的形狀或味道

像是青椒味有些寶寶會排斥，如果在烹調時，加入一小片薑，就可完全去除青椒味。

像洋蔥可去除魚肉的腥味，較小的寶寶，建議蒸魚的時候在魚肉上鋪一點點洋蔥，水餃或餛飩或肉排也可以添加燙軟的洋蔥泥或碎末，來增加食物的香甜度，而自製番茄醬也可以使用洋蔥來蓋過番茄的酸味，進而減少糖的使用量。

苦瓜則可以在洗淨後切薄片，浸泡在冰水中，去除苦味，或是汆燙後再冰鎮，也可以搭配一些本身具有香甜味道的食材，例如南瓜、地瓜、玉米等，或是嘗試不苦的蘋果苦瓜。

如果寶寶不喜歡吃青菜，也可以利用少量澱粉或嬰兒米粉做成肉丸子或迷你餛飩，將孩子不喜愛的青菜切碎偷渡一點進去，以提高寶寶的接受度。

發揮創意，製作可抓握菜單

像是將馬鈴薯、地瓜泥混合蛋黃（薯泥：蛋黃約1：4或1：5），在烤盤的烘焙紙上擠成條狀或奶油花的形狀，烘烤完成後就是入口即化的手指食物；圈圈造型的點心或餅乾也可以吸引孩子的眼光和興趣，其它像是小花造型的蔬果模或星星造型和其它形狀的餅乾模都可以將紅蘿蔔、甜椒、水果等壓出可愛的形狀，或是切成長條狀的蔬果，擠成長條狀的少量加工的點心或餅乾，都能讓寶寶輕鬆抓握，享受慢慢咀嚼的樂趣。

給予鼓勵、不強迫，讓吃飯變快樂的事

當寶寶自己抓到食物送入口中時，可以以誇張而溫和的語調，不斷地稱讚寶寶，即使寶寶吃的滿臉都是或是掉滿桌，也應盡量鼓勵寶寶自己抓來吃，讓他們覺得吃東西是很快樂而有成就感的一件事，將來抗拒食物的機率也會較小。

另外，有些寶寶可能會排斥蔬菜，一方面是因為很多蔬菜吃起來澀澀的（如果口感吃起來澀澀的菜類，通常都含有草酸，例如菠菜、甜菜、蘆筍等），且纖維量高、不容易咀嚼，但無論如何都不要用強迫的方式，否則會造成更大的反彈，降低他對食物的興趣。寶寶對食物的偏好也不會持續很久，有時只要隔一段時間後變化菜色，他就會忘記以前曾經不喜歡的食物，或是將烹煮的方式做一些修正，作成蔬菜煎餅或可樂餅等，增加食材的變化度。

避免使用調味料

不要一開始就依賴起司或奶油等口味較重的烹調方式，貞穎媽在書中也盡量以植物油來取代無鹽奶油。但到了寶寶接近 1 歲已經吃膩了地瓜、南瓜等營養密度高的五穀根莖類時，則可考慮酌量使用一點點奶油或起司來增加香氣。

另外，也可以採取少量多餐的方式，一次只放一個碗量的少量食物，最好能讓寶寶自己抓取食用，也能讓寶寶從中得到成就感及對食物感到興趣。

貞穎媽 製.作.心.得

肉比肉湯更營養

肉湯只含有少量胺基酸、維生素、礦物質；肉則含有蛋白質、油脂，能提供熱量，對寶寶的生長更有益處，因此不建議以肉湯來取代肉類，肉中的營養也不要偏廢。

媽媽手記

第一階段

4～6個月手指食物

4 個月大的嬰兒會有吐舌反應，寶寶通常會將食物推出口中，而 5 ～ 6 個月舌頭可前後移動，會將湯匙上的食物用嘴唇含入口，再用舌頭移到口腔深處，然後一口將食物吞入。

食譜 1
適用 4～6m

簡易收涎餅乾

雖然建議年齡是 4m，但市售吐司的鈉含量高，比較不適合 1 歲以下寶寶，建議參考食譜 16 的自製吐司來製作。

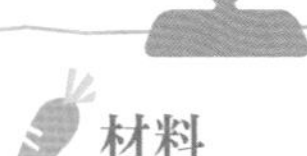

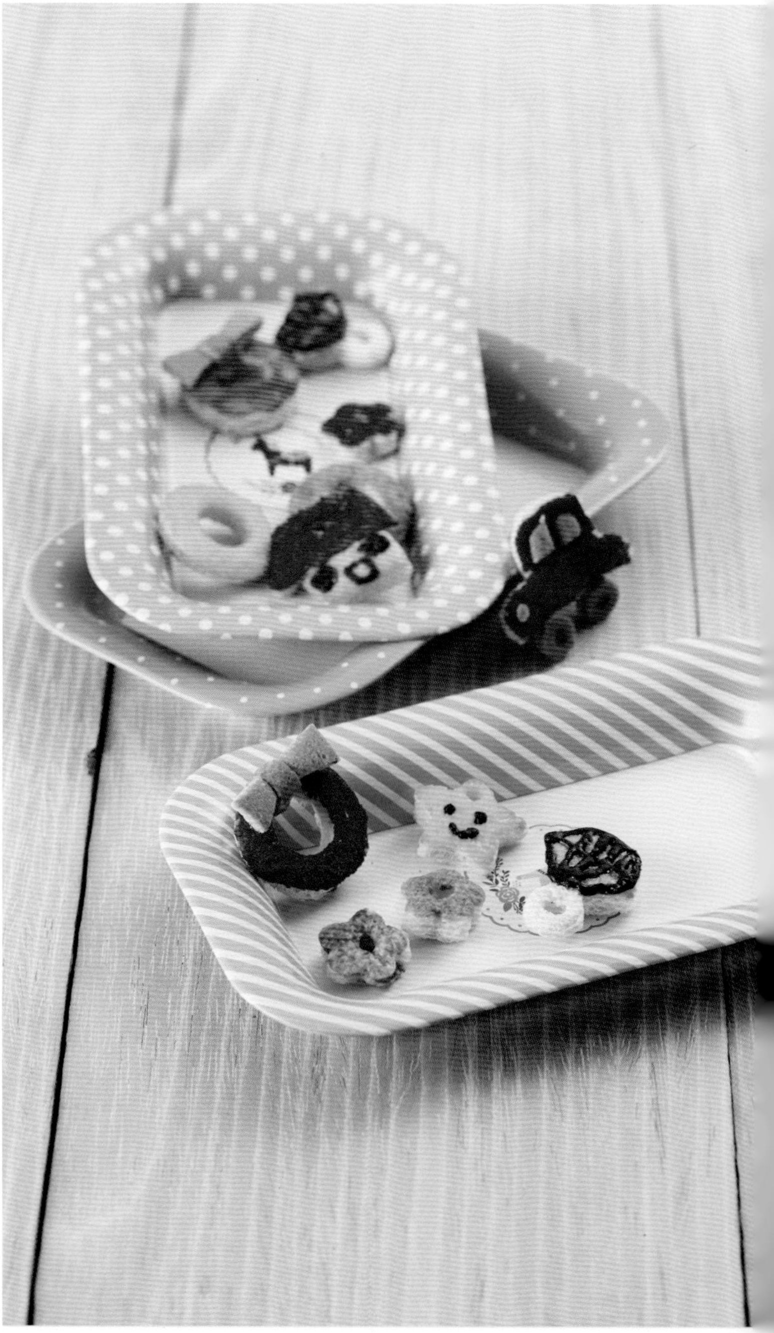

材料

自製吐司	2 片
蛋黃液	少許
地瓜葉汁	少許
火龍果汁	少許
紫薯	少許
竹碳粉	少許
芝麻粉	少許
糖	少許
奶粉	少許

做法

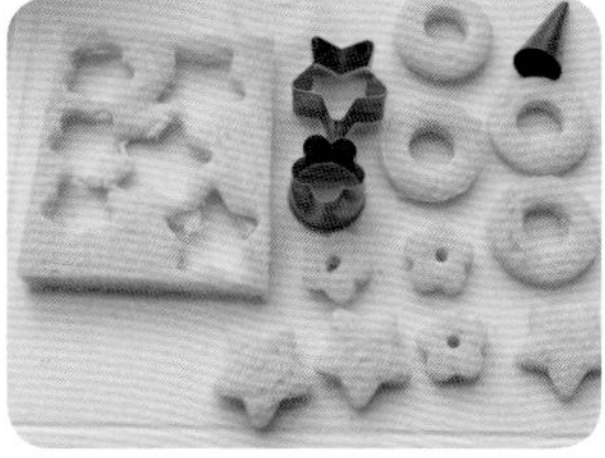

❶ 利用餅乾模或保特瓶蓋、吸管等將吐司壓出各種的形狀（如用蔬果模將紅蘿蔔壓成花形）。

❷ 為了方便穿過繩子，將壓製成的吐司以小吸管壓一個小洞。並在星星表面刷上蛋黃液。

❸ 吐司皮則可以拿來製作蝴蝶結、車窗等（建議不要給寶寶食用吐司皮，因為麵包表面接觸高溫，容易產生大量的丙烯醯胺）。

❹ 以食物剪前出各種造型，如小汽車、鑽石。

❺ 將地瓜葉汁、火龍果汁各加上一點奶粉調製稠狀，成綠色及紅色著料；紫薯＋牛奶＋少許糖調成紫色；竹碳粉＋芝麻粉＋水＋一點糖調製成黑色。

❻ 將顏料裝入塑膠袋，角落剪一個小洞擠出圖形或字形。烤箱 150 度預熱，烤 10 ～ 15 分鐘，表面完全乾燥即可。

Point

- 食材的份量可自由調整，調成濃稠狀即可。
- 若家中使用不能調溫的小烤箱，請以鋁箔紙折成拱門狀覆蓋於餅乾上，避免烤焦。
- 市售收涎餅乾常以生蛋白和色素、糖來作為糖霜，不建議給寶寶食用。
- 這道食譜運用天然的蔬果汁、奶粉及蛋黃、芝麻粉等來調色，期許具有相同理念的媽咪也能盡量使用天然的食材。

食譜2
適用
4～6m

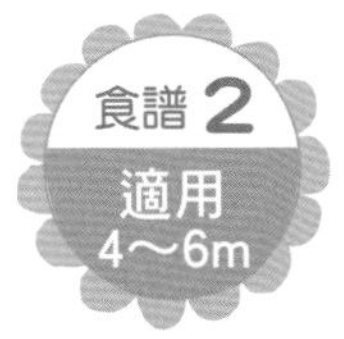

收涎米餅乾

使用無麩質的在來米粉和馬鈴薯澱粉製作，再利用香蕉的甜味，為總糖量較低的米餅乾增添一點香甜，很適合4～6個月寶寶磨牙收涎之用。

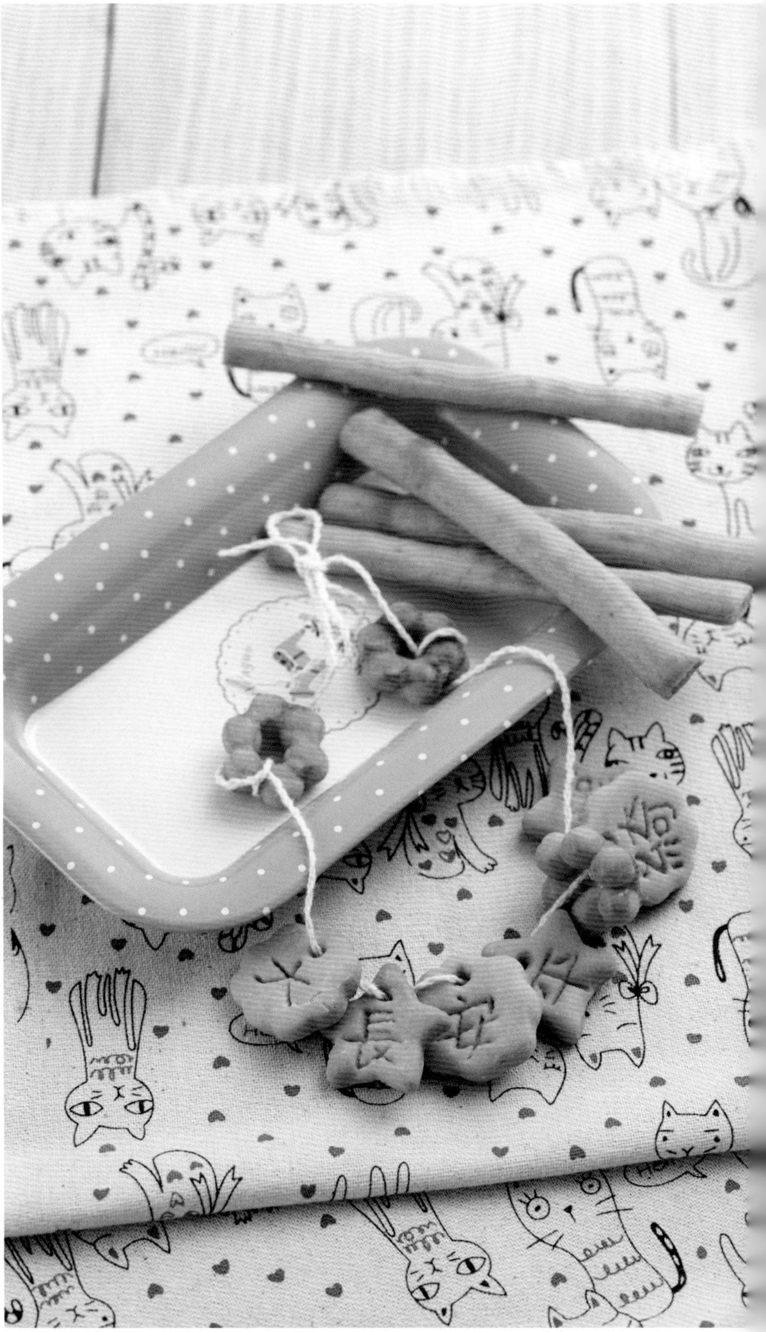

材料

香蕉泥	10g
蛋黃	1顆
糖	10g
玄米油	5g
在來米粉	40g
馬鈴薯澱粉	10g

做法

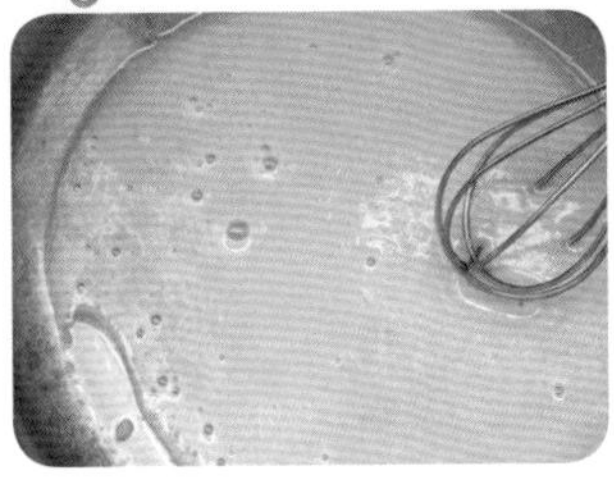

❶以打蛋器將蛋黃、糖、油用力攪拌 1～2 分鐘，再加入香蕉泥攪拌均勻。

❷加入在來米粉和馬鈴薯澱粉（日本太白粉）後，用手掌按壓成糰。

❸桿平後以餅乾模壓製各種形狀，再使用牙籤寫字（星星造型使用餅乾模）。

❹也可搓圓後，組合成甜甜圈造型，或用手掌將麵糰滾成長條形，再折成蝴蝶結，以烤箱 150 度預熱，烤 10～15 分鐘即可（視餅乾厚度調整）。

Point

- 一般使用果泥的餅乾做法，通常需要藉由蛋黃和糖打發，來增加膨鬆度，否則果泥會使餅乾口感略為脆硬，因此在考量將糖量壓至最低的情況下，增加少許油脂，和蛋黃一起打發。
- 可以做成棒狀，方便寶寶抓取及慢慢磨牙，或使用餅乾模來壓製各種可愛的形狀，例如星星或是小花，再輔以牙籤、吸管來挖洞、寫字，讓圖案更生動。

平底鍋米餅

初次建議添加配方奶或母乳，乳脂可延緩澱粉老化的速度，口感也入口即化；之後可使用蔬果汁，讓寶寶嘗試各種蔬果的味道。

材料

嬰兒米精………… 3g
無糖糙米麩 …… 1g
（也可省略全部用米精）
配方奶…………… 8g

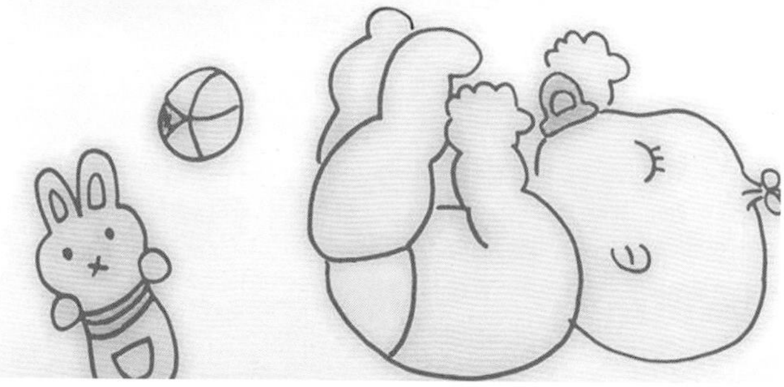

做法

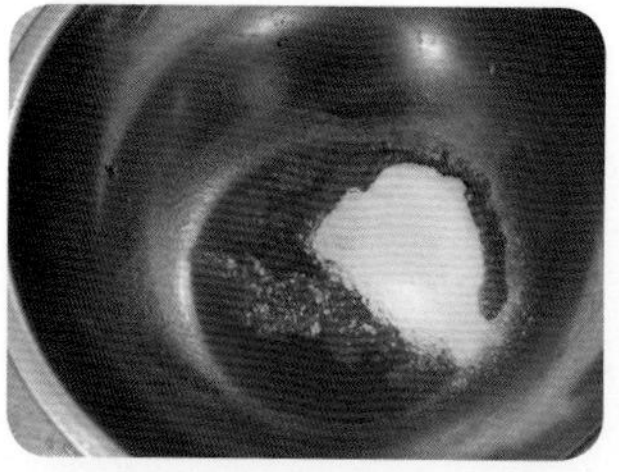

❶先將米精和糙米麩倒入碗內秤重，加2倍重的配方奶，混合均勻成米麵糰（如：嬰兒米精2g+奶4g或糙米麩1g+米精3g+牛奶8g；糙米麩不宜過多，以免影響口感）。

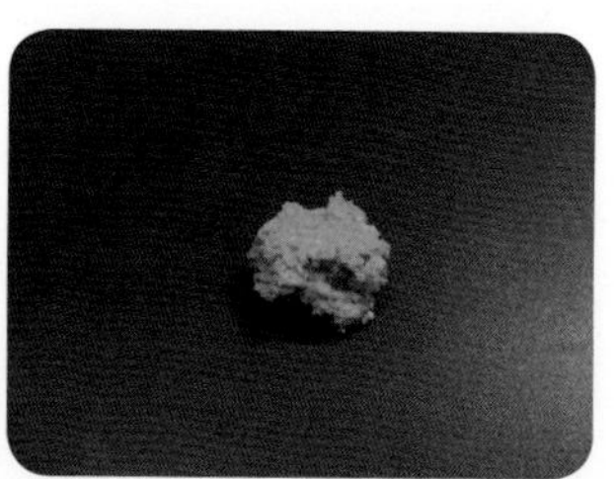

❷將米糰置於預熱過的平底鍋上（平底鍋預熱前需抹一層薄薄的油，並用廚房紙巾擦拭乾淨）

❸在米糰上覆蓋一小張烘焙紙，再用杯子或鍋子底部將米麵糰壓扁。

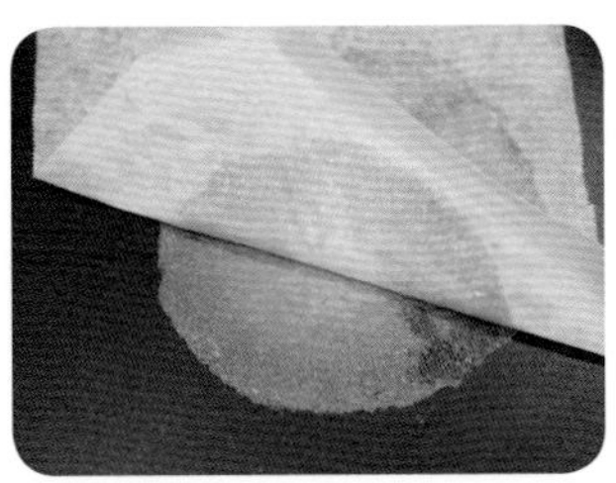

❹將覆蓋的烘焙紙掀開，如果底部還沒形成米餅，則繼續覆蓋、壓煎。

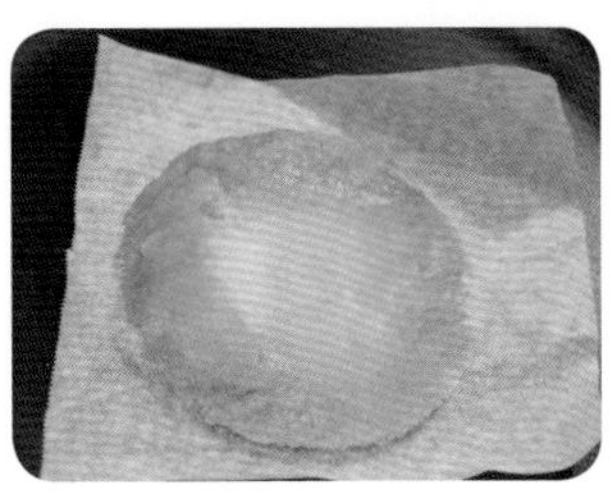

❺翻面的米餅是乾燥而平滑的，背面如果還有一點濕潤，則再煎一下。

飯泥做法

❶使用 2 倍水煮成的軟飯，再加 1 倍的配方奶打成米糊，將米糊刷於平底鍋中煎成如糖果紙般薄透的米紙（因為含水量高，只適合用刷的）。

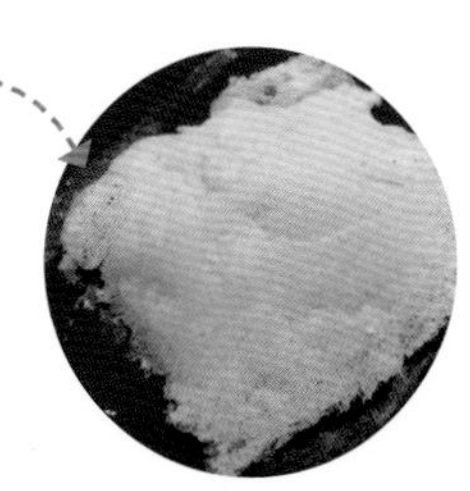

❷以矽膠刷來回多刷幾次形成米紙後，再用刮刀將米紙鏟起。

Point

- 矽膠刷可於烘焙用品店選購，較常使用於麵包表面刷蛋液，而矽膠刷的耐熱度相當高也較安全。
- 也可以使用蛋捲模，那麼就不需要克難地使用不鏽鋼杯來壓扁米麵糰。
- 蔬果汁的使用很多元，如火龍果汁、紅蘿蔔汁、配方牛奶、地瓜葉汁＋配方牛奶都可以。

食譜 4
適用 6m 以上

馬鈴薯握壽司

馬鈴薯的維生素C不易因烹煮而流失，是營養密度很高的澱粉類食材，加入配方奶或母奶可增加滑嫩感，很適合做為初階的手指食物。

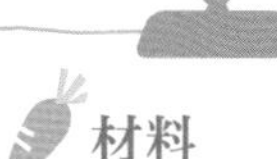

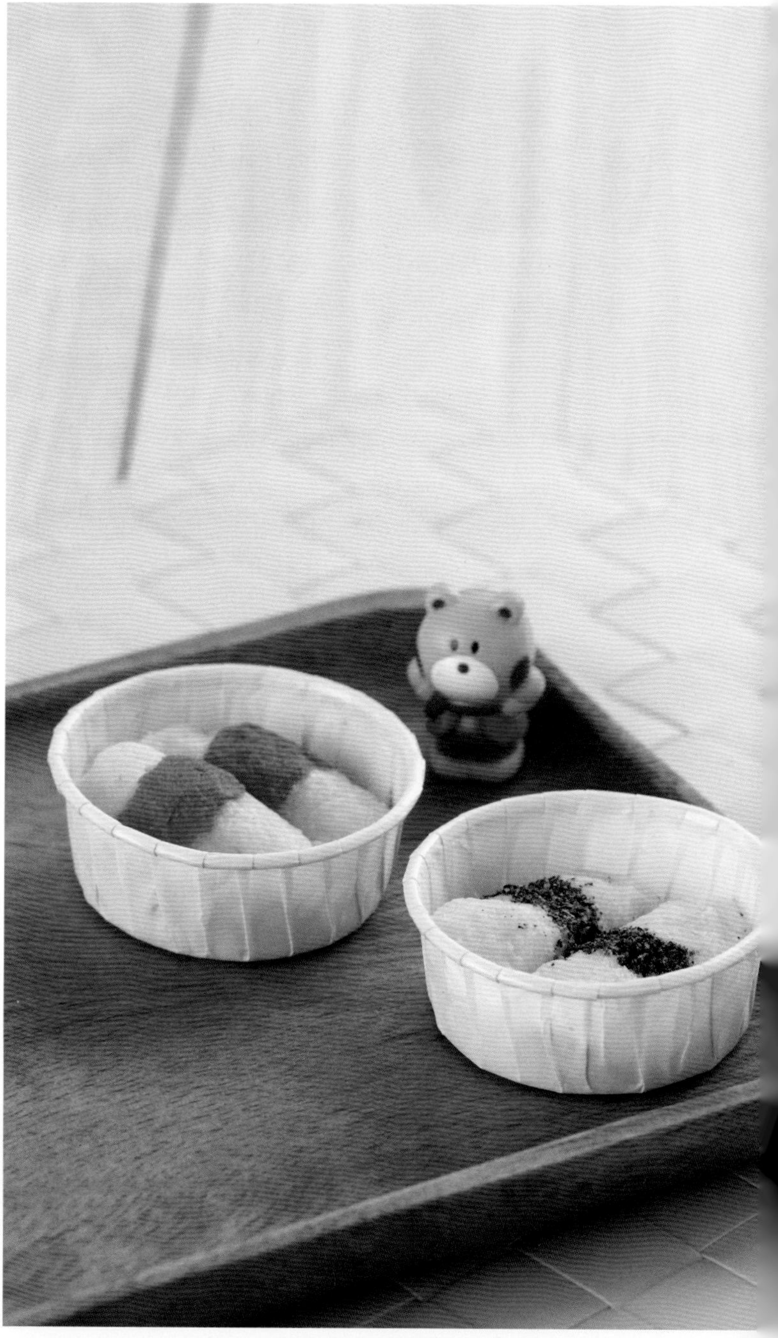

材料

蒸熟馬鈴薯……1 顆
母乳或配方奶 少許
蔬菜泥………… 少許
（地瓜、紅蘿蔔泥）
芝麻粉………… 少許

做法

❶馬鈴薯蒸熟後以壓泥器或湯匙壓成泥。

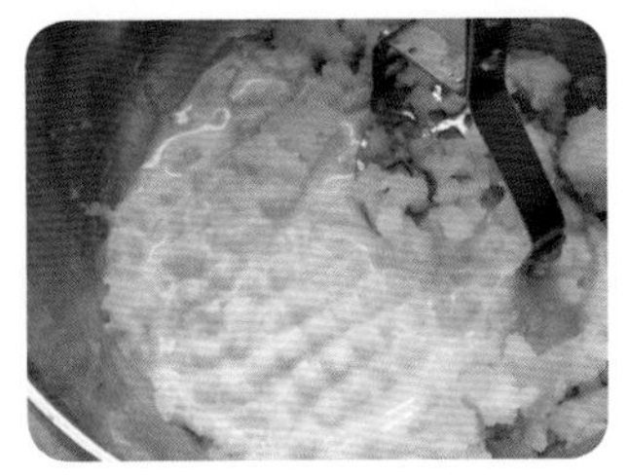

❷慢慢加入母乳或配方奶，直到薯泥變的滑順細緻。

❸將薯泥搓圓。

❹用手掌滾成長條狀，在中段鋪上蔬菜泥或芝麻粉，再稍微滾一下，讓表面平整即可。

Point

- 馬鈴薯壓泥時不建議用攪拌棒，以免過軟無法塑形。
- 蔬菜泥可使用高麗菜、地瓜葉、小松菜、紅蘿蔔、地瓜等來製作，將食材燙軟後打成泥即可，可變換多種口味來增加口感及味覺刺激。

食譜 5
適用 6m 以上

呀呀米餅

利用蛋白中的胚乳蛋白高速打發會有膨鬆效果的特性來取代化學膨脹劑。需嘗試蛋白無過敏反應，才可給予此米餅唷！

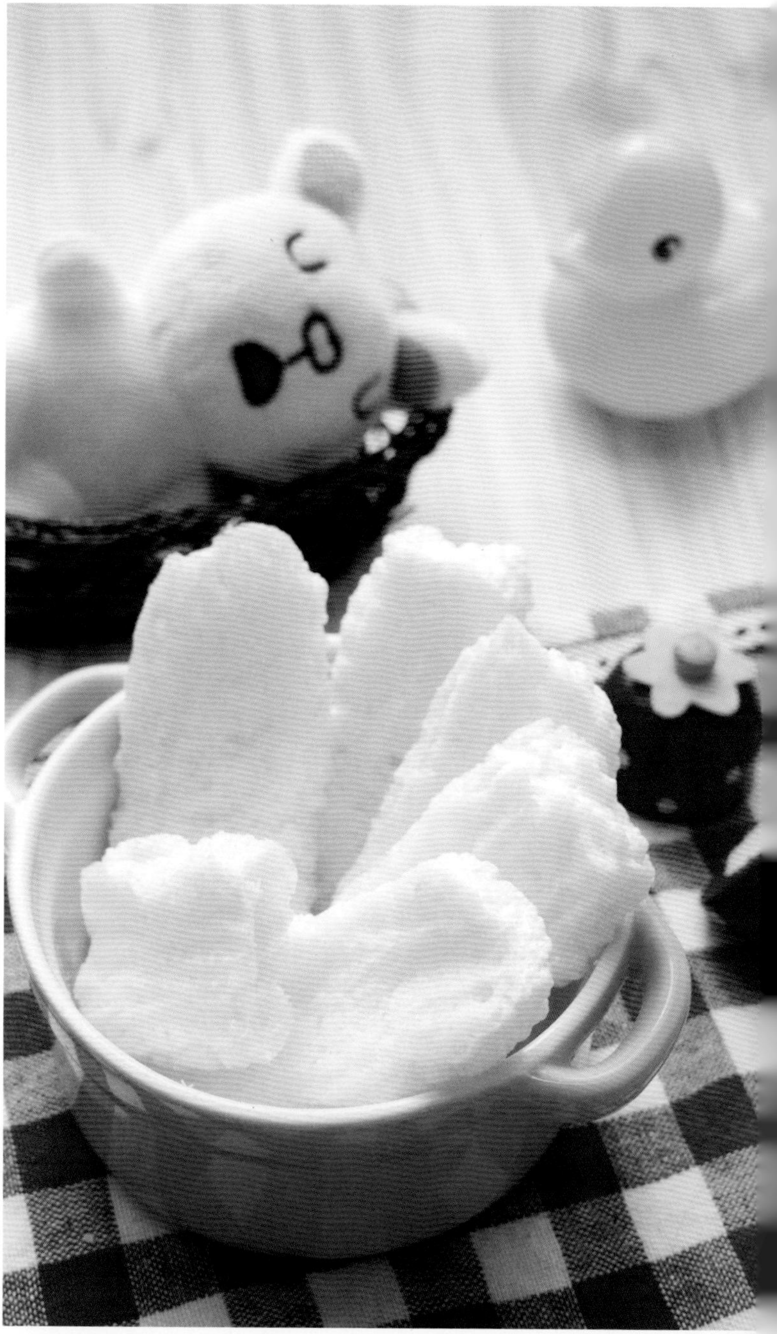

材料

蛋白 1顆
（蛋黃可用來製作小饅頭）
飯泥 20g
（米：水＝1：2煮成軟飯）

做法

❶將白軟飯打成泥再過篩，取細緻的飯泥。

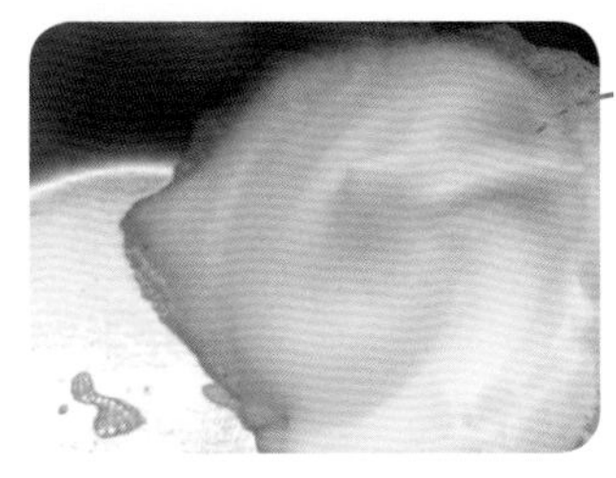

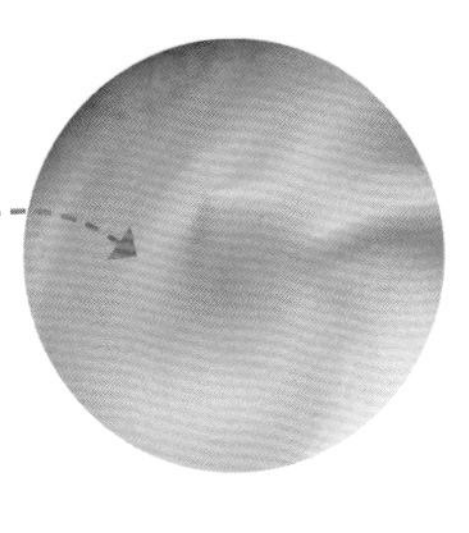

❷以電動打蛋器高速將蛋白打至打蛋器拿起會有小彎勾。

❸將做法❶拌入做法❷，以打蛋器快速攪拌，讓飯泥和蛋白霜完全融合。

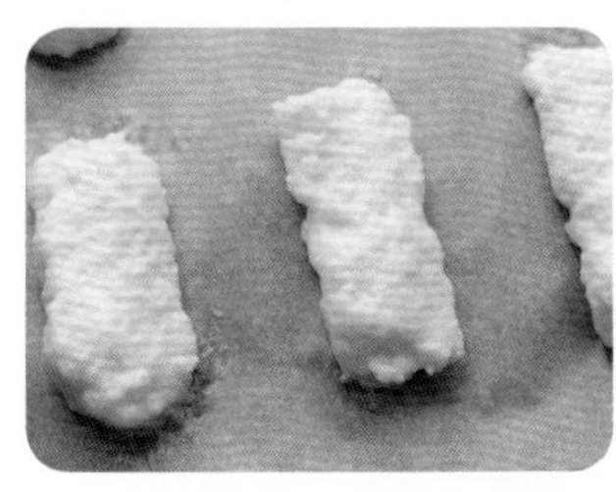

❹將做法❸裝進塑膠袋內，角落剪一個約 2 公分的洞，將飯泥蛋白霜擠出。以烤箱 150 度先烤 5 分鐘，再以 100 度烤 45 ～ 50 分鐘即可。

Point

- 若飯泥未篩、存有顆粒會造成米餅無法完全烤乾，口感也無法入口即化。
- 蛋白建議取用較新鮮的雞蛋或冰雞蛋；用手持打蛋器也可以，只是比較累。
- 若希望成品光滑，可再上面鋪一張烘焙紙，稍微輕壓，讓烘焙紙上下夾住飯泥蛋白霜。

食譜 6
適用 6m 以上

小花糙米米餅

無糖無油、入口即化，適合吃過蛋白，無過敏反應的寶寶。

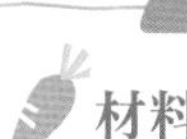

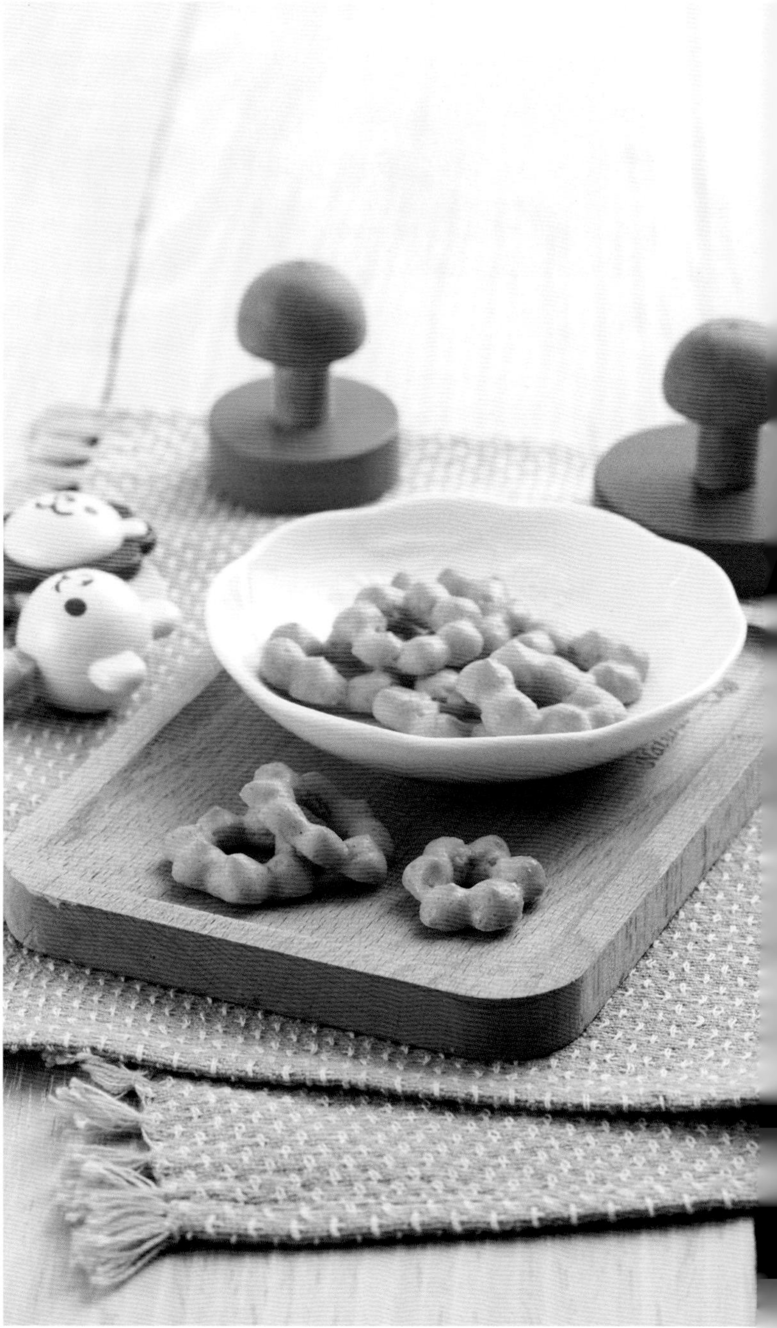

材料

白軟飯⋯⋯⋯⋯ 30g
（米：水 = 1：2 煮成軟飯）
雞蛋⋯⋯⋯⋯⋯ 1 顆
母乳或配方奶⋯20g
無糖糙米麩⋯⋯ 10g

做法

❶將母乳、白軟飯、蛋黃盛入小鋼杯中用攪拌棒打成細緻的泥。

❷用打蛋器將蛋白打發，加入糙米麩繼續攪打均勻。

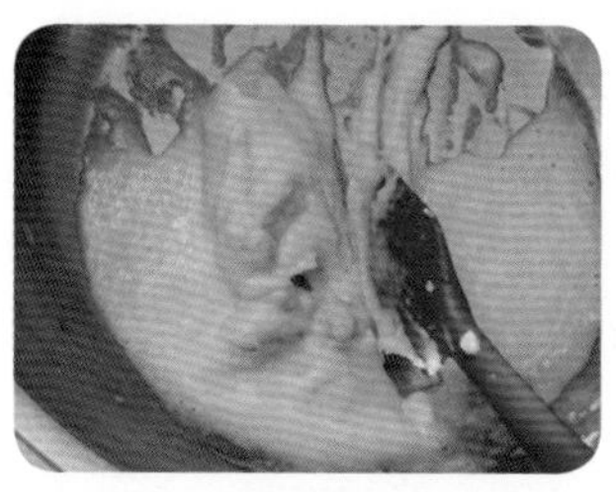

❸將做法❷的蛋白霜倒入做法❶，用刮刀以切拌的方式攪拌均勻（即像拿刀一樣，在中間劃一刀切入，再以順時針方向從底部轉半圈，讓蛋白霜融入蛋黃飯泥中。）

❹將麵糊裝進塑膠袋內，角落剪個小洞擠到烤盤的烘焙紙上。烤箱 160 度預熱，烤 10 分鐘左右。

Point

- 攪打少量食物泥時建議盛入小鋼杯以增加食物容量，較能打成細緻的泥。
- 盛裝蛋白的容器一定要完全擦乾，不可有水份，才能完全打發。
- 不同廠牌的烤箱烤溫會略有差異，建議在烤 5 分鐘後觀察餅乾表面，若餅乾很快焦黃，就是烤溫略高，可以降至 150 度來烘烤。若使用不可調溫的小烤箱，可先轉 3 分鐘預熱，並於餅乾上層覆蓋一張烘焙紙或鋁箔紙，或讓烤箱門留點縫隙，降低溫度。

手擠 麵條＋疙瘩

用擠麵的來式來製作麵條，非常快速還可加入五穀根莖澱粉類或是蔬菜，除單吃外還可加入高湯製作湯麵，或加入一點香蕉酪梨泥製成清爽香甜的酪梨涼麵。

材料

紫薯＋芋頭泥⋯⋯ 1：1
南瓜泥⋯⋯⋯⋯⋯ 少許
甜椒＋番茄泥⋯⋯ 1：1
紅蘿蔔泥⋯⋯⋯⋯ 少許
小松菜＋綠花椰泥1：1
紫薯＋芋頭泥⋯⋯ 1：1
低筋麵粉⋯⋯⋯⋯⋯
約蔬菜泥的 1 倍重量
有機嫩豆腐泥⋯⋯ 少許

做法

❶ 製作蔬果冰磚：

a. 南瓜泥：蒸熟後用湯匙刮泥。
b. 毛豆泥：剝殼毛豆入滾水中汆燙約 1 分鐘，沖冷水後去膜，再放入電鍋內蒸熟，加一點點水打成泥（也可以使用帶殼的毛豆，直接蒸熟後，去膜，再打泥）。
c. 番茄、甜椒泥：番茄、甜椒在底部劃十字，放入滾水中汆燙約 1 分鐘剝掉外皮，用攪拌棒打成泥後，加幾滴橄欖油，入鍋中略炒，幫助釋放茄紅素。
d. 紅蘿蔔泥：切薄片，在上面低幾滴橄欖油，入電鍋蒸熟再打泥。
e. 小松菜、綠花椰泥：清洗後，用溫水泡洗，汆燙至軟後打成泥。
f. 紫薯、芋頭泥：8m 後可利用芋頭增加香氣，紫薯和芋頭切薄片後入電鍋，外鍋 3 至 4 米杯的水蒸熟，打成泥。

❷ **將蔬果泥慢慢加入麵粉**（蔬果泥盡量不要在非常熱的情況下加入，以免造成燙麵作用而結塊），攪拌成均勻的泥狀，再裝入塑膠袋內，角落剪個小洞擠出（柔軟卻不易滴落的程度）。

❸ 青菜類可加入少許豆腐泥攪拌均勻後，過篩一次，取細緻的泥（因為豆腐具有黏著性，可幫助菜泥和麵粉黏著，而不容易鬆散，同時也可以減少麵粉的添加量，讓麵條口感較為滑嫩）。

❹ 鍋內水滾後轉小火，將各式蔬果麵糊擠入，前 20 秒勿翻動，之後再拿起鍋子稍微搖晃，或用鍋鏟輕輕翻動，約 30 秒至 1 分鐘熟透後撈起沖冷開水即可。

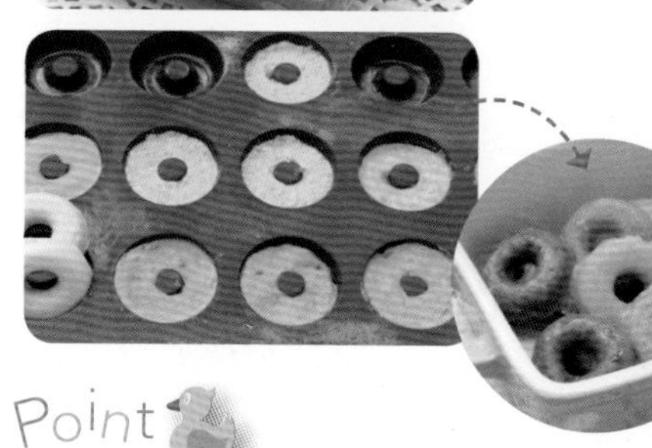

❺ 也可將蔬果麵糊擠入矽膠模內冷凍保存，冷凍過的麵糊，煮熟後就是造型麵疙瘩啦。

Point

- 口感軟嫩適合寶寶，但建議每添加一種新食材，都以少量開始，每吃一種新的食物時，應注意寶寶的大便及皮膚症狀，所有食材過關後再製作綜合麵條。
- 如果寶寶對小麥麩質過敏，也可以將麵粉換成嬰兒米粉或是糙米麩，但米粉或米麩不具黏著性，需添加少量馬鈴薯澱粉幫助黏著。
- 因為低筋麵粉蛋白質含量較少、筋性低，製作出來的麵條口感會比中筋麵粉軟，很適合 12m 以下的寶寶。不過，麵糊較稀比較容易斷裂或散開，也可以添加與麵粉等重量的有機豆腐來幫助凝固，讓口感更為軟嫩（例如 30g 蔬菜泥 +30g 低筋麵粉 +30g 豆腐泥）；或以少許馬鈴薯澱粉來增加黏著性（例如，蔬菜泥 30g+ 低筋麵粉 30g+3g 的馬鈴薯澱粉。）但像南瓜、芋頭、馬鈴薯等澱粉類則是直接加入等量的麵粉即可（例如南瓜泥 50g+ 低筋麵粉 50g，混合均勻後，即可直接擠入滾水中）。

米薯條+自製番茄醬

米薯條的表皮較易變硬，適合咀嚼能力較佳的寶寶食用；如果要軟嫩、入口即化也可以將馬鈴薯泥混合生蛋黃。

材料

Ⓐ米薯條：

蒸熟馬鈴薯泥‥50g
嬰兒米粉‥‥‥10g
（或白軟飯，米：水＝1：2 煮成軟飯）

Ⓑ番茄醬：（可省略）

番茄‥‥‥‥‥1 顆
洋蔥‥‥‥‥‥少許
蘋果泥‥‥‥‥10g
玄米油‥‥‥1 小匙
（可用其它植物油取代）

Ⓒ偽脆皮薯條：

地瓜‥‥‥‥約半條
米豆‥‥‥‥‥適量
（剩餘的米豆泥可製成冰磚，添加在粥裡也很適合）
蛋黃‥‥‥‥‥1 顆
（酌量加入）

做法

A 米薯條：

❶ 將蒸熟的馬鈴薯泥和嬰兒米粉混合均勻後，放入塑膠袋內桿平，切條狀。

❷ 鍋內抹薄薄的油脂，以小火慢煎至表面凝固。

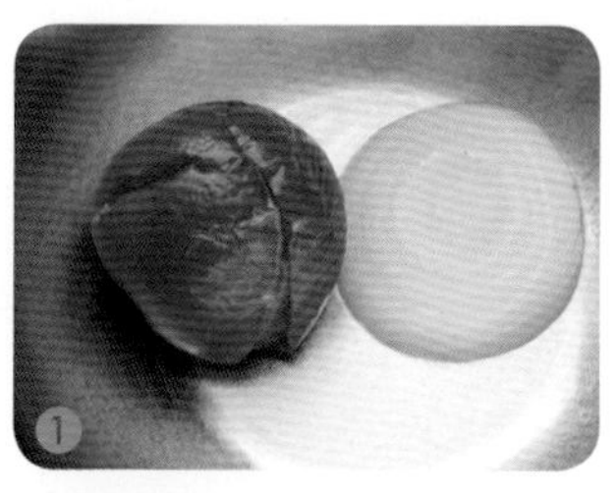

B 番茄醬：

❶ 番茄底部用刀劃十字，和洋蔥一起蒸軟；番茄去皮加入洋蔥一起打成泥。

❷ 做法 ❶ 倒入鍋中，加少許橄欖油，以小火翻炒，收乾水份即可起鍋。

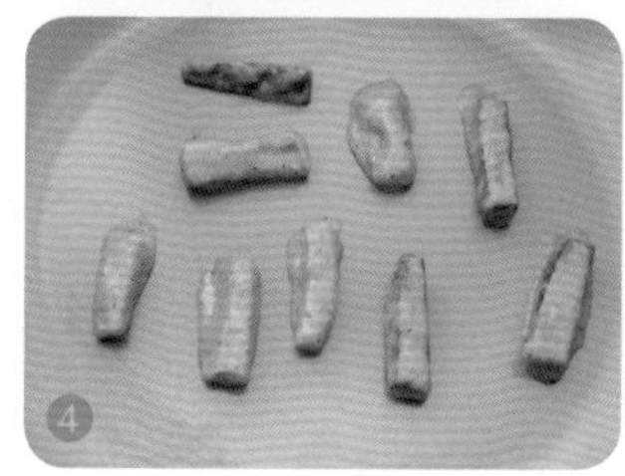

C 偽脆皮薯條：

❶ 將地瓜切條狀，入滾水中燙軟。

❷ 將米豆放入電鍋中蒸熟、過篩後，取細緻的米豆泥。

❸ 將米豆泥混合少許蛋黃（不要太濕，較容易包裹地瓜條），再將燙軟的地瓜條，放入米豆糊中，包覆均勻。

❹ 鍋內不需要加油脂，小火慢慢地瓜薯條煎至表面微酥。

- 豆泥煎定型後，仍會維持軟嫩的口感，所以煎好的偽脆皮薯條，雖外表像極了沾了麵糊的炸薯條，但其實入口即化唷！
- 馬鈴薯泥混合生蛋黃的做法：馬鈴薯泥：蛋黃液＝ 6：1，例如 60g 的馬鈴薯泥 +10g 的蛋黃，擠成條狀至烘焙紙上入烤箱烘烤約 10 ～ 15 分鐘成型。

食譜 9
適用 6m 以上

橙汁薯條

調入柳橙汁蒸熟後食物會帶淡淡的果香味，可讓寶寶嘗試新鮮的口味，如果擔心柳橙原汁太酸，可加入少許水稀釋。

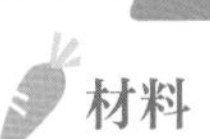

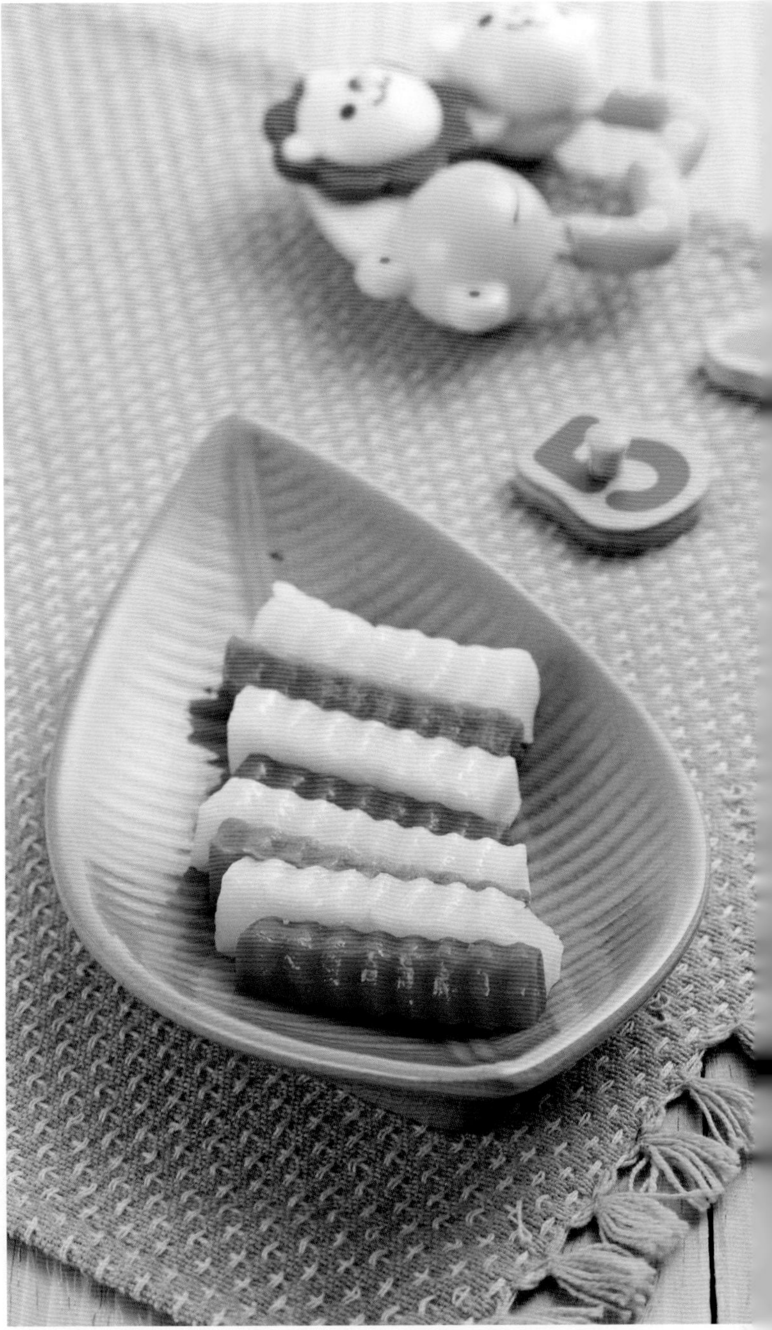

材料

馬鈴薯……… 少許
紅蘿蔔……… 少許
柳橙汁‥1/2 或 1 顆

做法

❶以波浪刀將馬鈴薯及紅蘿蔔切成條。

❷馬鈴薯入滾水中略煮，防止蒸時氧化變黑，並縮短熟透的時間。

❸將薯條和紅蘿蔔放入碗內，並擠入柳橙汁。

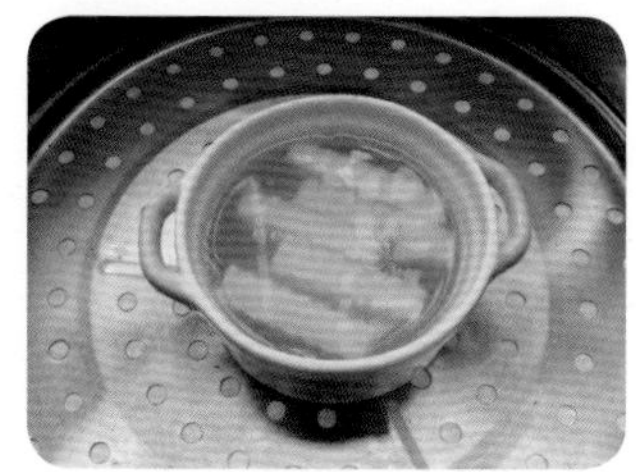

❹入電鍋，外鍋 3 ～ 4 杯水蒸熟後，瀝掉湯汁即可。

Point

- 如果擔心寶寶的咀嚼能力，也可以切成細絲再蒸軟唷！
- 如果寶寶不喜歡柳橙味，也可以維持原味，蒸熟後加入一點蒜末並幾滴香油即可。
- 10m 以上的寶寶夏天天氣炎熱，寶寶的食慾較差的時候，可將馬鈴薯、紅蘿蔔切成細絲混入柳橙汁蒸熟、瀝乾後，加入蒜末和幾滴芝麻香油（建議買100％純芝麻油），冰鎮後就是一道可口的涼拌菜。

蔬菜小饅頭

小饅頭無油且使用蛋黃來製作，對於一開始尚未接觸過蛋白的寶寶非常適合。初次讓寶寶抓取食用，建議做成棒狀，讓寶寶拿在手上慢慢用牙齦磨至融化。

材料

Ⓐ黃色小饅頭：

- 地瓜泥……10g
- 蛋黃……1顆
- 糖……10g
- 玉米粉……10g
- 日本太白粉……40g

Ⓑ紅色小饅頭：

- 番茄糊……10g
- 蛋黃……1顆
- 奶粉……5g
- 玉米粉……8g
- 日本太白粉……40g

Ⓒ綠小饅頭：

- 青豆泥……10g
- 糖……10g
- 蛋黃……1顆
- 奶粉……5g
- 玉米粉……10g
- 日本太白粉……40g

做法

❶ 依配方以電動打蛋器將蛋黃和糖打發成濃稠狀，或是用手持打蛋器或 1 雙筷子快速攪打。加入蔬菜泥、奶粉、玉米粉後再慢慢加入日本太白粉，一邊加入一邊用手掌或手指背按壓成糰，直到麵糰均勻而不乾也不黏手。

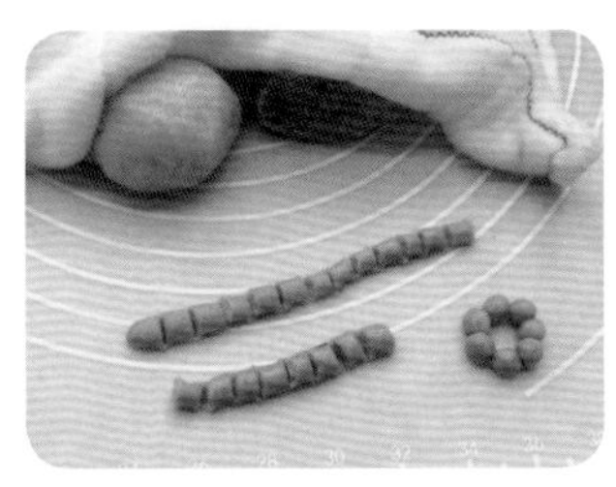

❷ 以擰乾的濕布覆蓋揉好的麵糰，以免塑形時剩下的麵糰表面風乾。

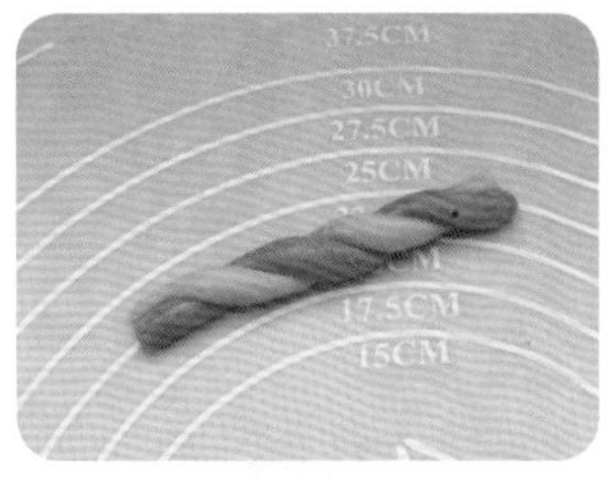

❸ 將麵糰搓成條狀，交叉成棒狀，烤箱 130 度預熱 10 分鐘後，放入烤箱以 110 至 130 度烘烤 15 分鐘左右即可。

造型做法

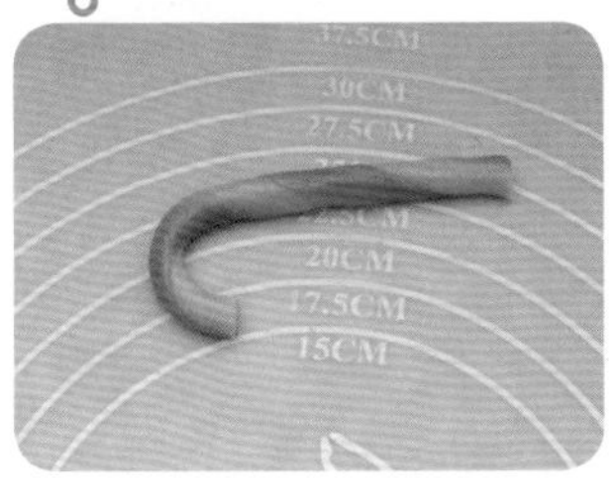

・**拐杖糖**：將做法 ❸ 的麵糰前側彎曲即可。

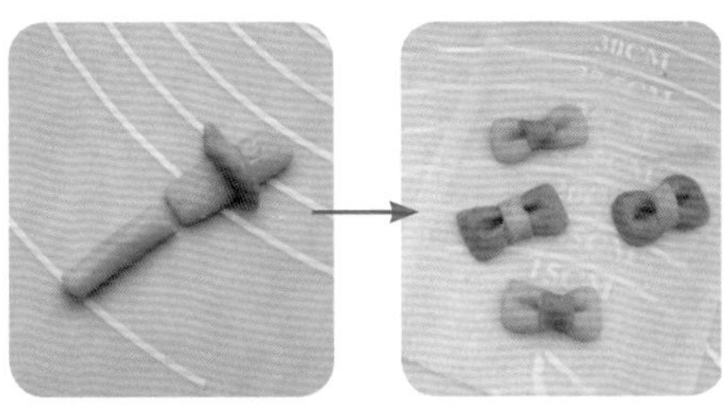

・**蝴蝶結**：將麵糰搓成長條狀，桿扁後，切小段，呈長方形；在長方形中間放上搓成細條狀的麵糰，再利用筷子將中間夾緊；再以牙籤在中間兩側，往下壓出短短的凹陷即可。

・**立體鴨**：將麵糰以手捏出嘴巴、頭和身體，接合處沾少許水幫助黏著，眼睛用黑芝麻粒填入即可。

・**紅蘿蔔和小花**：直接將麵糰填入矽膠模型內，再放進烤箱烘烤。

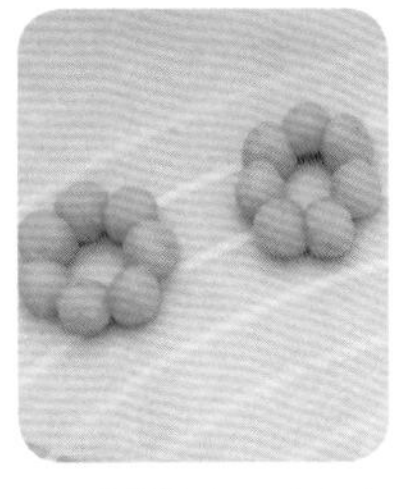

・**甜甜圈**：將麵糰捏成小圓球，接合處沾一點點水幫助黏著。

果汁小饅頭

口感更接近市售小饅頭的配方。另外，我特別整理了一些製作重點，讓媽媽們了解小饅頭入口即化的原因。

材料

Ⓐ香蕉小饅頭：

材料	份量
香蕉泥	10～15g
蛋黃	1 顆
無鹽奶油	5g
糖	10g
奶粉	5g
日本太白粉	40g
玉米粉	10g

Ⓑ百香果小饅頭：

材料	份量
百香果汁	10g
蛋黃	1 顆
玄米油	5g
糖	10g
玉米粉	10g
低筋麵粉	10g
奶粉	5g
日本太白粉	50g

做法

❶ 依配方以電動打蛋器將油、蛋黃、糖打發成濃稠狀。

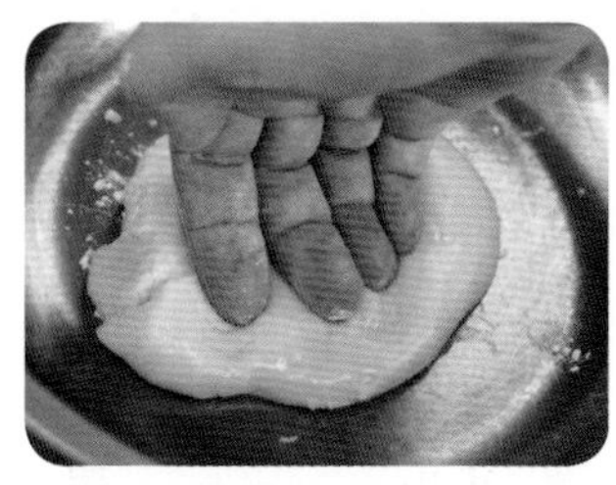

❷ 加入果泥（汁）、奶粉、玉米粉後再逐次加入日本太白粉攪拌均勻後，用手掌或手指背按壓成糰。

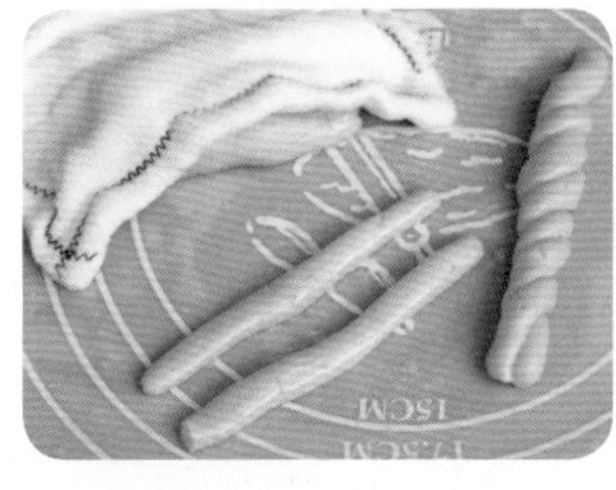

❸ 麵糰表面覆蓋擰乾的濕布，取出少量搓出二條長條狀，再扭轉成麻花狀。

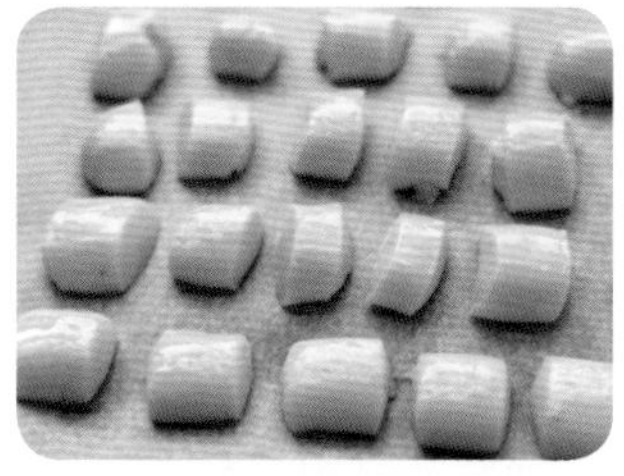

❹ 或是搓成長條狀，直接用刀背切塊。烤箱 130 度預熱 10 分鐘後，放入烤箱烘烤 15 ～ 20 分鐘即可。

貞穎媽烹飪心得

✿ 蛋黃和糖打發成濃稠狀：只使用蛋黃，不使用油脂的餅乾，都須藉由蛋黃和糖快速攪打讓空氣打入蛋黃糊中來幫助餅乾膨鬆，當然也可以加入少許油一起打發，以降低糖量。

✿ 若使用黑糖，務必先過篩：製作 1 歲以下寶寶的點心時，建議不要使用糖粉，因為一般糖粉常添加修飾澱粉（樹薯澱粉），較不具營養價值和品質上的保證。

✿ 盡量不添加水：如果想利用果汁或果泥來製作，則須添加總粉量 20%的玉米粉（如馬鈴薯澱粉 100g，玉米粉則需添加 20g），另外以 1 顆蛋黃的食譜來說，果汁或果泥也盡量控制在 20g 以內（原味則不需添加玉米粉）。

✿ 添加芝麻粉或黃豆粉：除玉米粉外，還可添加芝麻粉或黃豆粉來幫助膨鬆（以 1 顆蛋黃的份量計，約可添加 10g 的芝麻粉）。

✿ 烘烤溫度：超過 150 度以上的高溫中，容易因過度膨脹而使小饅頭餅乾表面出現裂痕，因此建議烘烤溫度為 110 至 130 度即可。

✿ 包裝上寫「寶島太白粉」為樹薯澱粉：「日本太白粉」及日本進口的「片栗粉」皆為馬鈴薯澱粉，不過台灣的馬鈴薯澱粉（日本太白粉）含水量較片栗粉高（約在 10 ～ 20%左右），因此如果在鍋中將炒熱收乾水份，也能幫助小饅頭口感膨鬆。

食譜 12
適用 6m 以上

低敏餅乾

無油或無糖的無麩質餅乾，最適合當寶寶的第一個餅乾囉！我以米飯和糙米麩來代替麵粉，試做的3種口味米餅，皆是不太需要咀嚼，可以慢慢含到化開的口感。

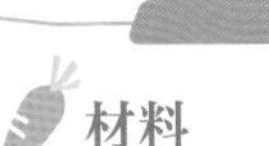

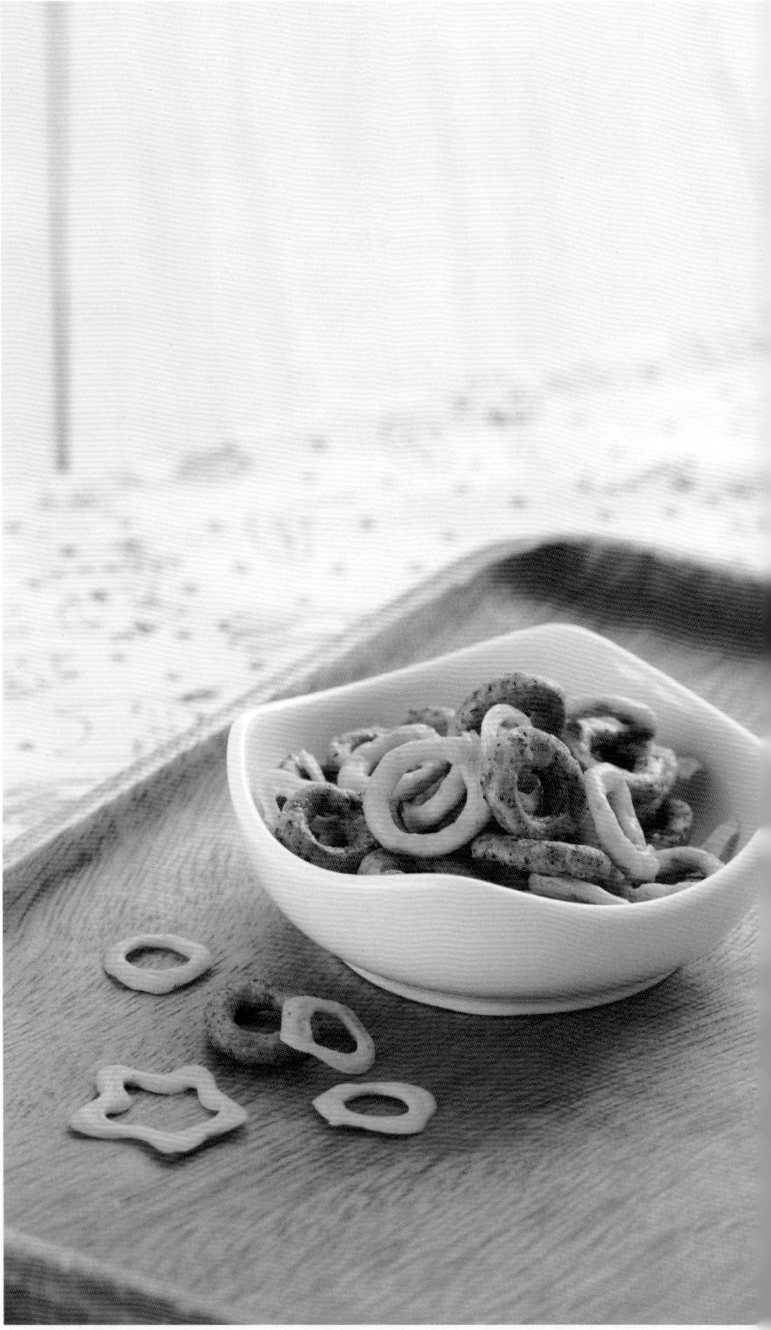

材料

Ⓐ小米米餅：
小米軟飯……40g
地瓜泥……20g
（或以10g 香蕉泥取代地瓜泥）
蛋黃……1 顆

Ⓑ無糖香蕉糙米圈圈餅：
香蕉泥……10g
蛋黃……1 顆
玄米油……5g
無糖糙米麩……5g
（米麩的吸水性較高，若改用低筋麵粉，可增加至 10g）

Ⓒ無油芝麻糙米圈圈餅：
蛋黃……1 顆
黑糖……5g
（需用篩網過篩加入）
芝麻粉……1g
無糖糙米麩……5g

做法

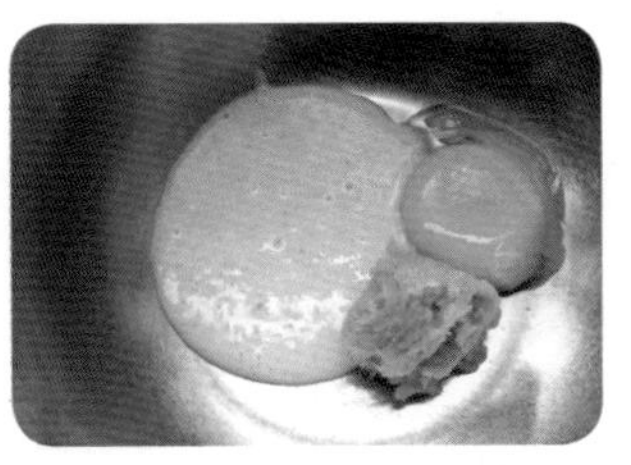

A 小米米餅：

❶小米洗淨後，加入 2 倍的水（80g），放入電鍋以外鍋 1 米杯水，蒸至開關跳起。

❷將做法 ❶ 放入小鋼杯，以用攪拌棒打成細泥。

❸將小米泥、地瓜泥、蛋黃混合在一起，攪拌均勻後，裝進塑膠袋內。

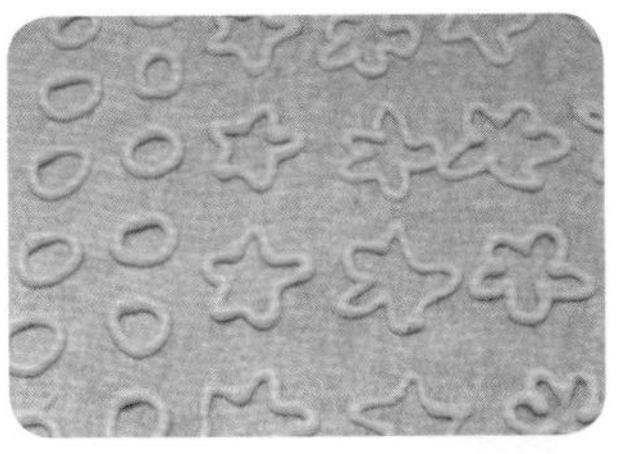

❹塑膠袋的一角剪個小洞，將地瓜米糊擠出，擠到烤盤的烘焙紙上，烤箱 150 度預熱，烤約 8 分鐘左右即可。

Point

也可以舀一點米糊在平底鍋上（平底鍋先預熱後轉最小火），再用湯匙底部或矽膠刮刀，將米糊抹平，越薄就越入口即化。當表面已經完全乾燥後，利用矽膠刮刀，從米餅邊邊鏟起即可。

B 無糖香蕉糙米圈圈餅：

❶將玄米油、蛋黃混合均勻，加入香蕉泥拌勻，加入糙米麩混合均勻。

❷將麵糊裝進塑膠袋內，角落剪一個小洞，擠到烤盤的烘焙紙上，烤箱 150 度預熱，烤約 8 分鐘左右即可。

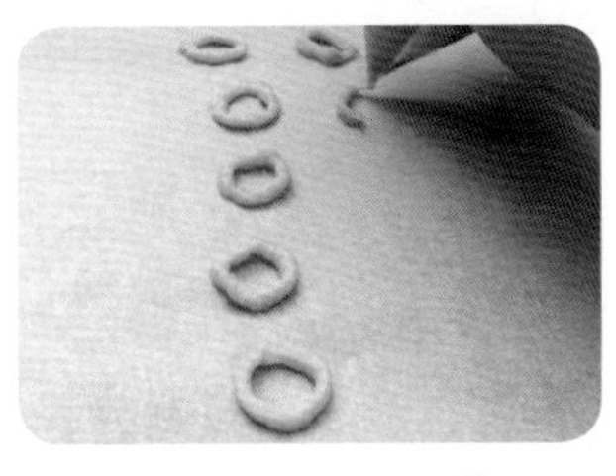

C 無油芝麻糙米圈圈餅：

❶將玄米油、蛋黃混合均勻，加入黑糖混合均勻。

❷再加入芝麻粉（或將芝麻粉改成配方奶粉）及糙米麩混合均勻。

❸將麵糊裝進塑膠袋內，角落剪一個小洞，擠到烤盤的烘焙紙上，烤箱 150 度預熱，烤約 8 分鐘左右即可。

✿ 也可以在電鍋底部鋪一層鋁箔紙或蒸架，再鋪烘焙紙後，擠入麵糰，開關按下後跳起，休息一下，再繼續按下開關，重覆幾次，直到餅乾完全烤乾為止。

毛豆豆腐

像嫩豆腐一樣的口感，寶寶必須先嘗試過毛豆和蛋黃，無過敏反應後，再進行這樣的搭配。

材料

毛豆泥 ·········· 20g
蛋黃 ·············· 1 顆

做法

❶毛豆汆燙後沖冷水，用手稍微搓洗，外皮就會浮在水面上。去皮後的毛豆，再用水煮 10 分鐘至熟（或使用電鍋蒸熟）。

❷煮熟的毛豆加入等重的水，用攪拌器打成泥；取 20g 的毛豆泥，和 1 顆蛋黃混合。

❸容器底部鋪一張饅頭紙或剪小張的烘焙紙後，將毛豆蛋黃液過篩倒入容器內。

❹表面覆蓋鋁箔紙或盤子，蒸約 3 ～ 5 分鐘。

Point

- 毛豆其實就是八分熟的黃豆，一般擔心豆類容易脹氣的問題，豆類去皮後再進行烹煮，就較不易引起脹氣；而水煮的顏色鮮豔好看。
- 利用篩網過篩蛋汁較細緻，蒸出來的豆腐也較光滑；密封狀態下蒸蛋或布丁，成品的表面會較光滑細緻。
- 容器底部鋪饅頭紙或烘焙紙，較易取出。建議當天或冷藏二天內食用完畢。

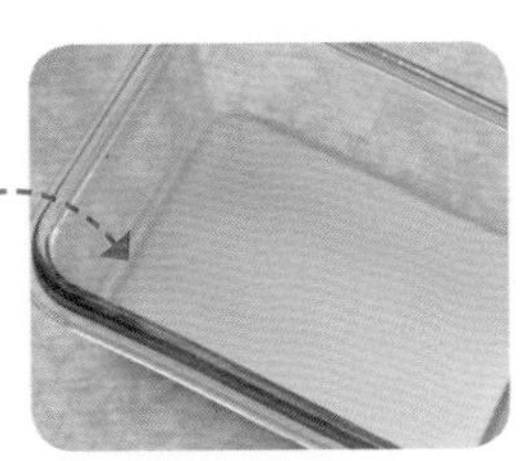

食譜14
適用 6m 以上

無糖南瓜番茄凍

採天然富含鈣質的海石花（海珊瑚），和果汁或豆漿一起熬煮，就是單純無添加的天然果凍及豆花。

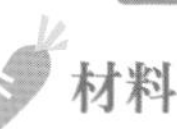

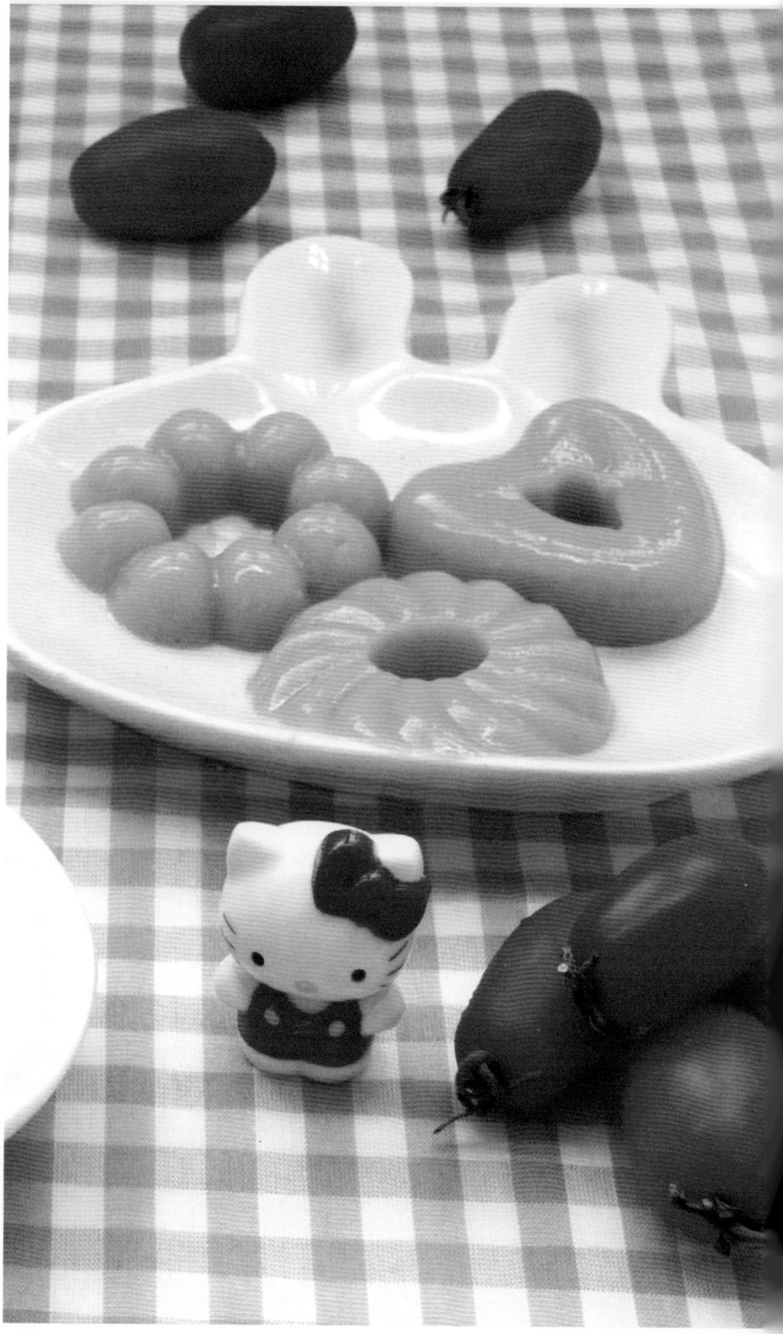

材料

海石花…………… 5g
水……………… 2 碗半
（約 500g）
南瓜薄片…… 少許
小番茄……… 數顆
橄欖油或玄米油 幾滴
（幫助釋放茄紅素）

做法

❶ 海石花先用冷水泡軟。

❷ 將南瓜和小番茄切小塊。

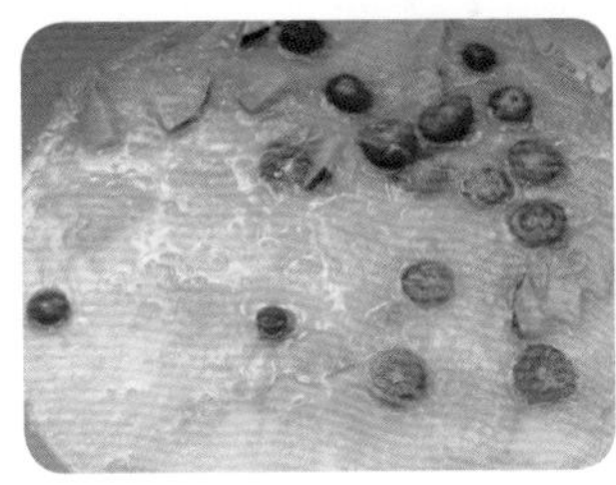

❸ 以 2 碗半的水加入做法❶、❷入鍋中熬煮至軟。

❹ 用料理棒或果汁機打成泥，再過篩，去除南瓜皮和番茄皮及籽，保持口感滑順。

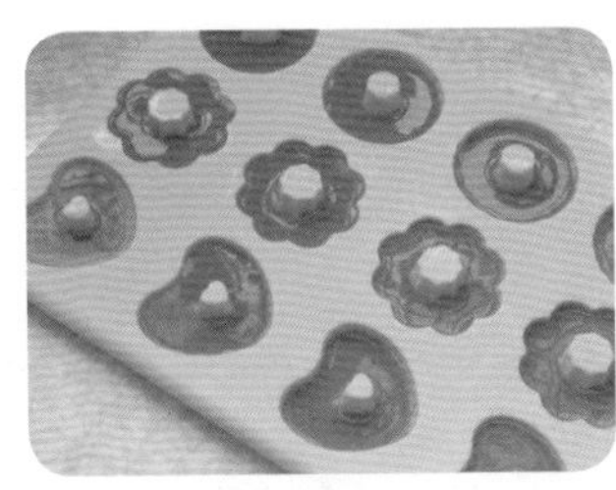

❺ 倒入矽膠模內，成形後會較方便寶寶直接抓取食用。

Point

- 將南瓜表皮刷洗乾淨，擦乾後切薄片，較易蒸熟；也可直接冷凍保存，平常炒菜時只需取出冷凍南瓜片，直接切小塊加入菜餚中就可增添營養與美味。
- 也可將做法❹直接倒入容器內，冷藏等待凝固，直接接塊食用。

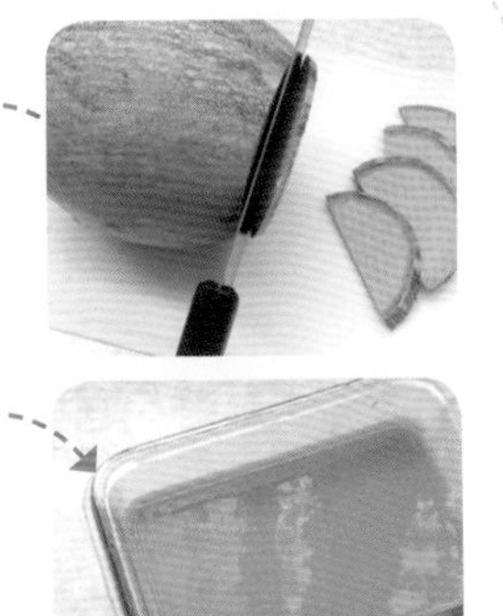

食譜 15
適用 6m 以上

蘋果南瓜軟糕

雖然一般軟糕用南瓜泥加玉米粉就可以製作（類似雪花糕的做法），但建議給6個月寶寶食用時，還是應盡量以較天然的食材來取代玉米澱粉。

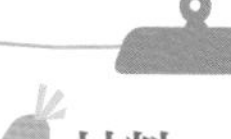

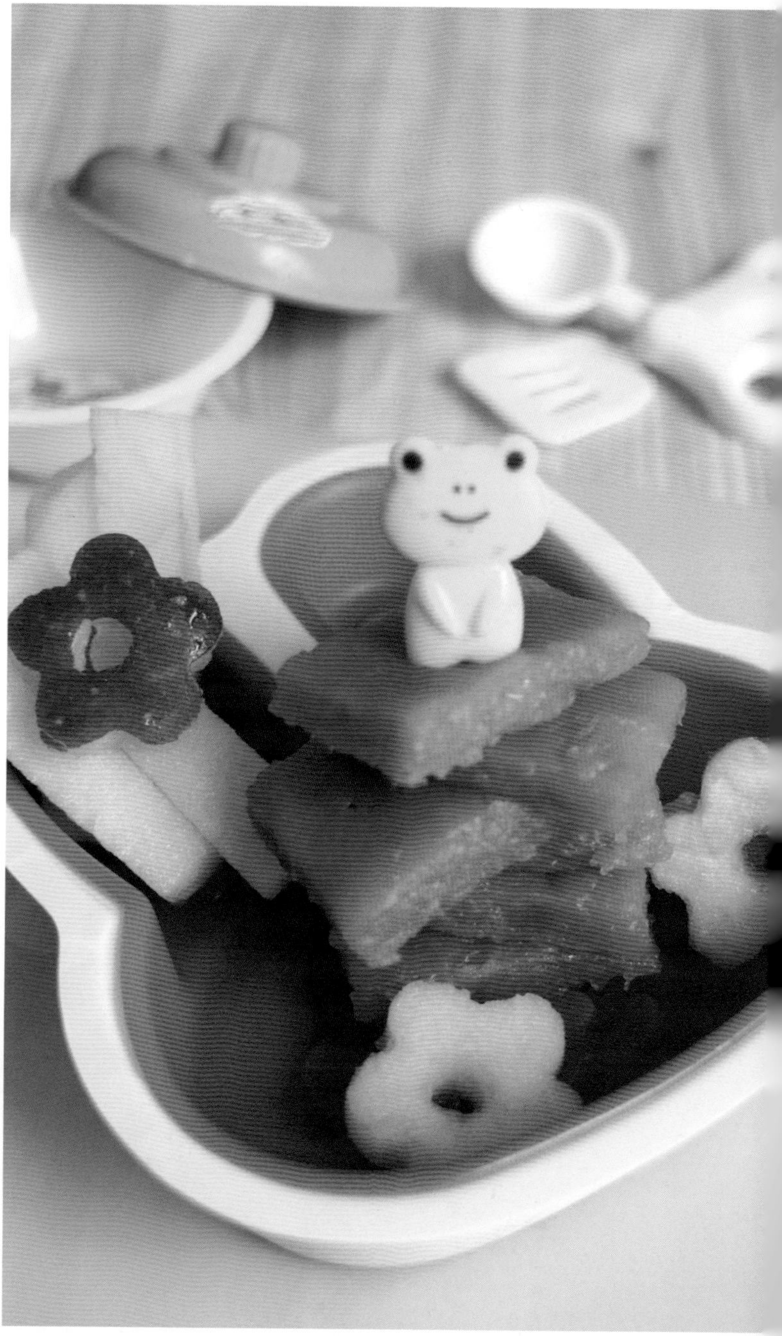

材料

南瓜泥（生）……40g
蘋果泥 …………… 40g
白軟飯 …………… 40g
吉利丁 …………… 1片
（或是洋菜條少許）

做法

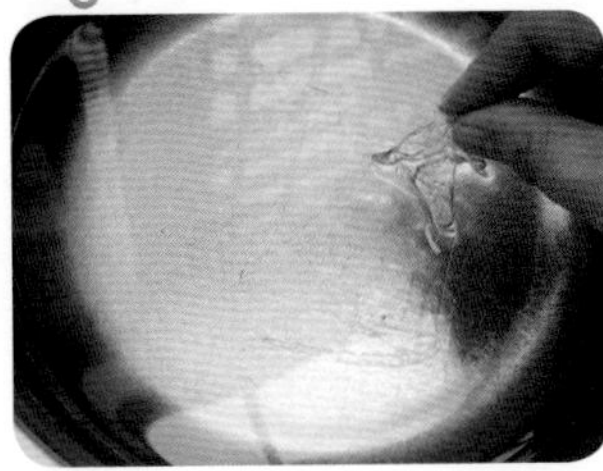

❶吉利丁片放入冰水中泡軟（可事先將冷開水冷藏）。

❷將南瓜、蘋果切塊後直接以磨泥器磨泥，再加入白軟飯，再用料理棒打成泥。

❸做法❷倒入鍋中加熱1分鐘至變軟熟透。

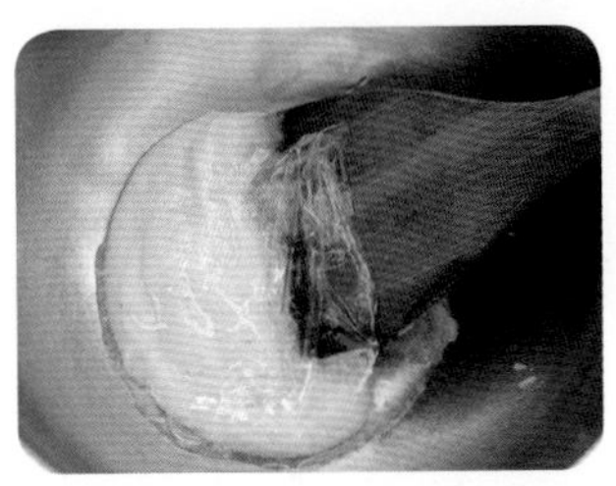

❹趁熱加入做法❶的吉利丁，攪拌均勻。

❺倒入容器內，放涼後移至冷藏，等待凝固後切塊。

Point

✿ 各種凝結劑的使用方式：

1. 吉利丁片：1g 的吉利丁片，可搭配 50g 的液體（如果汁、豆漿），需事先以冰水泡軟，再加入加熱的液體當中攪拌溶解。
2. 洋菜條：1g 的洋菜條，可搭配 55g 的液體，需事先以溫水泡約 10 ～ 20 分鐘，取出切碎，再與液體或蔬果泥、糖一起加熱至洋菜完全融化。

✿ 地瓜羊羹配方：150g 地瓜泥＋ 2g 洋菜條＋砂糖 10g 或省略＋水 100g。

無奶油・無鹽・米飯吐司

以少量的配方來製作迷你吐司，不使用專業的吐司模具，讓初學者可以輕鬆用手揉製麵糰，以及用簡單易取的器具來製作健康的米飯吐司。

材料

白米飯 ………… 50g
（或白軟飯）
高筋麵粉 140～150g
蛋液 ……………… 30g
水 ………………… 50g
糖 ………………… 15g
奶粉 …3g（可省略）
酵母粉 1、2 茶匙或 3g
（或新鮮酵母，添加比例約為速發酵母的3倍）
玄米油 …………… 5g
（或其他植物油）

做法

❶將米飯、蛋液、水，用攪拌棒打成泥；加入酵母粉、糖、奶粉。

❷加入麵粉，手套上塑膠袋（避免沾粘）後揉勻。

❸在揉勻的麵糰上蓋上擰乾的棉布，進行基礎發酵約 90 分鐘。

❹麵糰約膨脹 2 倍大時，加入玄米油揉勻。

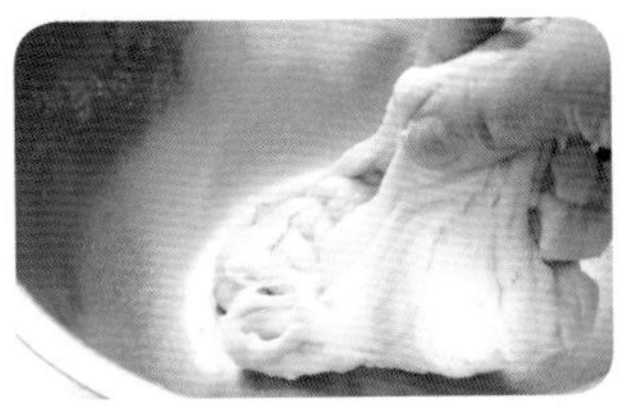

❺將麵糰抓起至臉部的高度，往盆內摔 100 下左右（手揉麵糰法，做出柔軟細緻的麵包關鍵，麵糰甩打後也較不黏手）。

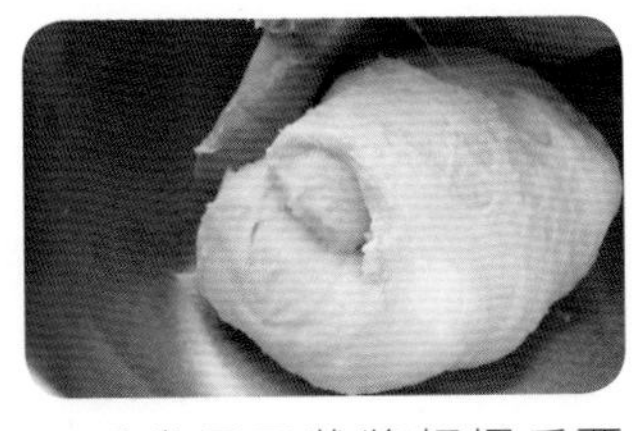

❻手掌呈刀狀將麵糰反覆對折，整成較光滑均勻的麵糰（避免過度搓揉麵糰，以免口感偏硬）。

❼覆蓋擰乾的濕布，靜置 15 分鐘，直到麵糰明顯膨脹。

❽在表面抹薄薄的麵粉，再進行切割整型。

❾將麵糰桿平（桿麵棍從麵糰中間往下桿，再從中間往上桿），使麵糰成為扁長的橢圓形。

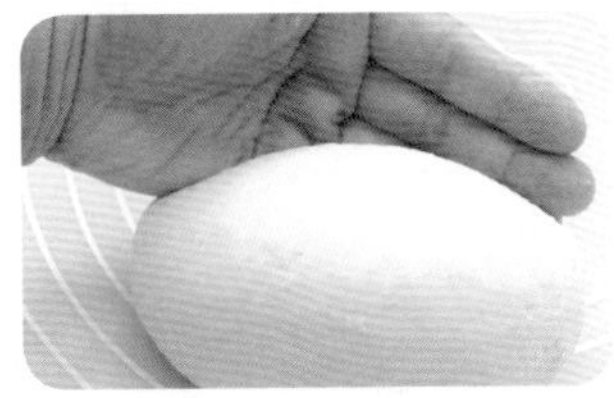

❿重覆做法❻，使麵糰表面光滑，再覆蓋擰乾的濕布，做最後的發酵約 30 ～ 40 分鐘，直到發酵成 2 倍大。

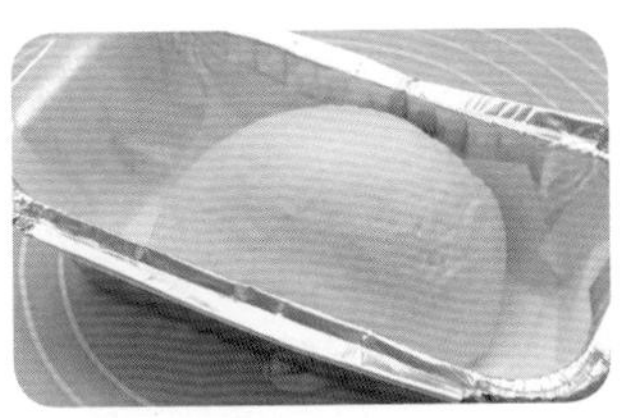

⓫將麵糰置於一般的鋁箔盤或小型的蛋糕模或吐司模內做最後發酵，烤箱以 190 度預熱。

其他造型

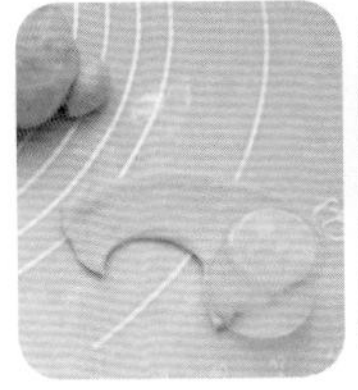

・動物造型：麵糰桿成小薄片後用藥杯或瓶蓋，壓出猴子的美人尖；利用蘋果皮或番茄稍微往下壓緊，做出嘴巴。

⓬在麵糰表面刷上薄薄的蛋液，烤箱轉 180 度烤 15 分鐘左右，出爐後在表面刷上薄薄的植物油，保持表面濕軟。

Point

雖然添加米飯的麵糰在揉製過程中較黏手，但米飯對於麵包的保濕性相當高，米飯吐司可存放 2 ～ 3 天不易變硬。

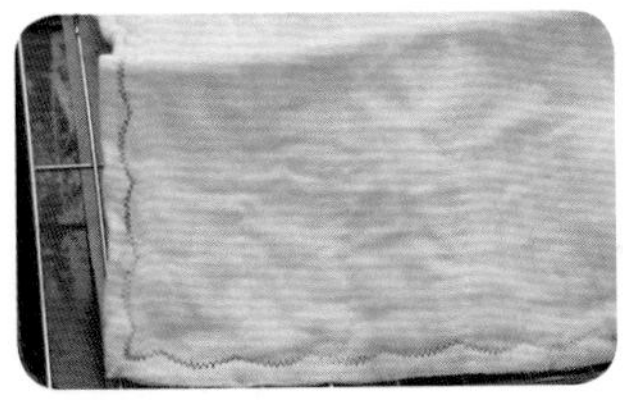

❸最後覆蓋乾棉布，防止表面風乾變硬。

❹放涼後再裝進夾鏈袋內保存即可。

特別篇

自製吐司也可以切片加上自製寶寶無糖果醬，以模具壓製成可愛的小吐司片。

寶寶無糖果醬

材料

蘋果……………1 顆
葡萄約 ………20 顆

做法

❶ 蘋果洗淨後，帶皮置入電鍋，以外鍋 1～2 杯水蒸熟後，打成泥（蘋果可以用鋁箔紙包覆，防止破皮）。

❷ 葡萄洗淨、帶皮打成泥，再過篩加入蘋果泥中，以 1：1 的比例一起熬煮至收乾水分即可。

❸ 做好的果醬也可以裝入塑膠袋內，剪個小洞，擠到吐司上，以 150 度稍微烘烤。

第二階段

7~9個月手指食物

寶寶到了7～8個月，舌頭能前後、上下移動，會用舌頭和上顎壓夾食物，將食物壓碎。壓碎食物時，寶寶的嘴巴會向左右伸縮扭動，因此食譜是採入口即化的口感，只要藉由舌頭和上顎即能壓碎及含到融化。

食譜 17
適用 7m 以上

蔬果優格米餅

寶寶須先試過蛋白無過敏反應才可以嘗試唷！食譜是 4 種口味配方，若第一次嘗試時，可使用 1 顆蛋白和其他材料皆減半的比例來製作，剩餘的蛋黃則可使用於下一道的蔥香米著花。

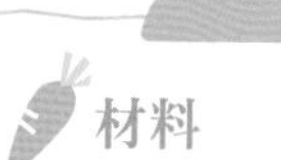

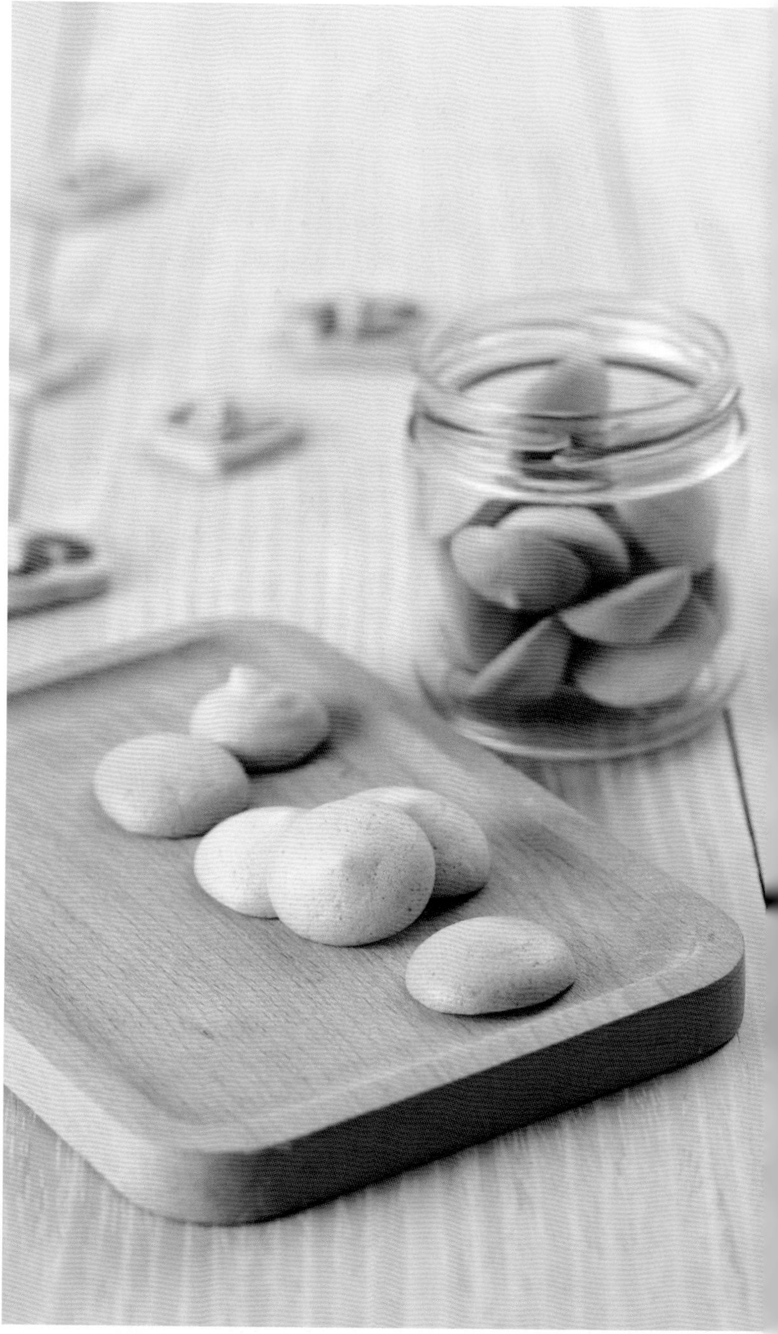

材料

蛋白……………2 顆
糖………………10g
嬰兒米粉………15g
（或在來米粉）
玉米粉…………8g
無糖優格………8g
奶粉……………8g
蔬果汁、果泥 2～3g
（火龍果汁、青江菜汁、木瓜泥、香蕉泥）

做法

❶ 先將優格、奶粉混合後分成 4 份，分別加入蔬果汁、果泥中混合攪拌均勻。

❷ 蛋白打至粗泡泡後，加入砂糖。

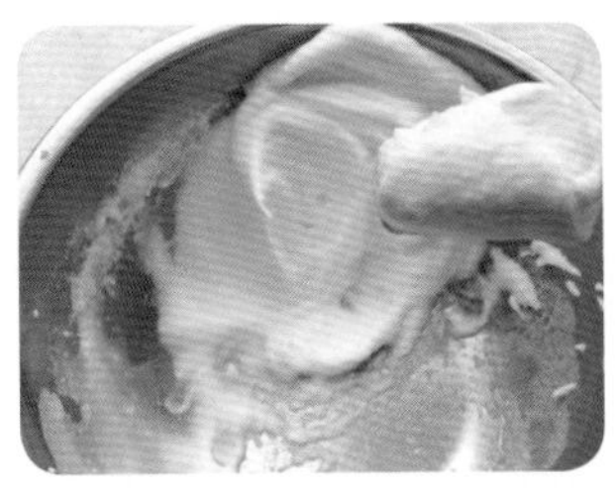

❸ 繼續打發蛋白至打蛋器拉起，蛋白霜有尖尖的小彎勾；再加入玉米粉繼續攪打，最後加入嬰兒米粉，打至蛋白霜呈現非常濃厚的狀態。

❹ 將蛋白霜分成 4 等份，分別倒入做法 ❶ 中，以切拌的方式攪拌均勻（刮刀從中間劃一刀，再順時針方向從底部繞半圈拌上來）。

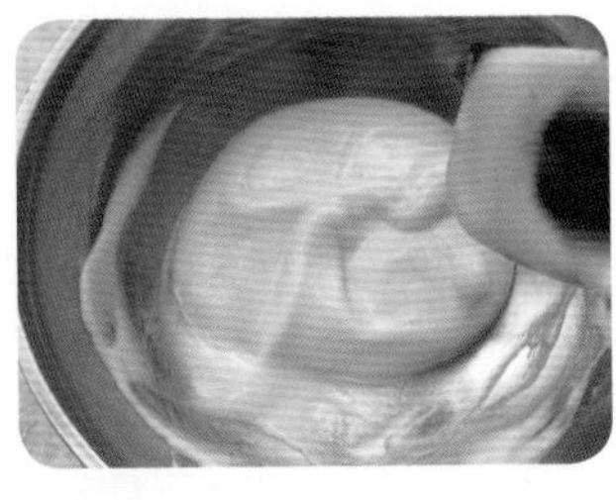

❺ 攪拌成功的蛋白米糊是呈現蓬鬆而滑順的樣子（太稀就可能是蛋白沒有打發）。

❻ 裝入擠花袋或塑膠袋內（角落剪個小洞），擠到烤盤的烘焙紙上，先以 150 度烤 5 分鐘，再以 100 度烤 50 分鐘。

Point

- 前面提到 1 歲寶寶不適合吃優格及喝優酪乳，但經過加熱後的鮮奶及乳製品，其乳鐵蛋白及酪蛋白其實已經變性，也逐漸喪失其功能，而優格中的乳酸菌吃掉大部份的乳糖，用來製作麵包或餅乾，也比較沒有乳糖不耐的問題。另外，優格也可以取代部份的油脂，讓蛋糕或麵包柔軟蓬鬆，也是比較健康一點的烘焙方式。
- 我使用 4m 以上寶寶食用的純米精，而玉米粉是使用德國進口的有機玉米澱粉（或是盡量選購包裝上標示非基改玉米製造的玉米粉），也可以用日本太白粉取代玉米粉。

食譜 18
適用 7m 以上

蔥香米薯花

使用用馬鈴薯和白飯製作出來的餅乾，口感鬆軟、入口即化，是非常好吃的不加鹽鹹點唷！

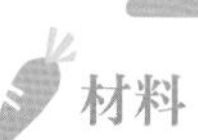

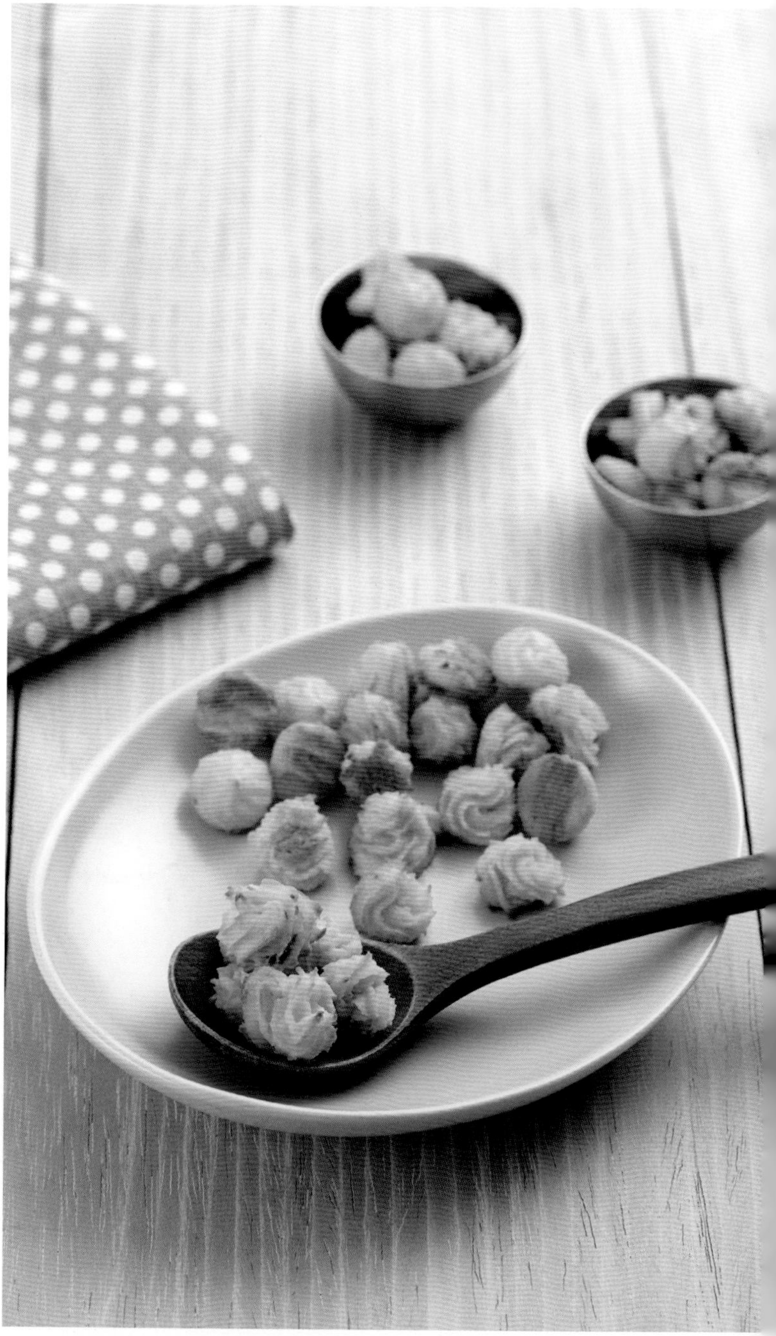

材料

蛋黃	1 顆
馬鈴薯	30g
2 倍水軟飯	30g
蔥末	少許

做法

❶將白飯、蛋黃、蒸熟的馬鈴薯一起用料理棒打成泥。

❷裝進塑膠袋或擠花袋內，擠約 1 公分大小的丸狀，放入烤箱 160 度烤 10 至 12 分鐘。

另一種做法

- 嬰兒米粉版：也可以用 1 顆蛋黃 + 馬鈴薯 50g+ 嬰兒米粉 10g 來製作，口感較為鬆軟。
- 馬鈴薯泥版：如果懶得用白飯，也可以改用馬鈴薯 60g+ 蛋黃 1 顆和少許蔥末，甚至也可以加入少許蔬菜泥（但需盡量擠乾水份），一樣利用擠花器擠成條狀或圓錐狀，再入烤箱烘烤，也是非常鬆軟且入口即化的餅乾喔！

Point

✿ 使用 2 倍水煮成的軟飯，較能打出細緻的泥。

食譜19
適用7m以上

寶寶肉羹

食譜中加入少量蓮藕粉，可讓肉羹入口即化，若要較Q彈一些，可再增加一點份量。

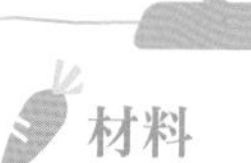

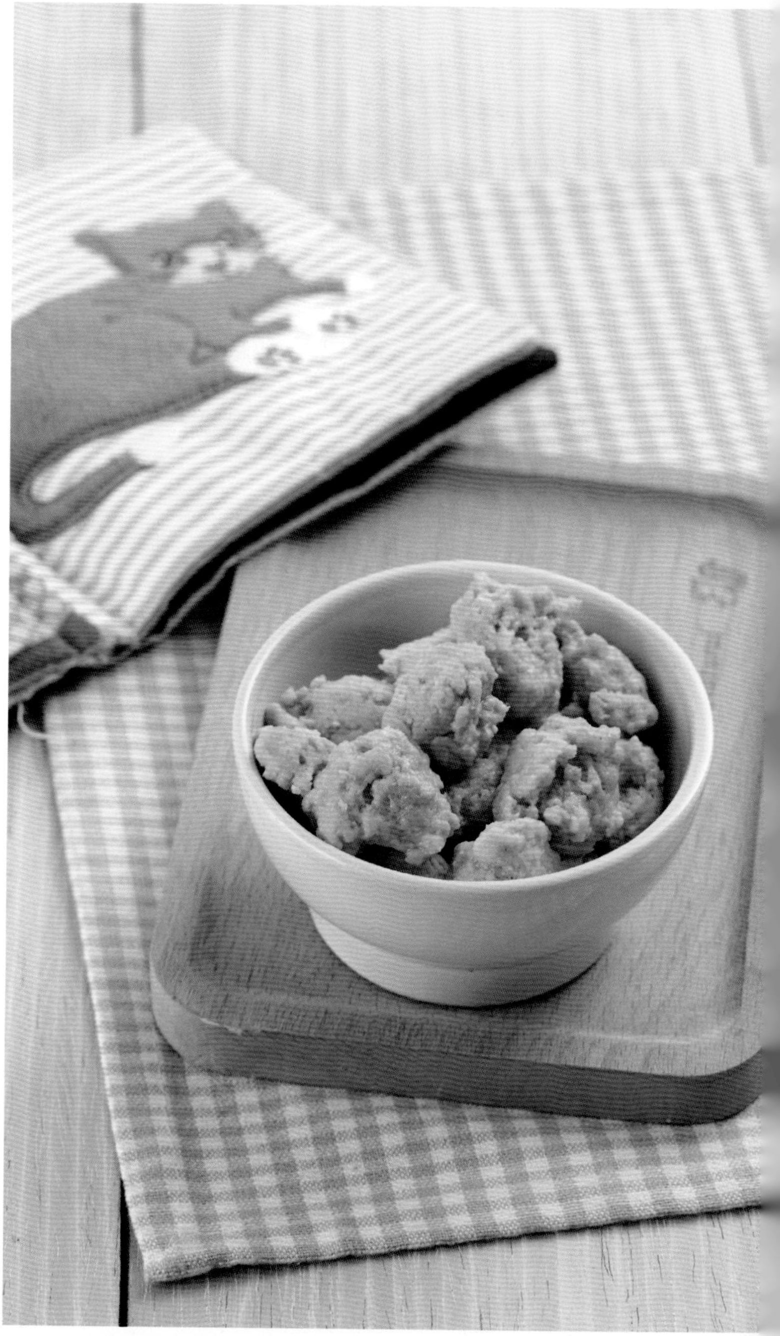

材料

板豆腐……………60g
蓮藕粉……………10g
蛋液………………10g
絞肉………………60g
（可加少許蔥末和胡椒粉去除腥味）

做法

❶ 備板豆腐、蔥（可以用蘋果泥取代）和細絞肉。

❷ 和蓮藕粉一起放入攪拌杯或鋼杯裡以料理棒打成泥。

❸ 加入少許蛋液攪拌均勻。

❹ 用湯匙挖一些肉泥，推入滾水中（水開後轉小火），最後轉中火，待肉羹自動浮起即可撈起。

Point

- 水份較少，肉羹比較容易成形，如果要使用嫩豆腐，可加入一小口白飯，增加黏著性。

食譜20
適用 7m 以上

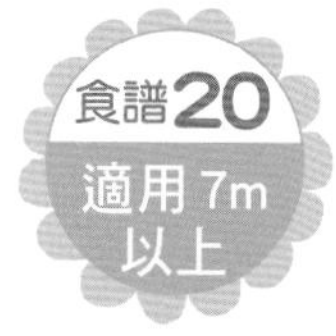

寶寶野菜園

無油、無糖、無麩質，用舌頭就能化開，是很好吃的小點心。

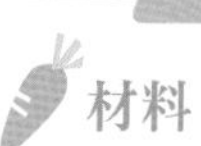

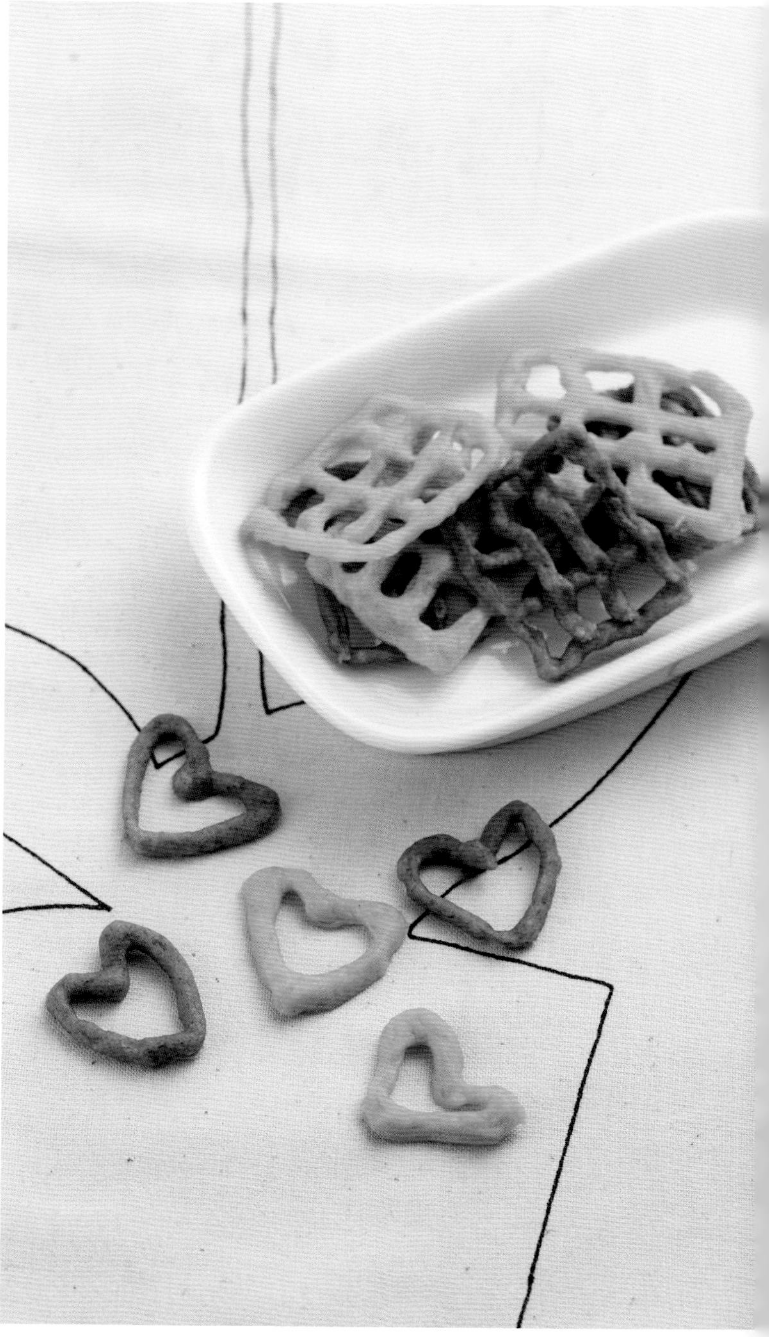

材料

馬鈴薯…………40g
地瓜葉泥…………5g
（或紅蘿蔔泥）
蛋黃…………1 顆
糙米麩…………5g

做法

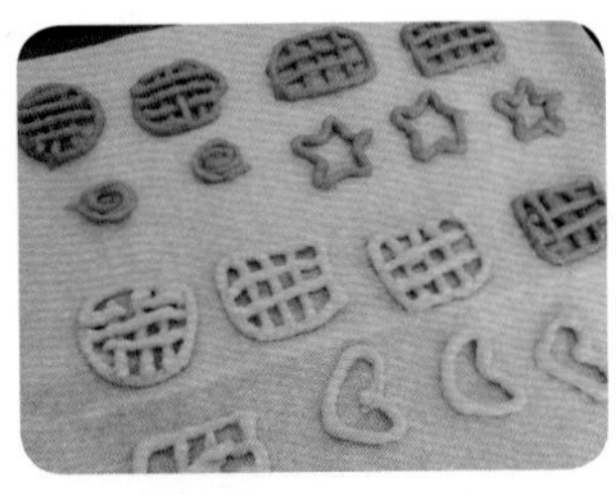

1. 將蒸熟的馬鈴薯、和燙軟的地瓜葉（或蒸熟的紅蘿蔔）、蛋黃，一起用料理棒打成泥。
2. 加入糙米麩，攪拌均勻。
3. 裝進塑膠袋內，角落剪個小洞，擠在烤盤的烘焙紙上，放入烤箱以 160 烤 8 至 10 分鐘即可。

Point

- 寶寶 9 個月後，可將糙米麩換成樹薯澱粉或玉米粉和少量油脂，則口感較趨近於市售零食。
- 若不添加糙米麩或澱粉類，直接擠條狀烘烤，也很適合這個階段的寶寶（馬鈴薯泥的份量須調整至蛋黃的 5 ～ 6 倍重）。

食譜21
適用 7m 以上

蛋黃餅乾

這道食譜選擇使用少量油脂以降低糖份，成品充滿淡淡的香甜，讓寶寶不會從小就養成嗜甜的習慣，泡在牛奶中軟化後食用也很好吃。

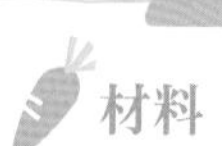

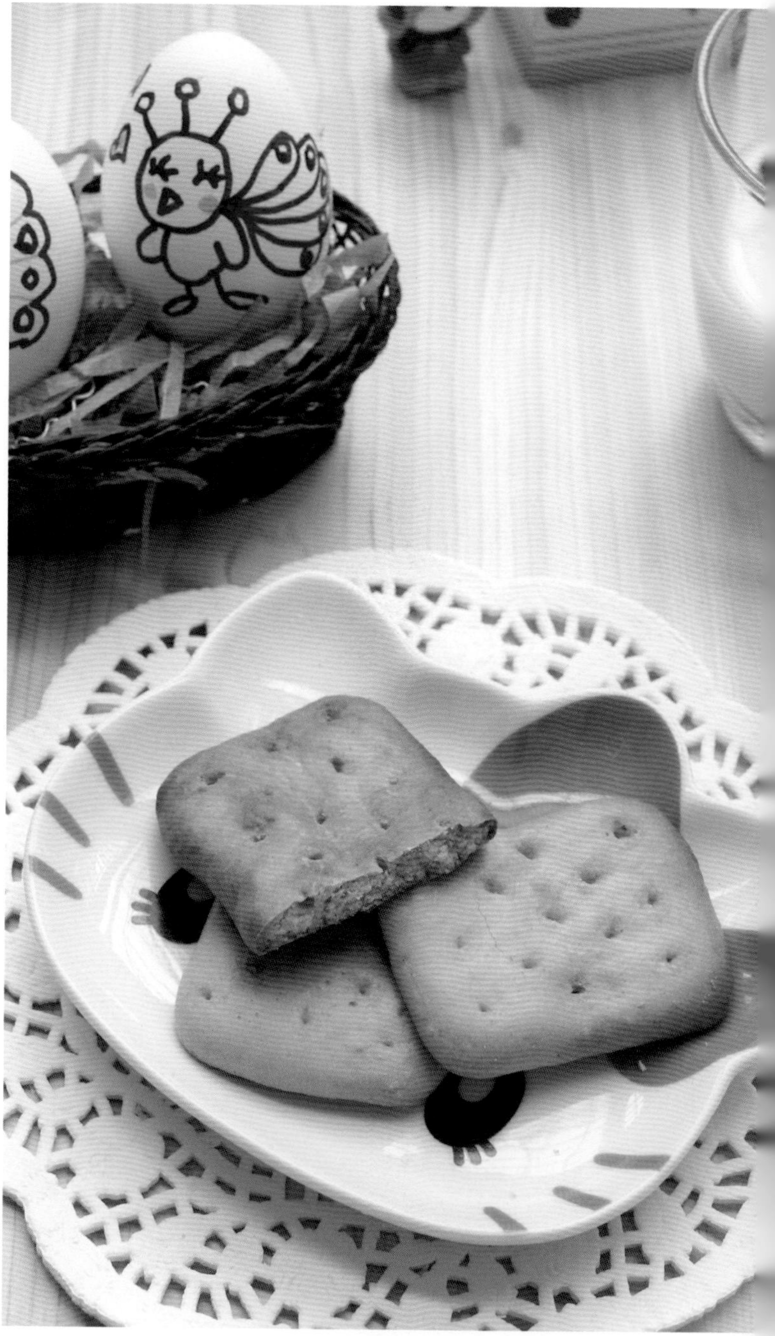

材料

蛋黃 ……………… 1 顆
蛋白 ……………… 15g
低筋麵粉 ………… 40g
玄米油 …………… 10g
糖 ………………… 10g
玉米粉 …………… 5g
（可用低筋麵粉取代）

做法

❶將蛋黃和蛋白分開，蛋黃中加入 15g 的蛋白。

❷加入糖，以電動打蛋器快速攪拌至濃稠狀（如果用手持打蛋器，需快速）。

❸加入玉米粉，快速攪拌均勻成雞蛋糊。

❹另取一個碗，混合麵粉和油；用手指將麵粉糰搓勻，使油脂和麵粉融合在一起。

❺將做法❹的麵粉放在篩網上，用湯匙或手壓一壓，取細緻的麵粉，加入雞蛋糊中攪拌均勻。

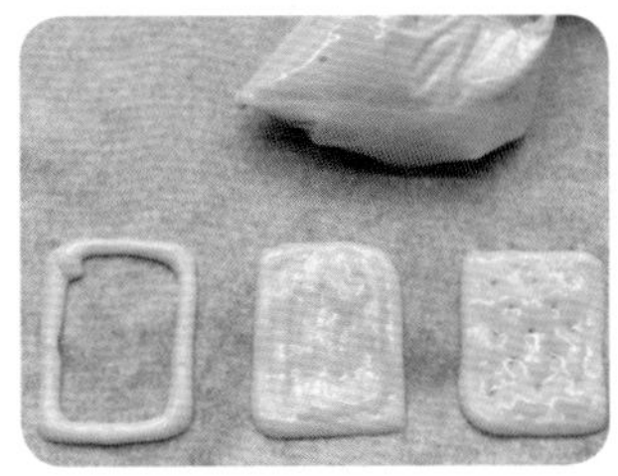

❻將麵糊裝進塑膠袋內，先在烤盤的烘焙紙上，擠出餅乾形狀的框，再填滿。烤箱先以 180 度預熱。

❼牙籤沾一點植物油脂，搓入麵糊中撐開小洞（可省略），放入烤箱的中上層 180度烤 15 分鐘即可。

Point

- 市售的蛋黃餅乾口感酥鬆，但往往添加膨脹劑，自製時靠雞蛋與糖的打發，就可以增加餅乾的膨鬆度。
- 大部份蛋黃餅乾是不添加油脂的，但為了減少糖量，可以酌量使用。

食譜22
適用7m以上

地瓜牛奶塔

一般塔皮，油量和糖量都頗高，熱量驚人容易產生飽足感影響正餐食慾，這道食譜結合吐司和地瓜，彌補纖維質不足的問題，是營養密度頗高的點心。

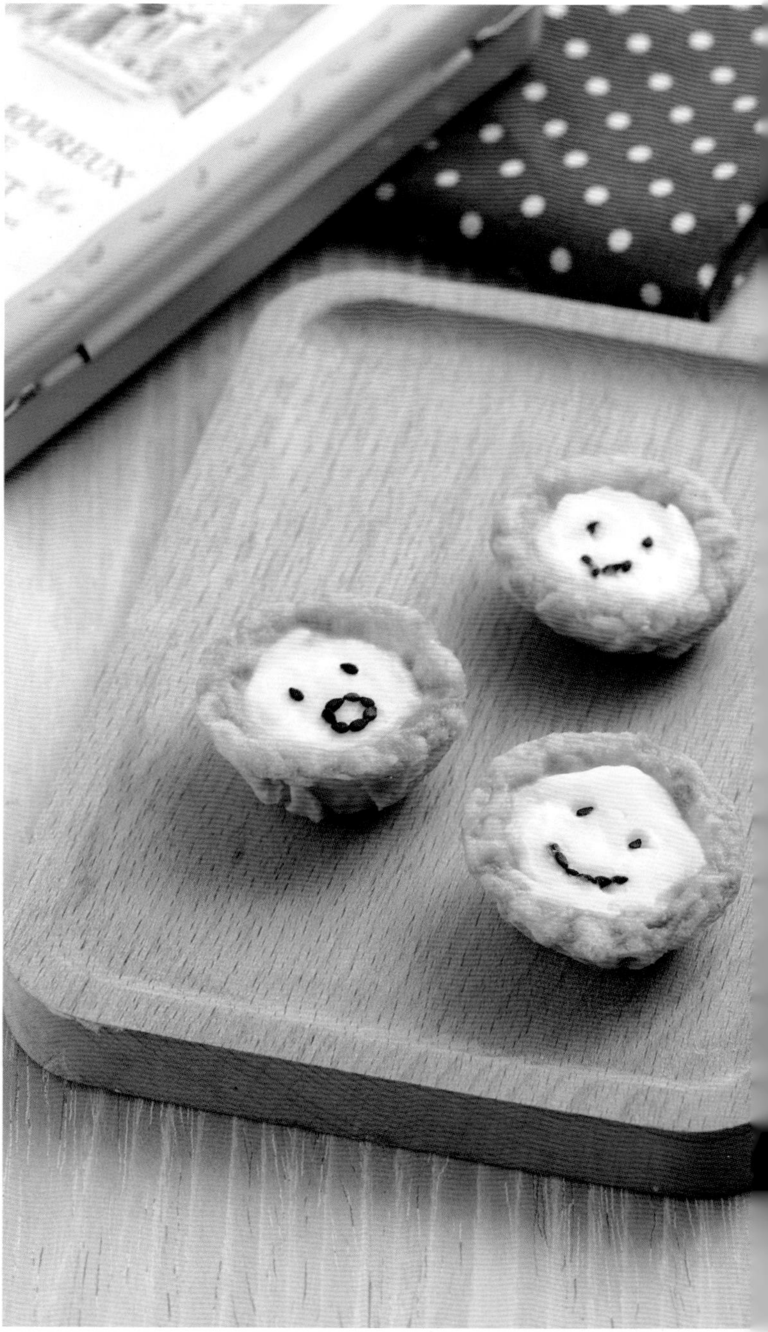

材料

蒸熟地瓜……50g
吐司……1片
（當寶寶大一點可用燕麥片＋少許無鹽奶油取代）
蛋黃……1顆
牛奶……30g
（或配方奶或母乳）
吉利丁粉……1g

做法

❶吉利丁粉先以 10g 的水泡約 5 分鐘，至膨脹凝固。

❷將吐司捏碎（或用絞碎機打細），和地瓜泥、蛋黃混合均勻。

❸填入模具內，並用手指按壓，整形成蛋塔皮的形狀，入烤箱 150 度烤 10 ～ 15 分鐘。

❹將泡軟膨脹的吉利丁放入碗中，隔水加熱，至吉利丁粉完全溶解。

❺加入牛奶攪拌均勻，繼續隔水加熱至微溫（勿加熱至滾燙，因為吉利丁超過 90℃無法凝固）。

❻將做法❺倒進做法❸的地瓜塔皮內，放涼等待凝固即可。

Point

- 若用吉利丁片，則須用冰水將吉利丁片泡軟，吉利丁片：牛奶 = 1：50。
- 若不想使用吉利丁或吉利丁粉，也可以用冷水：玉米粉 =10：1，再加少許配方奶粉倒入鍋中，邊加熱邊攪拌至濃稠狀再填入塔皮內，放涼即可凝固成奶凍。（也可放入冰箱冷藏，加快凝固的速度。）
- 若模具杯不夠可在杯子上鋪料理紙，等塑形好再取出，放到烤盤的烘焙紙上，再進行烘烤。

食譜23
適用 7m 以上

洋蔥地瓜球

地瓜和洋蔥搭嗎？其實地瓜也適合做鹹點喔！雖然這道食譜不加鹽，但洋蔥和紅蘿蔔的搭配，會讓整體有一點點鹹香味的錯覺，洋蔥也可以用蔥末取代。

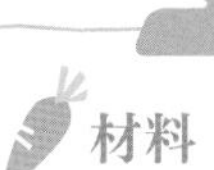

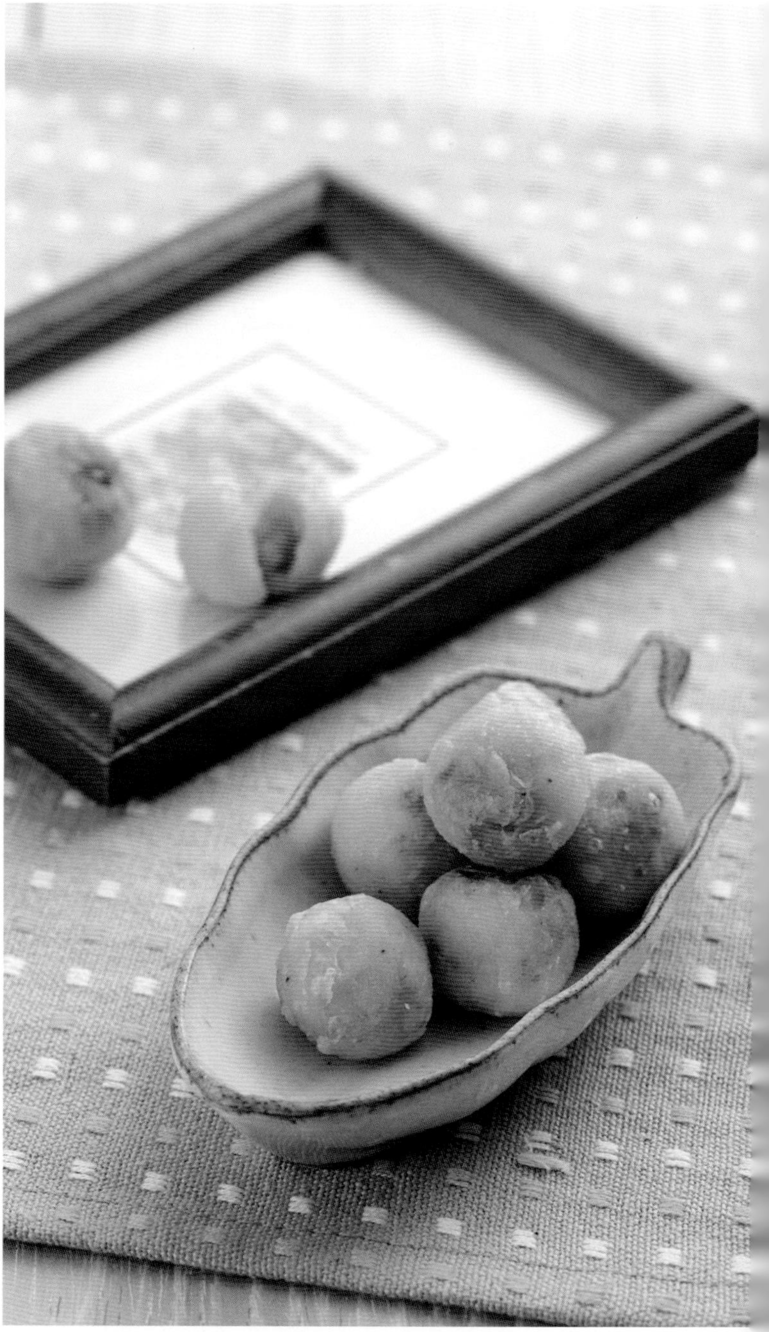

材料

蒸熟地瓜……半條
洋蔥……5g
紅蘿蔔……5g
（可隨喜好增減）
蛋液……少許
低筋麵粉……少許

做法

❶紅蘿蔔和洋蔥剁碎；地瓜蒸熟後壓成泥。

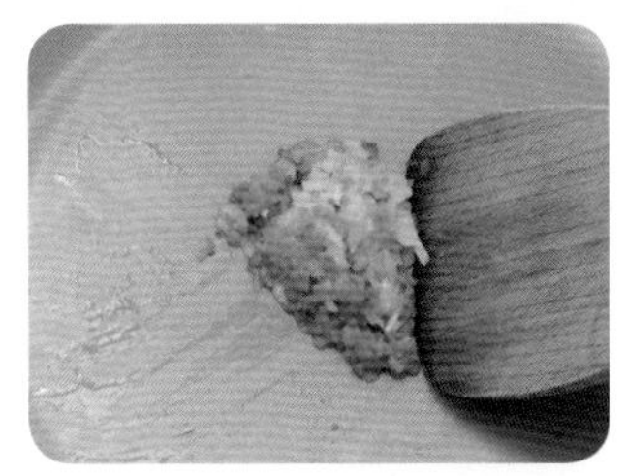

❷鍋內加少許油脂將紅蘿蔔和洋蔥略炒（或是蒸熟後加入少許植物油）。

❸將做法❷混入地瓜泥中，搓成圓球狀。

❹地瓜球先沾蛋液後再沾一層麵粉，鍋內抹少許油放入地瓜球後，將表面煎至微酥即可。

食譜24 適用7m以上

米捲兒

自製米捲兒一般烤約40分鐘就可達酥脆、入口即化的口感，但烤50分鐘或1小時，能讓蛋白米餅一直維持酥脆感。

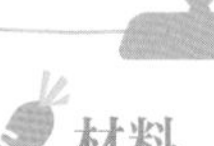

材料

蛋白……………1顆
玉米粉……………5g
嬰兒米粉‥8～10g

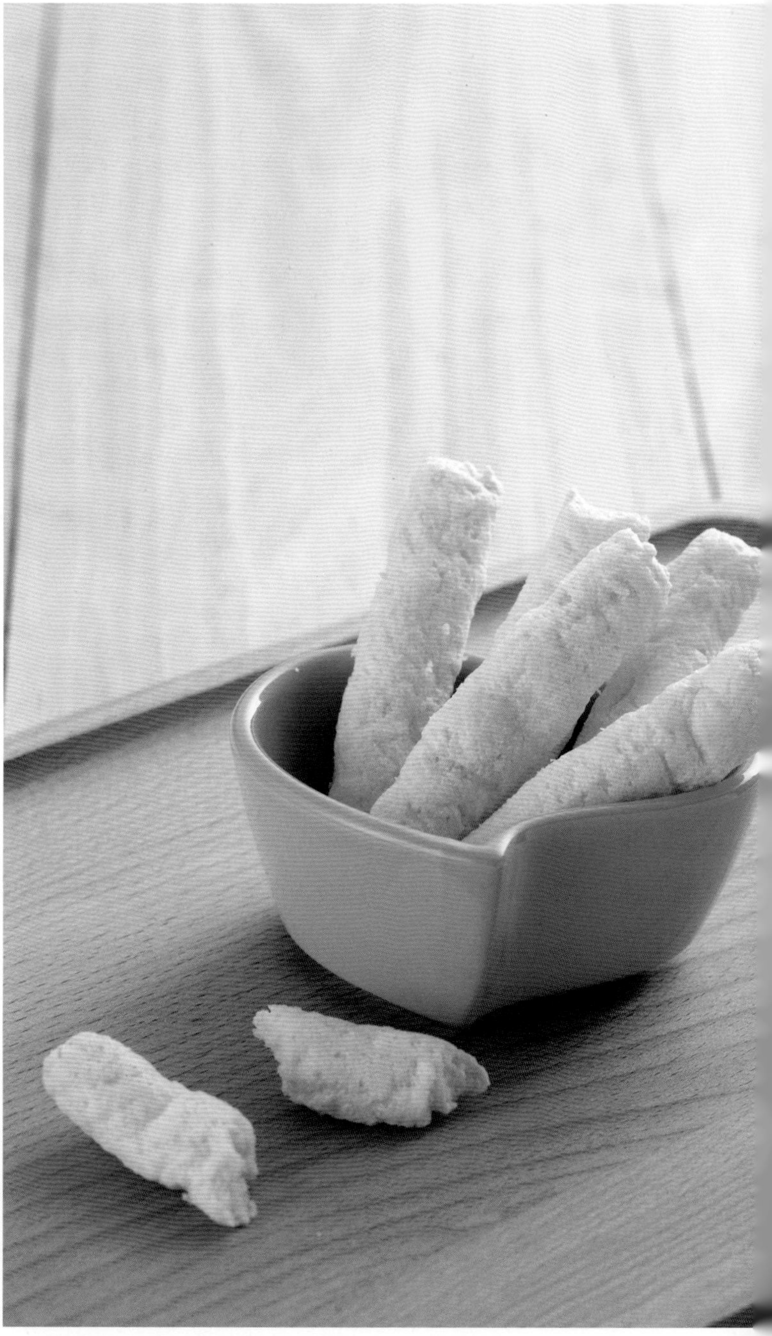

做法

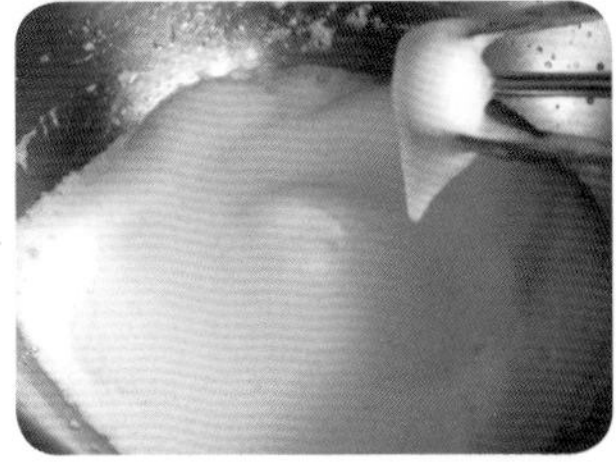

❶用電動打蛋器將蛋白打發，打蛋器舉起，有彎鉤狀即可。

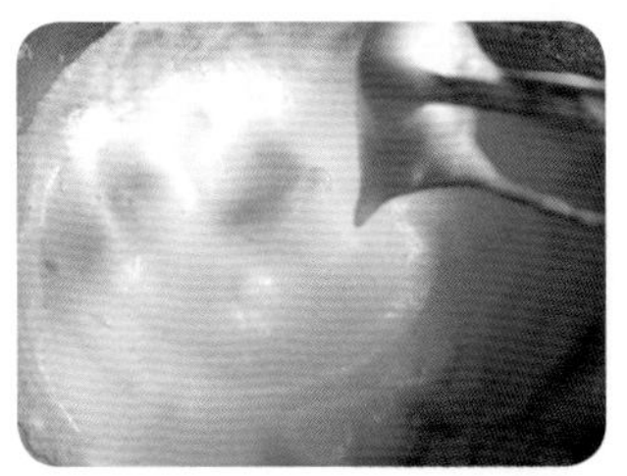

❷加入玉米粉（或日本太白粉）後，將蛋白霜打得更濃厚而挺立。

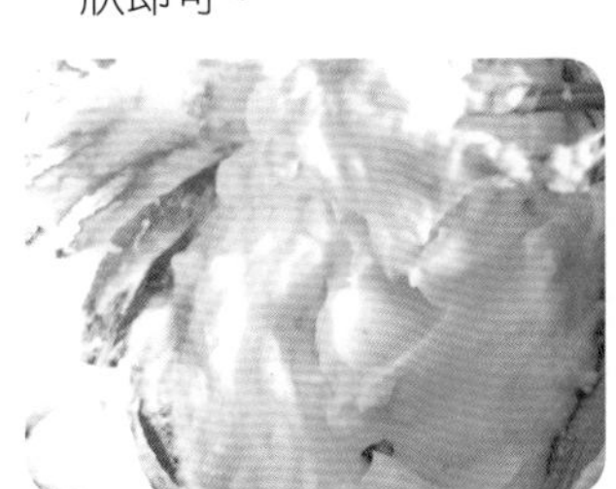

❸加入嬰兒米粉（先加5g，若已經非常濃稠，就不用再添加）後，用打蛋器高速攪拌均勻。

❹裝進塑膠袋內，角落剪約 1 公分的洞，擠長條狀到烤盤的烘焙紙上，烤箱 100 度烤 50 分鐘～ 1 小時。

其他口味

- 果汁米餅：在做法❶將蛋白打至粗泡泡時，須先加入少量的糖，讓蛋白霜的結構更穩定，之後在做法❷添加玉米粉後再加入 2 ～ 3g 果汁。
- 芝麻米餅：想要變化其他口味，只需在做法❸加入嬰兒米粉的同時也加入少許芝麻粉，就是芝麻口味的米餅了。

Point

- 蛋白較新鮮或冰過的狀態下，較容易在不需要糖的情況下，打成挺立狀。
- 蛋白米餅放置一段時間後，如果有稍微回潮變軟，再進烤箱 100 度烘烤 10 分鐘即可。

食譜25 適用7m以上

脆笛酥（米餅）

一般蛋捲食譜油糖比例都非常的高，降低油糖就不會酥脆，所以我利用米粉製作餅乾容易脆硬的特色，並加入少許日本太白粉，增加凝結性和酥脆感。

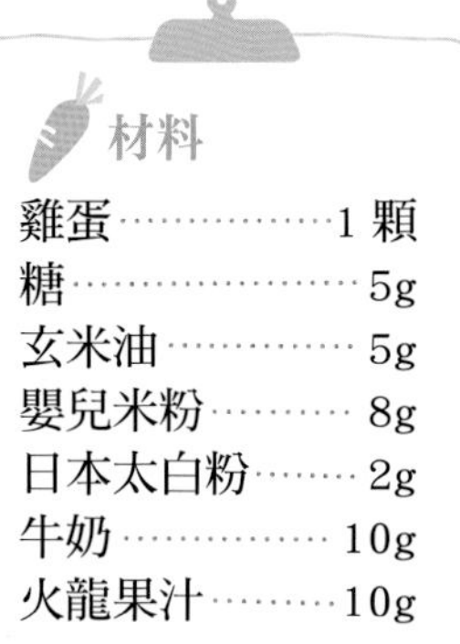

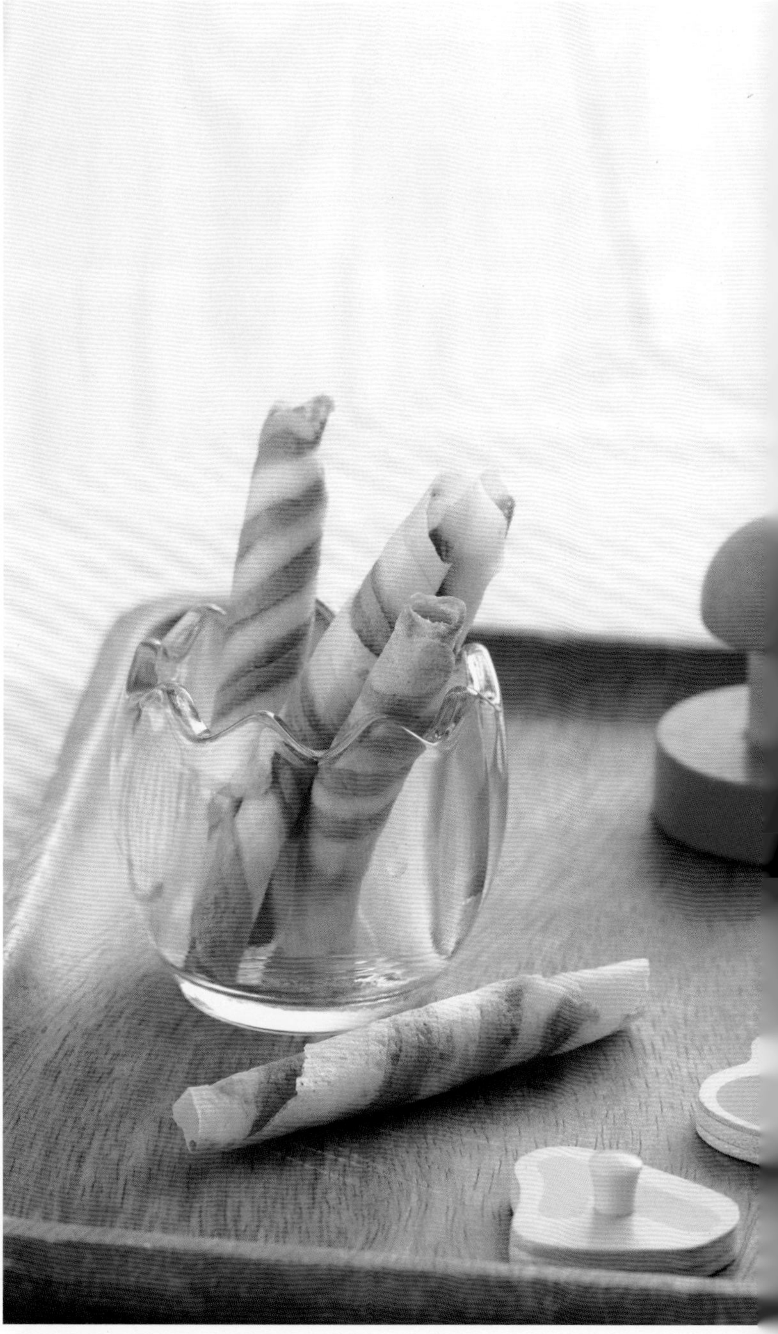

材料

雞蛋……………1顆
糖…………………5g
玄米油……………5g
嬰兒米粉…………8g
日本太白粉………2g
牛奶……………10g
火龍果汁…………10g

做法

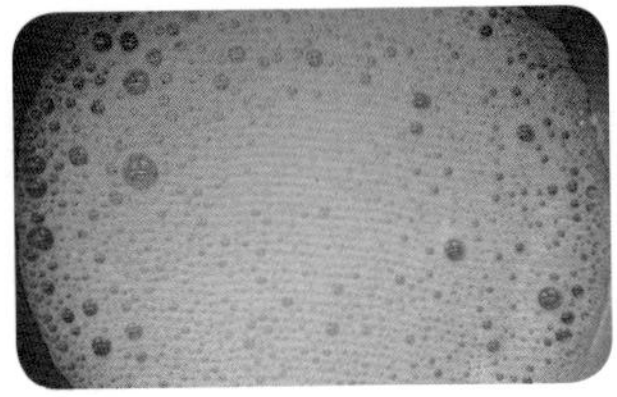

❶將雞蛋、糖、油，混合後，用電動打蛋器打至粗泡泡，再加入日本太白粉，打成濃稠狀。

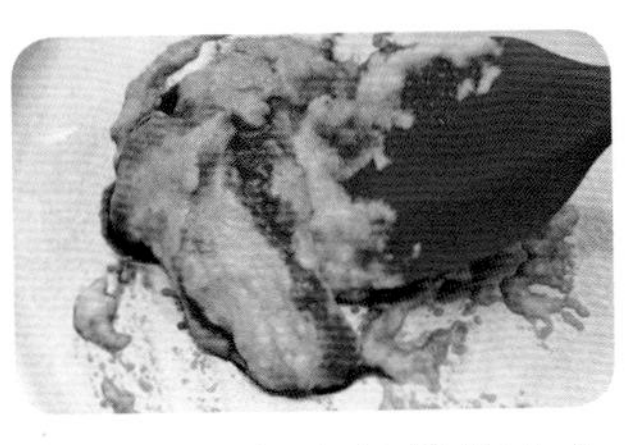

❷加入嬰兒米粉攪拌均勻後，分成 2 份。1 份加入牛奶，1 份加入火龍果汁，輕輕攪拌均勻。

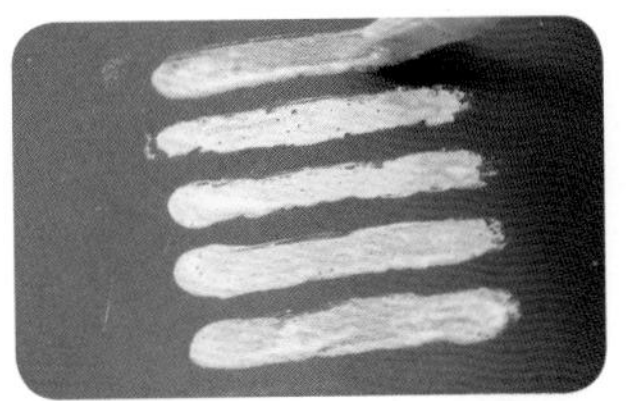

❸用矽膠刷將牛奶麵糊間隔刷條狀到平底鍋上。

❹接著將再刷入火龍果麵糊，再以牛奶麵糊將表面刷平。

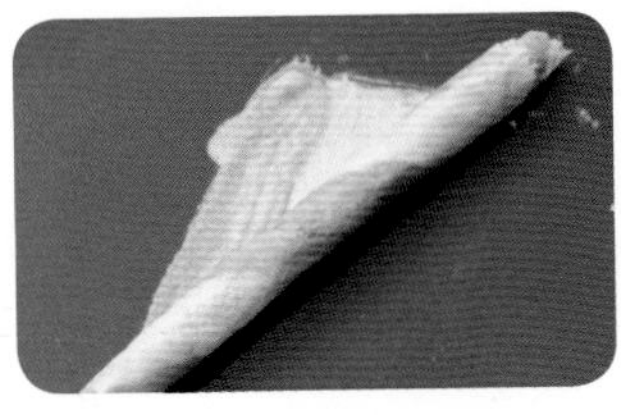

❺捲起後，收口處再多煎一下下，就會黏合。

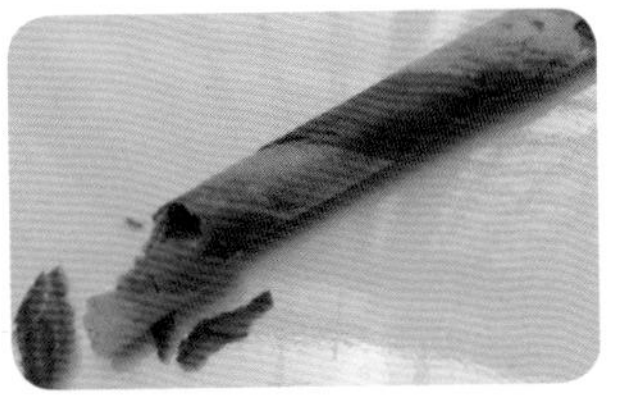

❺做出來的口感較為酥脆，也像極了市售餅乾唷！

另一種做法

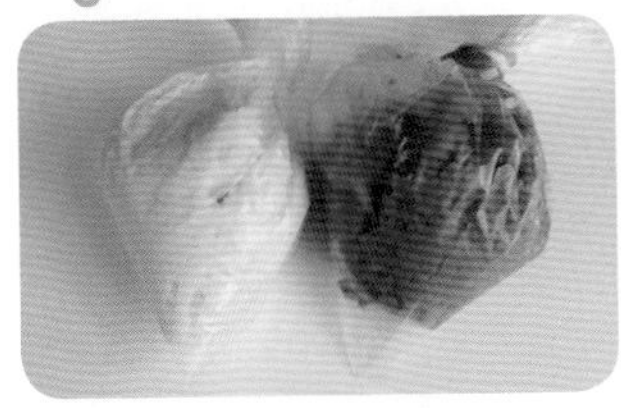

❶將 2 種麵糊個別裝入塑膠袋內，角落剪個小洞。

❷擠條狀到平底鍋上。

❸覆蓋烘焙紙後，用底部很平的鍋子壓扁。

❹邊邊用橡皮刮刀鏟起。

❺捲捲捲到底，接合處可塗一點麵糊幫助黏著。

食譜26
適用7m以上

山藥地瓜捲

利用地瓜的香甜，提高寶寶對山藥的接受度，但山藥必須先少量嘗試，無過敏反應，方可添加唷！

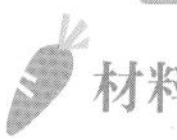

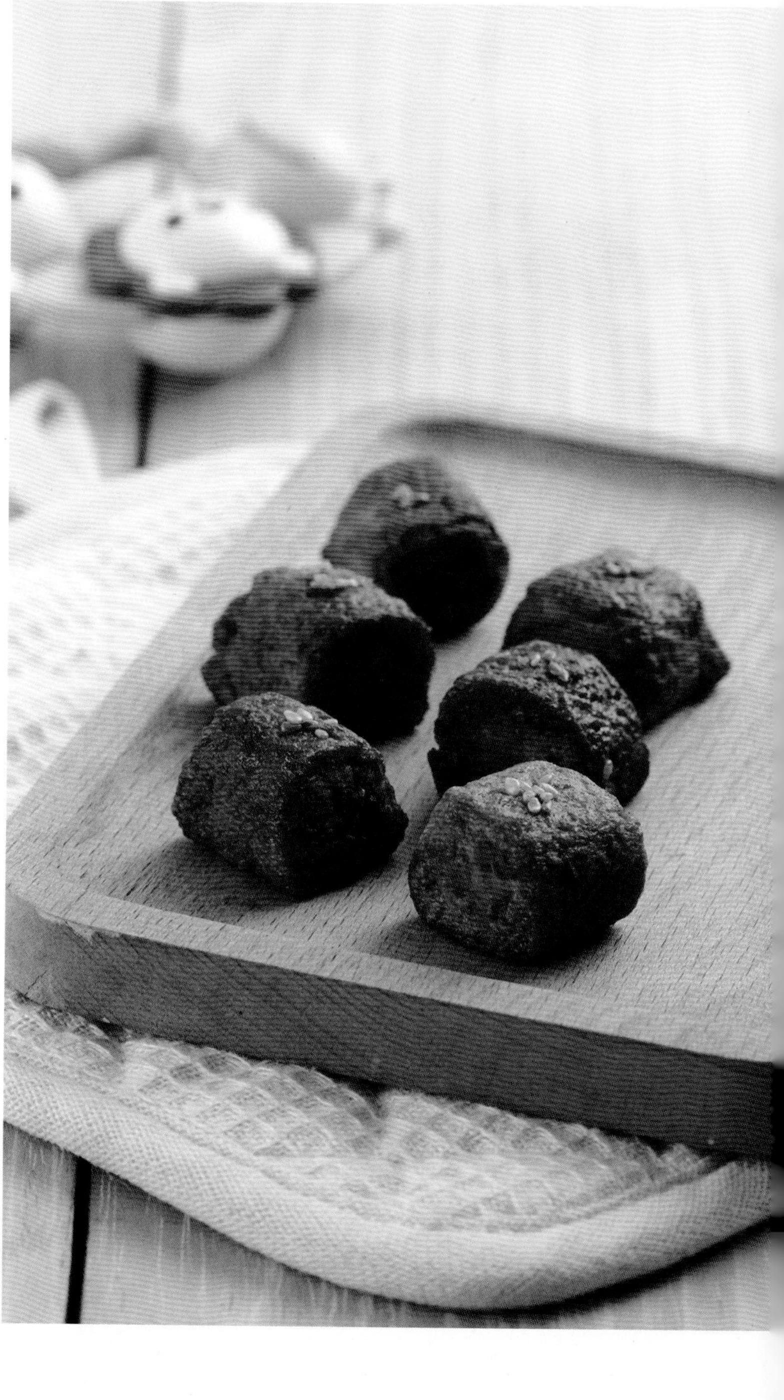

材料

紫山藥泥……適量
地瓜泥……適量
蔬菜泥……少許

做法

❶ 紫山藥用磨泥器磨成泥。地瓜泥混合蔬菜泥。

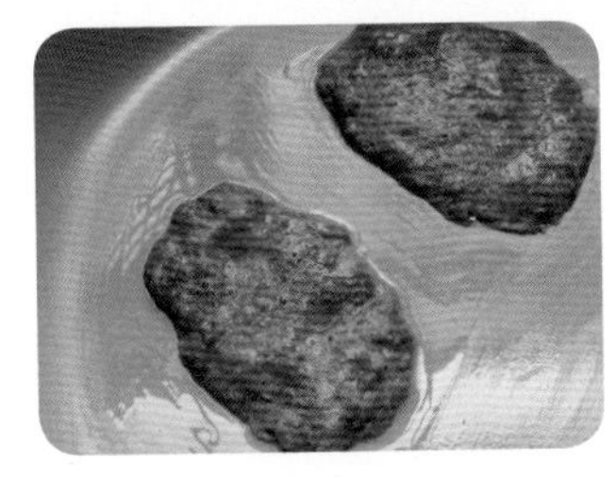

❷ 底鍋抹少許油（可擦掉油脂），用湯匙勺入山藥泥，並用湯匙底部將山藥泥推成扁長狀。

❸ 在一端放入蔬菜地瓜泥。

❹ 然後捲起。表面可撒少許芝麻，再翻面煎一下，讓芝麻黏在上面即可。

Point

- 這道食譜裡我用的蔬菜泥是小松菜，也可以使用小米＋地瓜，或是飯泥唷！
- 山藥除了含有蛋白質、澱粉、膳食纖維、維生素B群、鈣、磷、鐵、鋅等礦物質，其黏液裡有豐富的消化酵素，有助消化及健胃整腸，而黏液蛋白有助於保持血管彈性及健康。

南瓜彩蔬半月燒

成品的口感軟嫩，用舌尖或牙齦就能磨碎化開，雖然造型是偽半月燒，其實是不加任何調味的「鹹點」唷！

材料

現磨南瓜泥……20g
（也可以使用蒸熟南瓜泥）
水……40g
（如果使用蒸熟南瓜泥，則將南瓜泥增加至40g省略水）
稍微燙熟的葉菜 少許
低筋麵粉……10g
（若麵糊太稀，可酌量增加麵粉）
玄米油……5g
蛋黃……1顆
（或全蛋液15g）
馬鈴薯泥……適量

做法

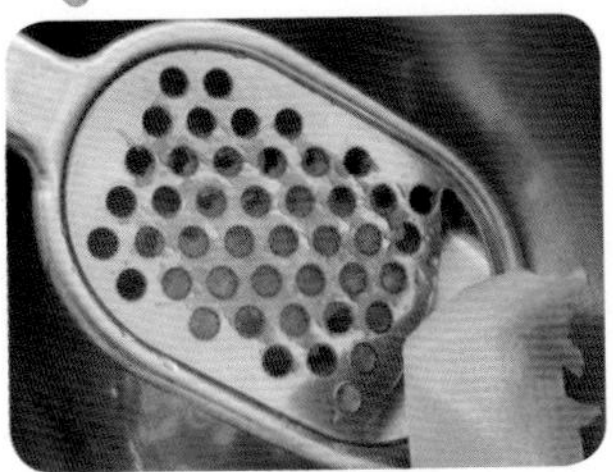

❶利用磨泥器將生南瓜磨成泥。

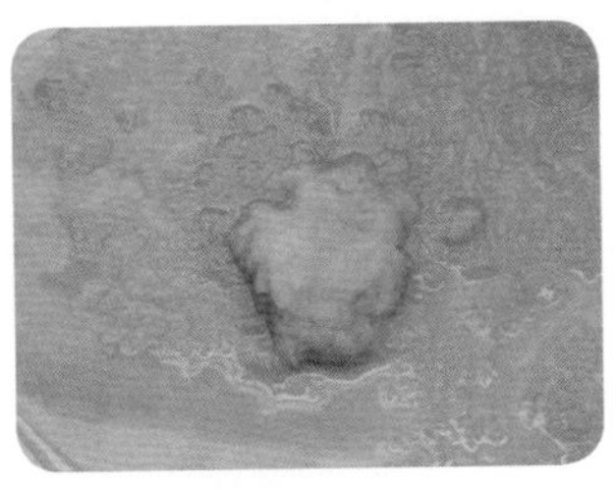

❷加入水和玄米油熬煮1～2分鐘（也可用橄欖油或鵝油，幫助釋放胡蘿蔔素）。

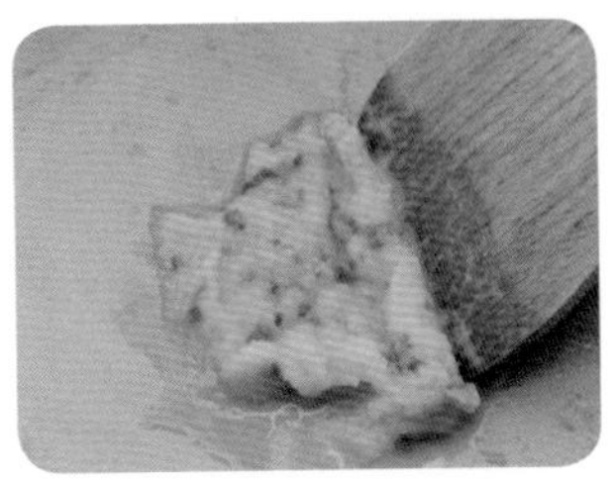

❸加入燙過的葉菜翻炒，盡量炒至收乾水份。

❹加入低筋麵粉攪拌均勻後，再加入蛋黃攪拌均勻。

❺平底鍋抹少許油，用湯匙勺入少許麵糊煎至半熟。

❻夾入馬鈴薯泥後，對折，煎至定型即可。

Point

- 利用現磨的南瓜泥，可省去準備食材的時間；若加入煮好的米飯和水，稍微熬煮2至3分鐘，就可完成綿密的南瓜粥或是燉飯囉！
- 這裡我使用的是蔬菜是菠菜葉和去皮的甜椒，也可用少許蘋果泥，內餡夾入馬鈴薯泥或地瓜泥做變化，寶寶10m之後夾入混合少許起司的肉泥也不錯唷！

食譜28
適用7m以上

寶寶熱狗

口感軟嫩，只要用牙齦或舌尖就能壓爛化開，淡淡的番茄和米香，讓寶寶開始接觸肉類就有美好的味覺經驗。

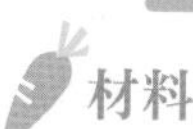

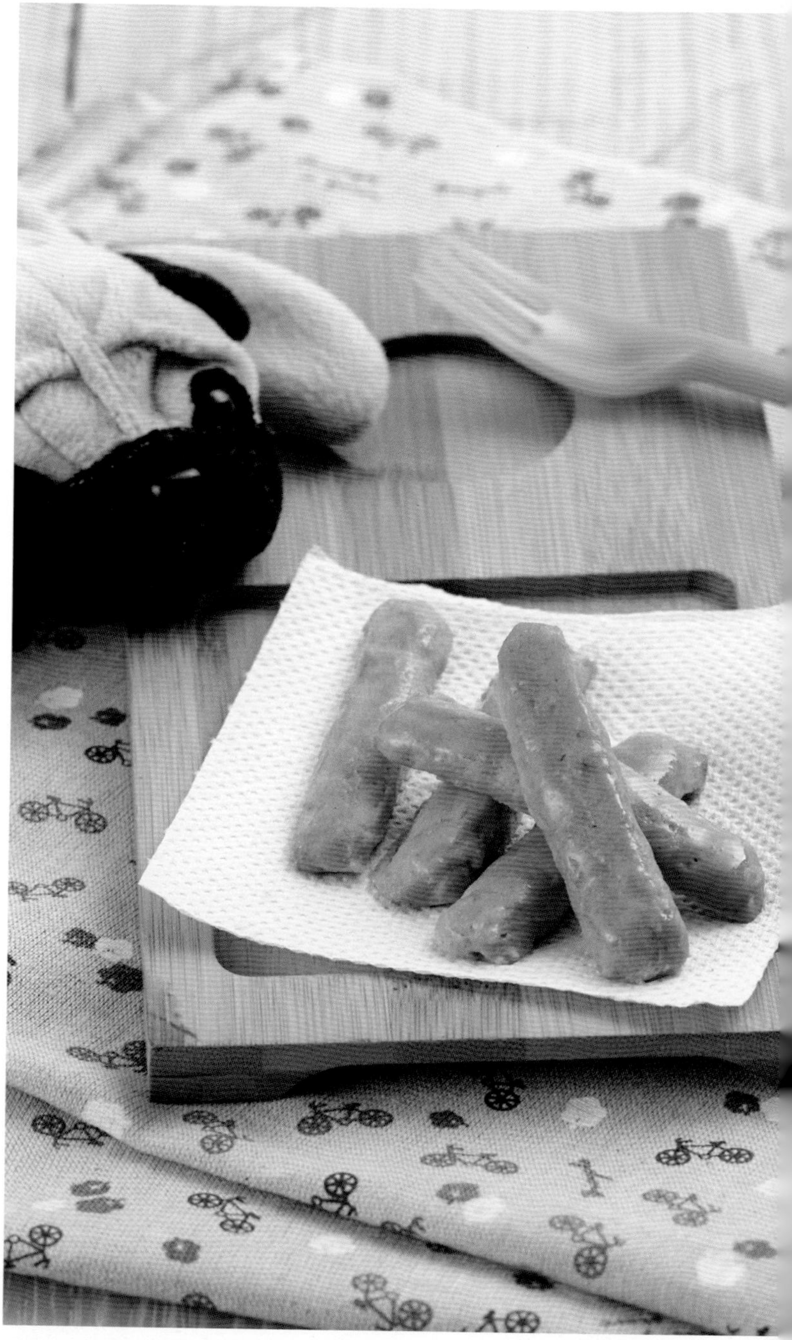

材料

牛番茄…………1顆
（或小番茄數顆）
火龍果泥………少許
洋蔥……………少許
雞里肌…………2條
（約85g）
2倍水白軟飯…20g
板豆腐…………40g
蓮藕粉…………10g

做法

❶番茄底部用刀子輕輕劃十字後，入滾水中汆燙 30 秒或 1 分鐘，撈起後沖冷水，即可輕鬆去皮（小番茄也是同樣的做法）。

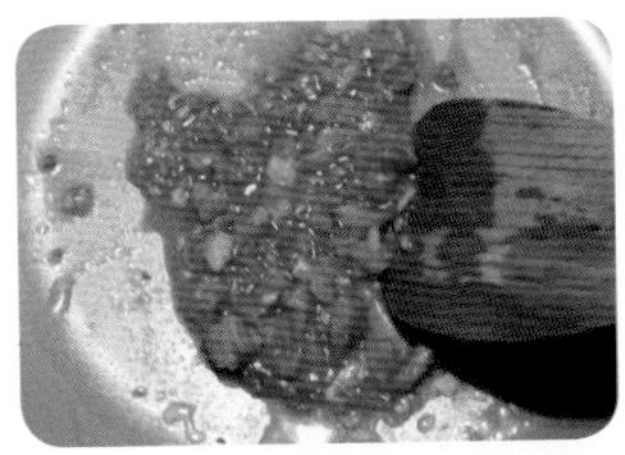

❷將番茄切碎，加入少許洋蔥和少許玄米油（或橄欖油），入鍋中稍微翻炒（釋放茄紅素）後起鍋，再用攪拌打成泥。

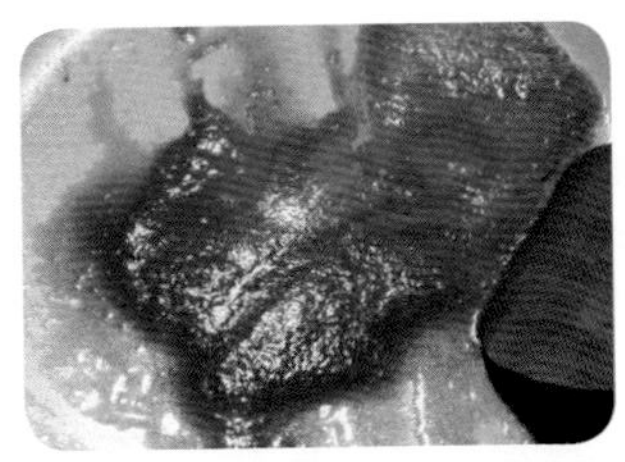

❸加入火龍果泥（果肉過篩加入）在鍋中稍微翻炒後起鍋。

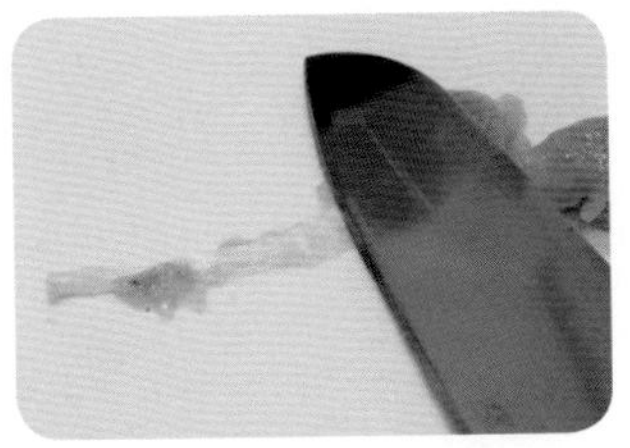

❹用刀子從雞里肌肉筋的上面以滑刀讓筋肉分離，去除筋膜的里肌肉，使肉泥細緻。

❺將雞肉、白飯、豆腐、蓮藕粉，15 至 20g 的番茄糊，一起用攪拌器打成泥。

❻打好的肉泥，顏色和市售熱狗非常相似。

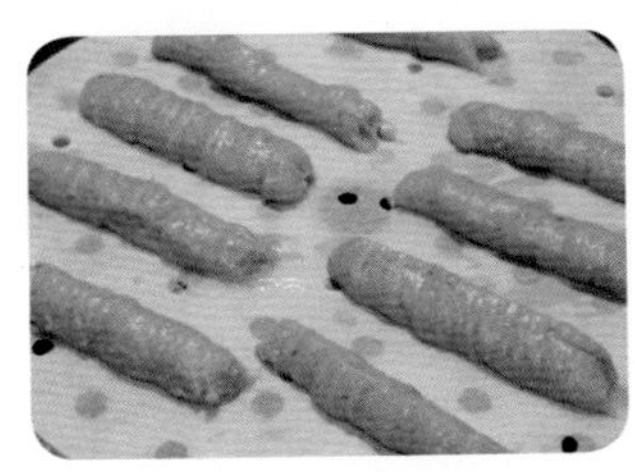

❼將肉泥裝入塑膠袋內，角落剪個洞，擠到蒸盤上（我鋪蒸籠紙，也可以用饅頭紙唷！）

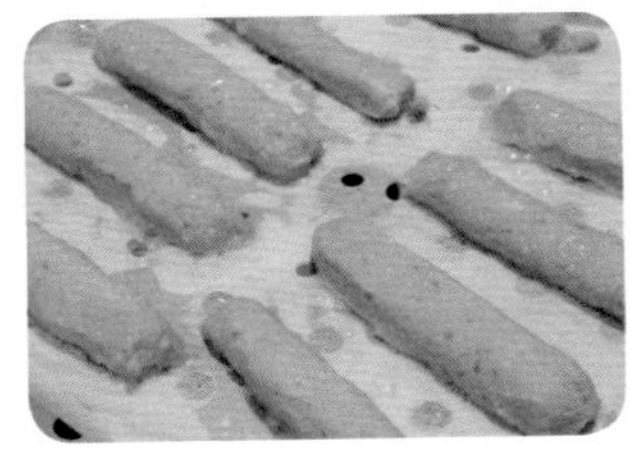

❽在表面抹薄薄的玄米油或是刷少許蛋液，大火蒸約 1 至 2 分鐘，至表面光滑。

Point

- 加了豆腐和蓮藕粉，讓整個肉泥滑順無比，不用擔心沒有調味的狀況下，肉腥味會很明顯喔！
- 寶寶長大後，可以用少許的鹽和胡椒及幾滴檸檬汁，讓熱狗的風味更佳，就不需要再購買市售熱狗了。

食譜29
適用 7m 以上

寶寶蘋果豬肉乾

一般豬肉乾皆使用魚露、醬油、蜂蜜等不適合寶寶的食材，媽媽自製就沒有這些問題囉！

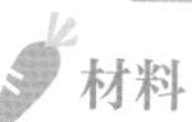

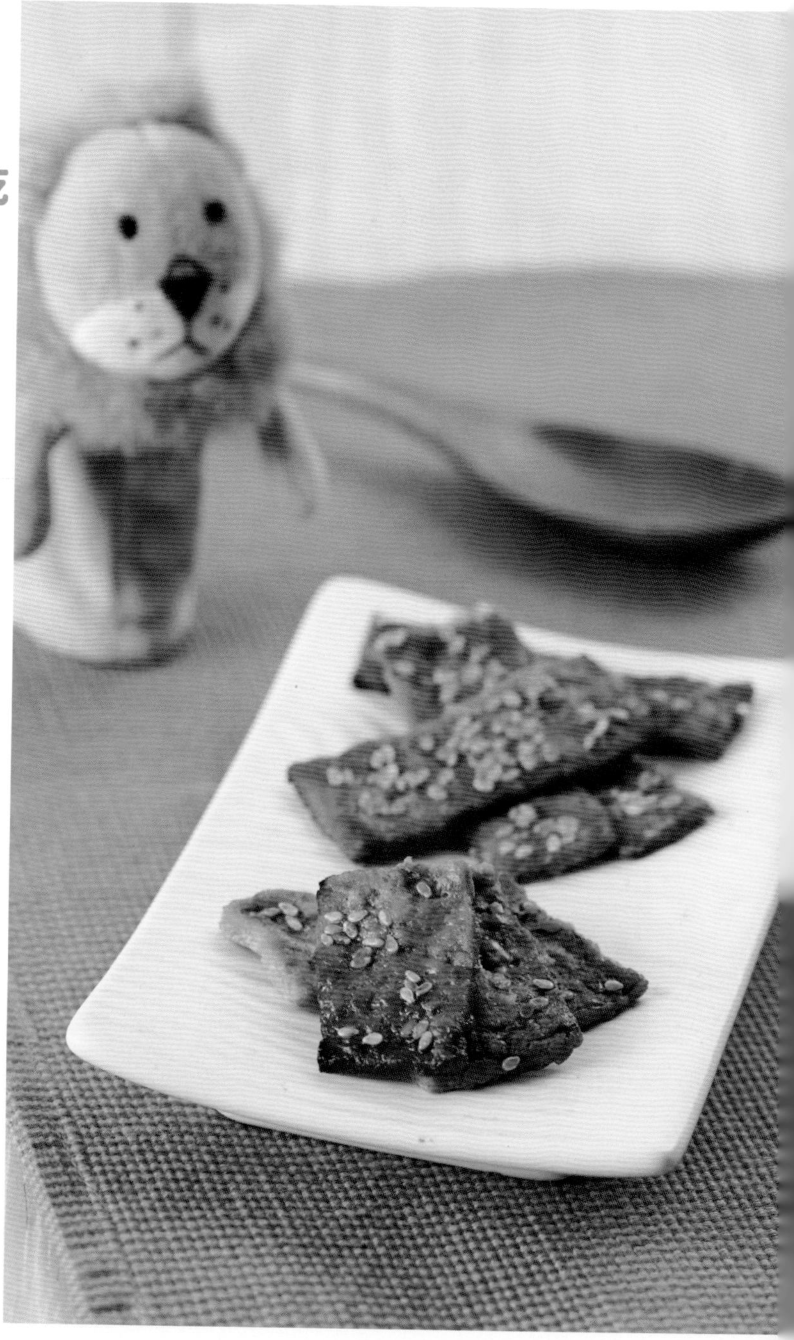

材料

豬絞肉…………100g
蘋果泥 ………… 30g
自製快速醬油…10g
（請參見 P263）
日本太白粉…… 5g
黑糖 ……………少許
白芝麻………… 少許

做法

❶ 將全部材料混合均勻後，裝進塑膠袋內，稍微桿平，放到盤子上，冷凍約半小時，再取出切塊。

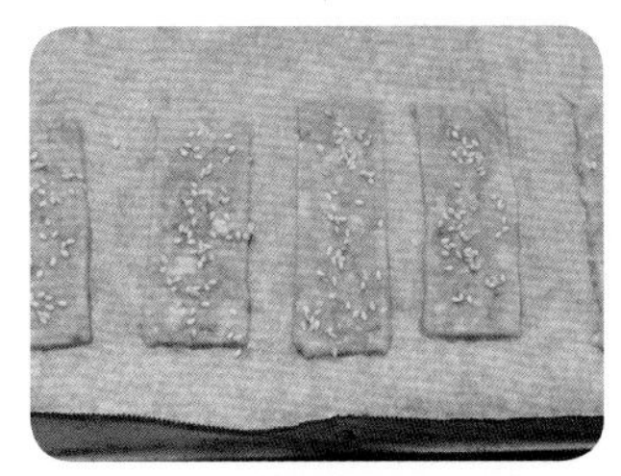

❷ 將做法❶放到烤盤的烘焙紙上，表面撒少許白芝麻，烤箱 180 度考 10 ～ 15 分鐘（視肉片的厚度自動調整，若要上色較深，中途可再刷一點自製醬油，或是蛋液）。

Point

- 初次嘗試，建議先省略自製醬油，改用少許蛋黃汁加入肉泥中即可。
- 若省略自製醬油風味上會有些許差異，可加入少許檸檬汁，增加香氣，同時防止高溫烘烤的劣變反應，而產生有害或致癌物質，但還是建議盡量避免使用高於 180 度的超高溫烹調方式。

白飯偽洋芋片

雖然看起來像是脆硬的洋芋片，但其實是酥脆且可以用口水化開的唷！

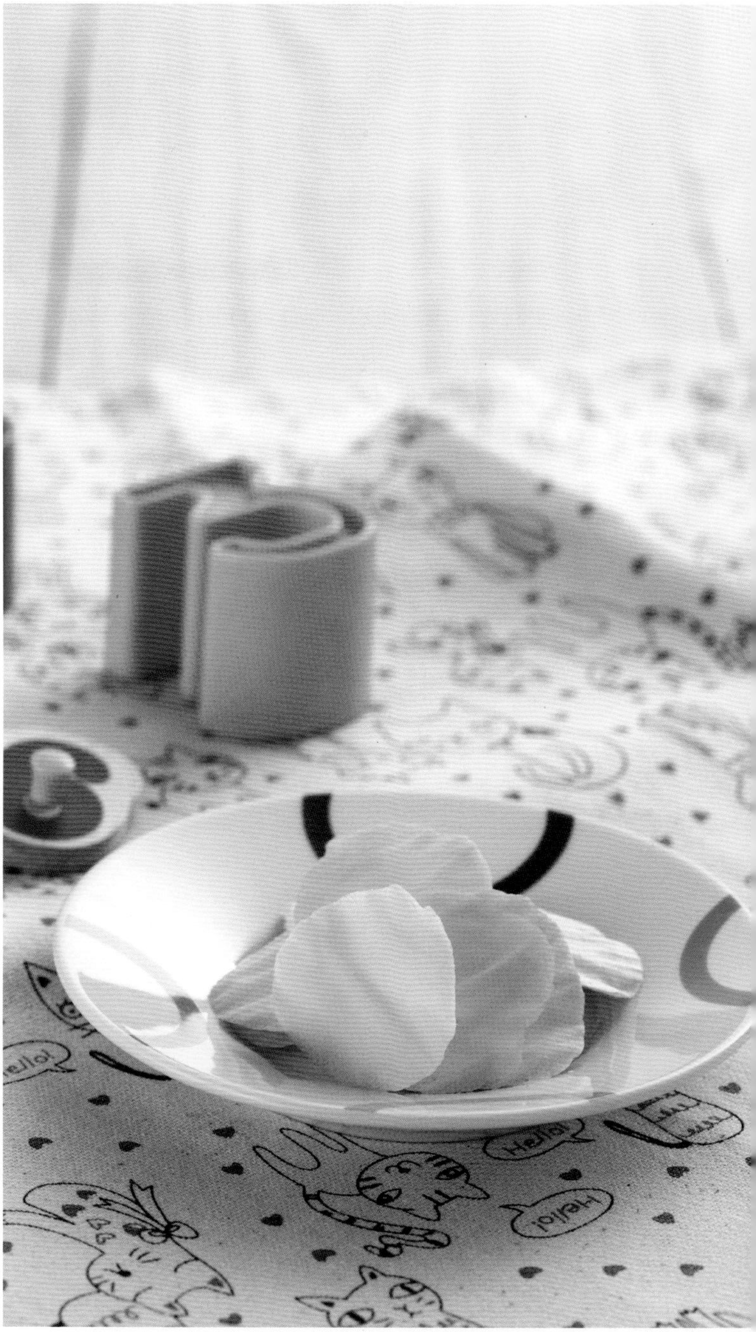

材料

白軟飯…………50g
（用2倍水煮成的軟飯）
蛋黃……………1顆

做法

❶ 將蛋黃和白飯裝進杯子裡，用料理棒打成泥。

❷ 過篩，取細緻的泥。

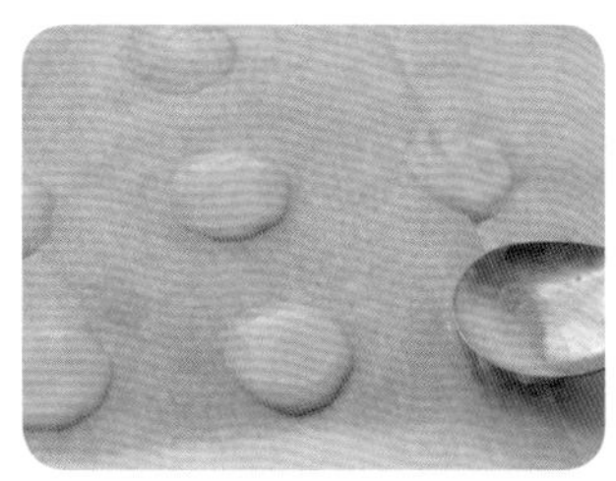

❸ 用湯匙勺入一點飯泥在烤盤的烘焙紙上，再用湯匙底部，將飯泥抹成薄薄的圓片，烤箱 180 度（須預熱）烤約 8 分鐘（烤好後在烤箱內燜 1 ～ 2 分鐘再取出）。

Point

- 我習慣用小的不銹鋼杯，口徑較小，可以增高食物的容積，比較容易將食物打成細緻的泥。
- 若蛋黃飯泥太黏稠，可添加 10g 的配方奶或母乳，用攪拌棒將飯泥打細緻一點。

食譜31
適用 7m 以上

寶寶龍鳳腿

利用筊白筍久煮不爛的特性來取代竹棒，在蒸煮的過程中，筊白筍也能釋放清甜的原汁，讓肉質鮮甜軟嫩。

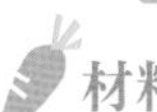

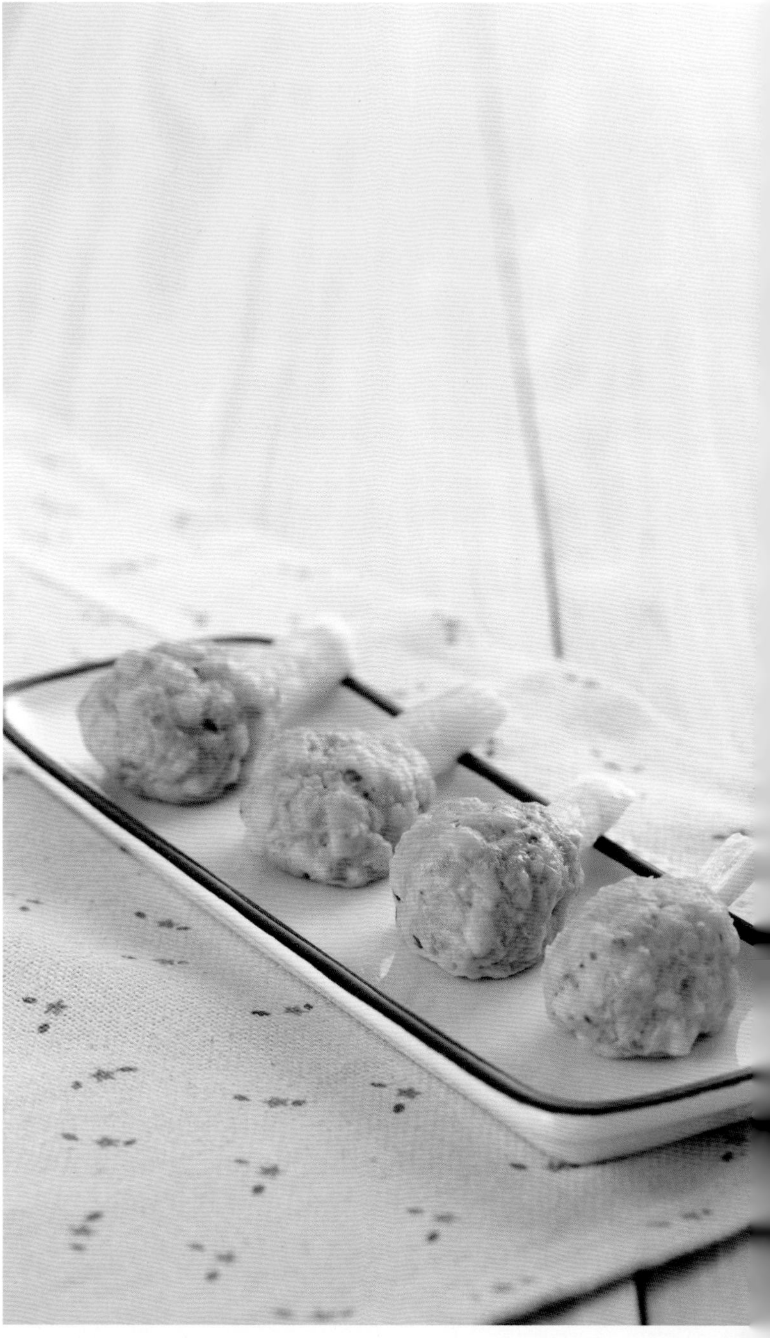

材料

筊白筍……1～2根
（可用紅蘿蔔取代）
豬絞肉………… 40g
（可換成雞肉或魚肉）
蔬菜…………… 30g
（高麗菜、洋蔥、小松菜）
雞蛋……………1顆
（或蛋黃1顆）
吐司……… 1～2片
（建議用自製吐司）
白飯…………1小口
麵粉……………少許

做法

❶ 絞肉、蔬菜（稍微汆燙過）、一小口白飯混合均勻。

❷ 吐司切碎後，混入做法❶。

❸ 加入蛋黃，攪拌均勻。

❹ 筊白筍的一端沾少許麵粉，將做法❸的肉泥緊黏在上面。

❺ 包好的龍鳳腿置於蒸盤上，蒸約 5 ～ 10 鐘。

Point

- 若寶寶的咀嚼能力不是很好，可用料理棒將做法❶打成泥。
- 添加白飯是為了增加增加絞肉的黏性，同時讓口感較為軟嫩。。

食譜32
適用 7m 以上

豆豆酥

運用蛋白打入空氣，形成膨發感的原理來製作餅乾，加入毛豆泥使得口感和風味也很獨特，不需要加糖，就有市售零食蝦味先的味道和口感，真的很奇妙喔！

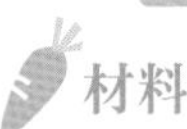

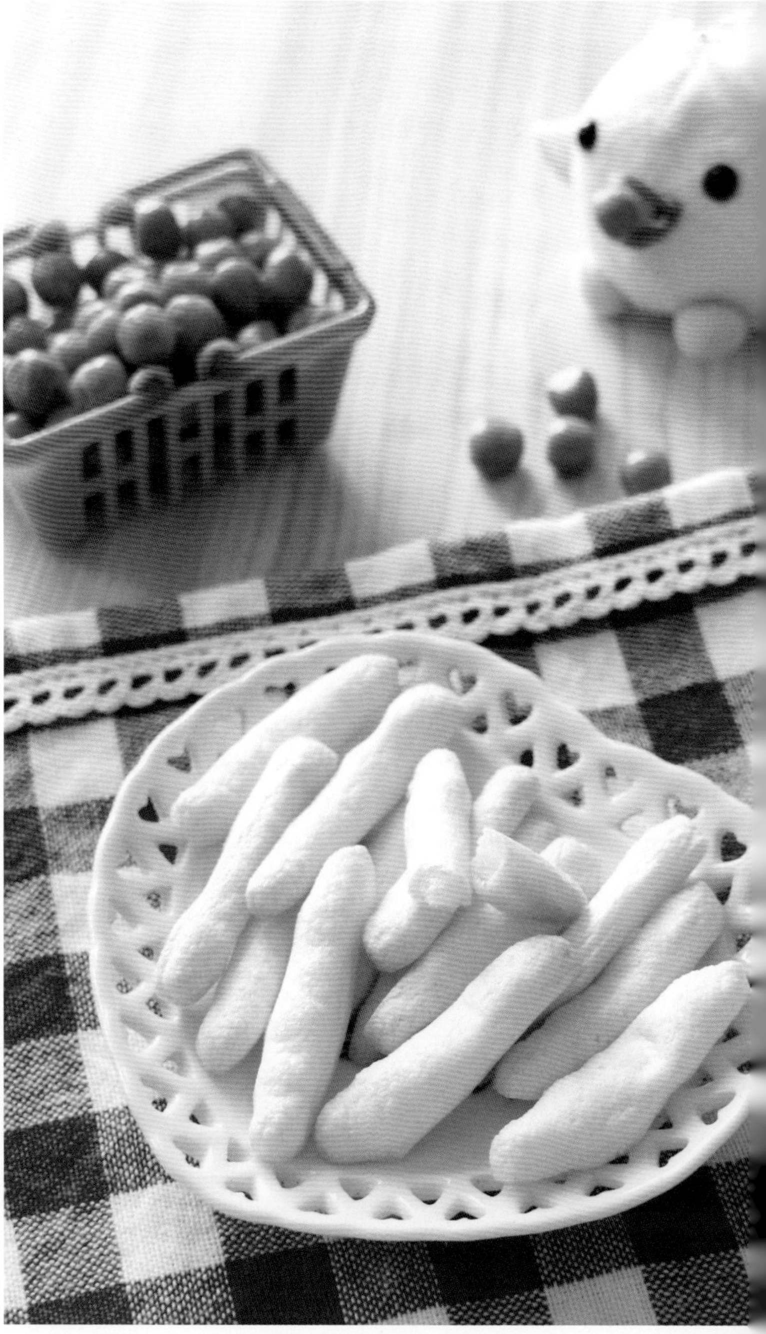

材料

毛豆泥………… 20g
（或米豆泥、紅蘿蔔泥）
日本太白粉……10g
（或玉米澱粉）
蛋白…………… 1 顆

做法

❶ 毛豆燙熟或蒸熟後，沖冷水，再用手搓洗的方式，讓皮自動浮上水面，再撈除。

❷ 加 1/2 或 1 倍的水打成泥，取 20g（剩下可做冰磚）。

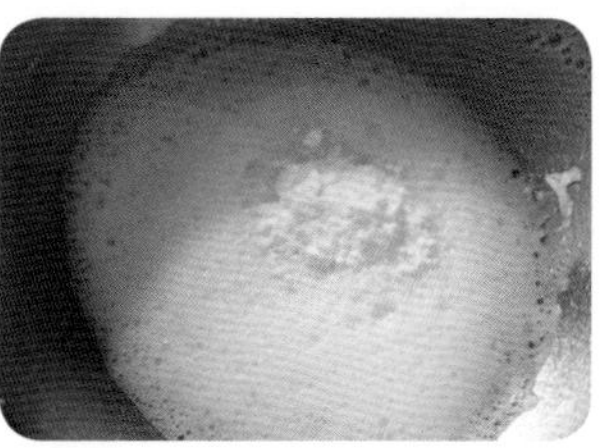

❸ 蛋白打成細緻的乳霜狀後，再加入日本太白粉。

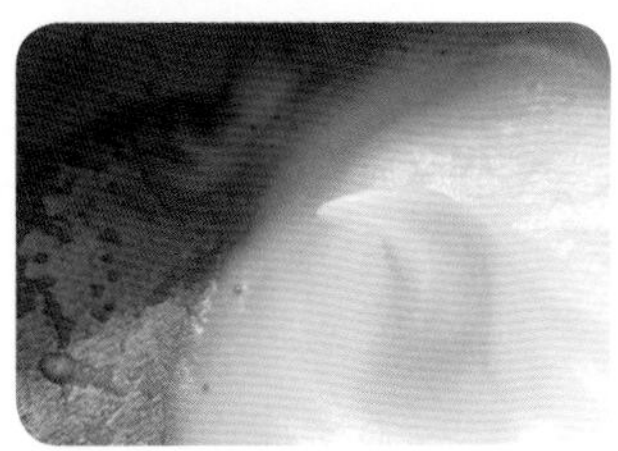

❹ 將蛋白打至出現小彎勾。

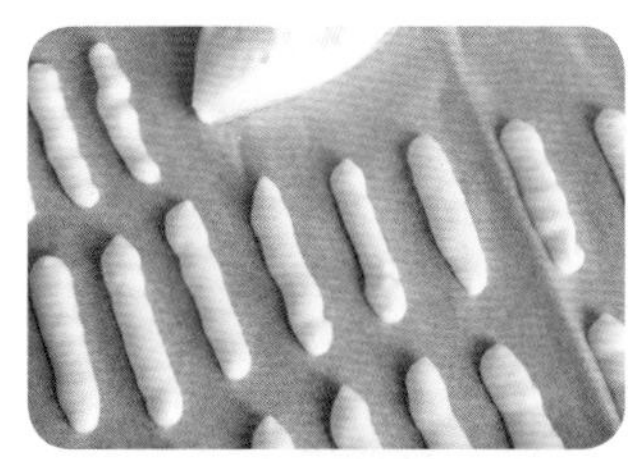

❺ 再加入做法 ❷ 的毛豆泥，快速攪打均勻，裝入塑膠袋內，角落擠一個洞，將毛豆泥擠至烤盤的烘焙紙上，以 150 度烤 10 ～ 15 分鐘。

Point

- 剩餘的毛豆泥可製做冰磚，無論是加在粥裡，或是做成豆腐、羊羹等都很不錯唷！
- 毛豆泥可以以其他蔬菜泥或魚泥取代，盡量不要帶有太多水份，例如貞穎媽也曾經用鮭魚來製作，將配方中的毛豆泥改成 10g 的鮭魚肉，鮭魚肉可先蒸熟後打碎，或是剁碎後，稍微炒乾水份，再次打碎，再稍微炒乾水份，一樣在做法 ❺ 加入。

香瓜菠菜吐司球

香甜的香瓜可以讓吐司球呈現香香甜甜的風味，寶寶不喜歡的青菜，都可以偷偷加入喔！

吐司……1～2片
香瓜……30g
（或哈密瓜）
菠菜……1顆
奶粉……10g

做法

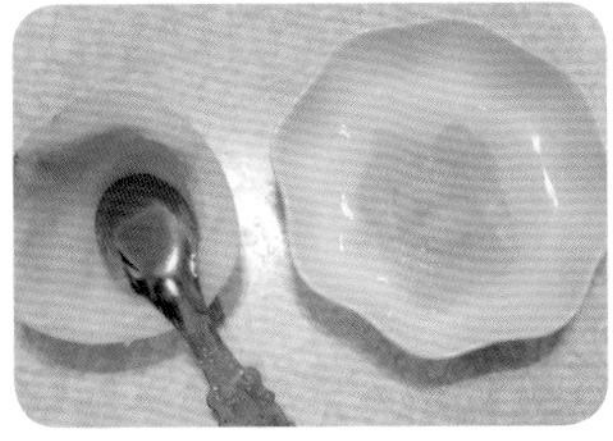

❶ 香瓜用湯匙刮成泥。

❷ 吐司切碎。

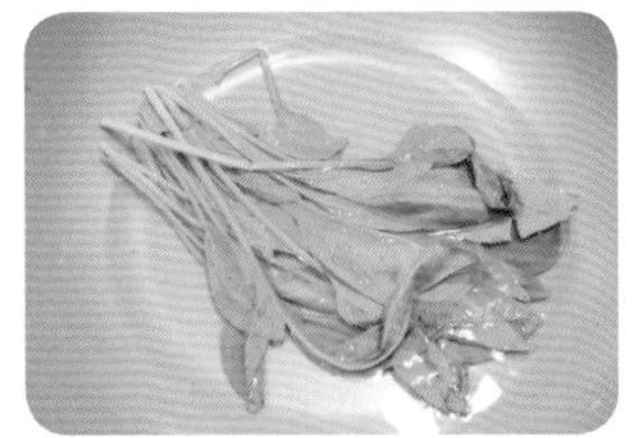

❸ 菠菜入水中汆燙至軟後剁碎或打泥。

❹ 混合所有材料，搓成丸狀。

❺ 入烤箱 160 度烤 10 分鐘。

Point

- 菠菜含有較多的草酸，但草酸屬於水溶性，所以使用前務必汆燙。
- 如果家中是不可溫控的小烤箱，請在食物上面再覆蓋一張烘焙紙，烤約 5 分鐘後，用筷子夾在烤箱門散熱降溫，可以防止烤焦，一般吐司布丁也是如此。

食譜34 適用8m以上

果汁果泥餅乾

一般市售水果口味的餅乾都會添加化學泡打粉來讓餅乾較為酥鬆，不過我以較濃稠的糊狀麵糰來製作也很成功喔！

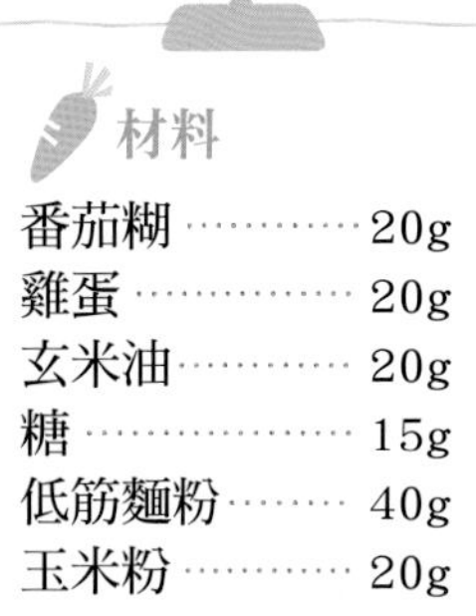

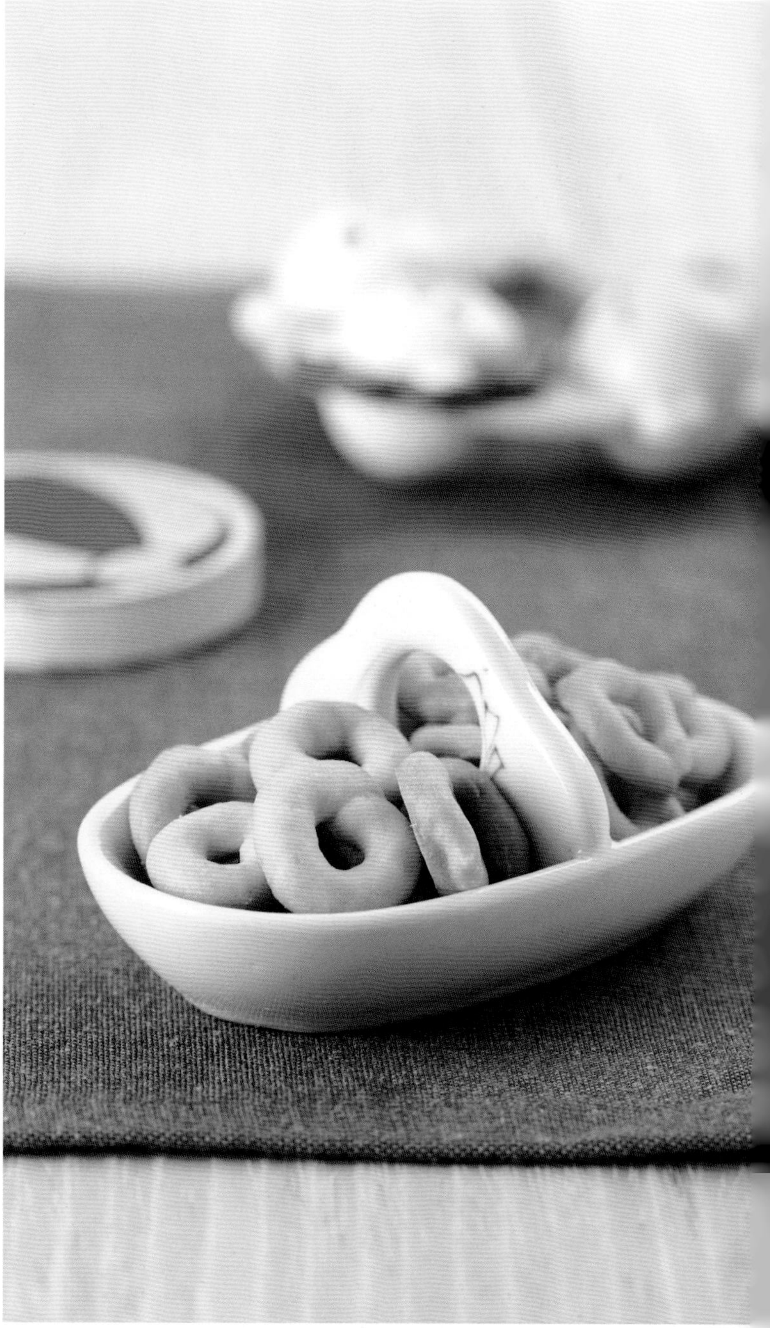

材料

番茄糊…………20g
雞蛋……………20g
玄米油…………20g
糖………………15g
低筋麵粉………40g
玉米粉…………20g

做法

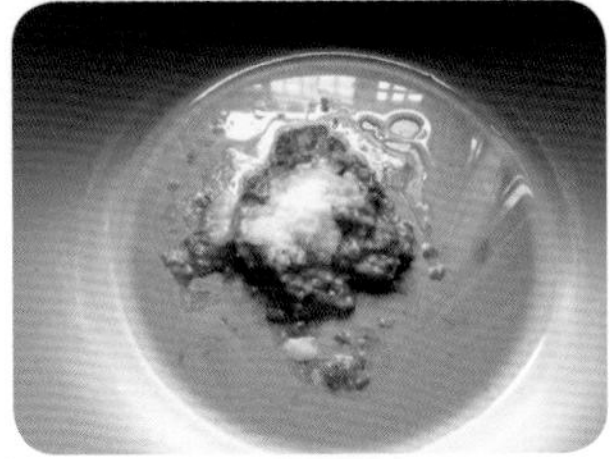

❶ 番茄果肉去籽後打成泥，和糖一起入鍋加一點油脂翻炒，幫助釋放茄紅素並收乾水份。

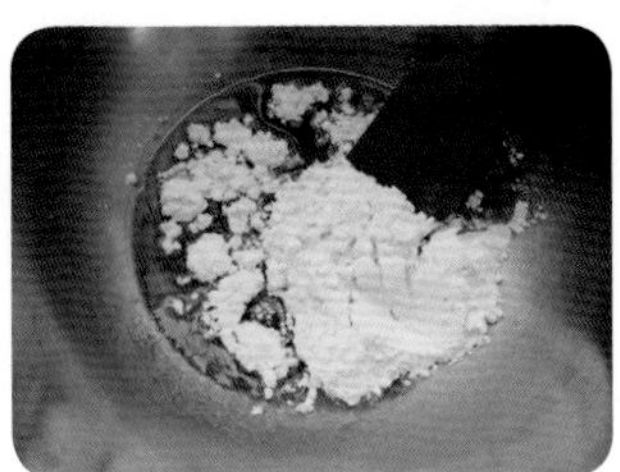

❷ 稍微放涼後，加入蛋液攪拌均勻，再加入麵粉、玉米粉攪拌均勻。

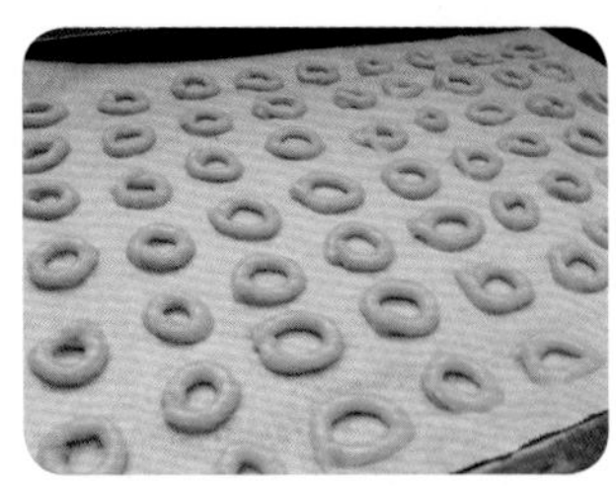

❸ 裝進塑膠袋內，角落剪個小洞，擠圈圈狀到烤盤的烘焙紙上，烤箱預熱後，以 160 度，烤 12 ～ 15 分鐘（視圈圈大小調整時間）。

Point

- 如要製作果汁口味，則將食譜中的番茄糊改成果汁 15g（我使用的是百香果），將雞蛋和糖打發成濃稠狀後再加入果汁，餅乾口感則較為蓬鬆。
- 擠花型的餅乾較容易用口水化開，在吞嚥上也相對的安全一些，不過一般擠花餅乾的配方，油脂含量都在麵粉的 1/2 以上，所以我會使用玉米粉來降低麵粉的筋性，再將油脂的量控制在總粉量的 1/3 以內。

〔基本公式〕果汁或果泥 15 ～ 20g+ 蛋液 20g（用 1 顆蛋黃也可以）+ 油脂 20g+ 低筋麵粉 40g+ 玉米粉 10 ～ 20g（視麵糊的濃稠度增減）+ 糖 10 ～ 15g（像是香蕉本身較香甜，則用 10g 即可），也可添加 5g 的配方奶粉，增加香氣。

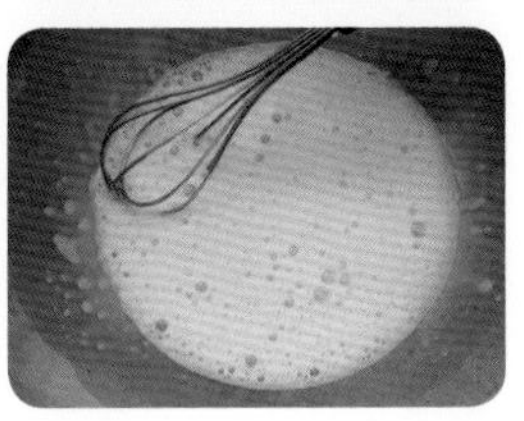

- 大一點的寶寶可將植物油換成室溫軟化的無鹽奶油，也可以和糖一起打至乳霜狀後，加入雞蛋攪拌均勻，再加入果汁和低筋麵粉（將低筋麵粉的量提高至 50g，玉米粉則降為 10g 或以奶粉取代玉米粉），做出來的餅乾的蓬鬆效果更佳、口感更酥鬆。

食譜35
適用 8m 以上

QQ 果汁偽軟糖

利用白木耳煮軟打成泥會像海綿一樣軟而有彈性的特性，搭配含淡淡果香的果汁，讓無牙的寶寶也可以開心的吃下白木耳，攝取到多醣體，增加免疫。

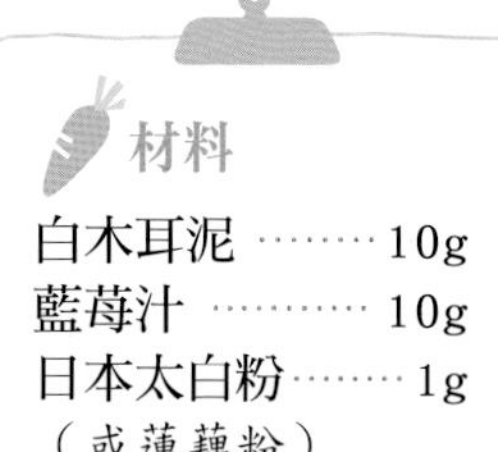

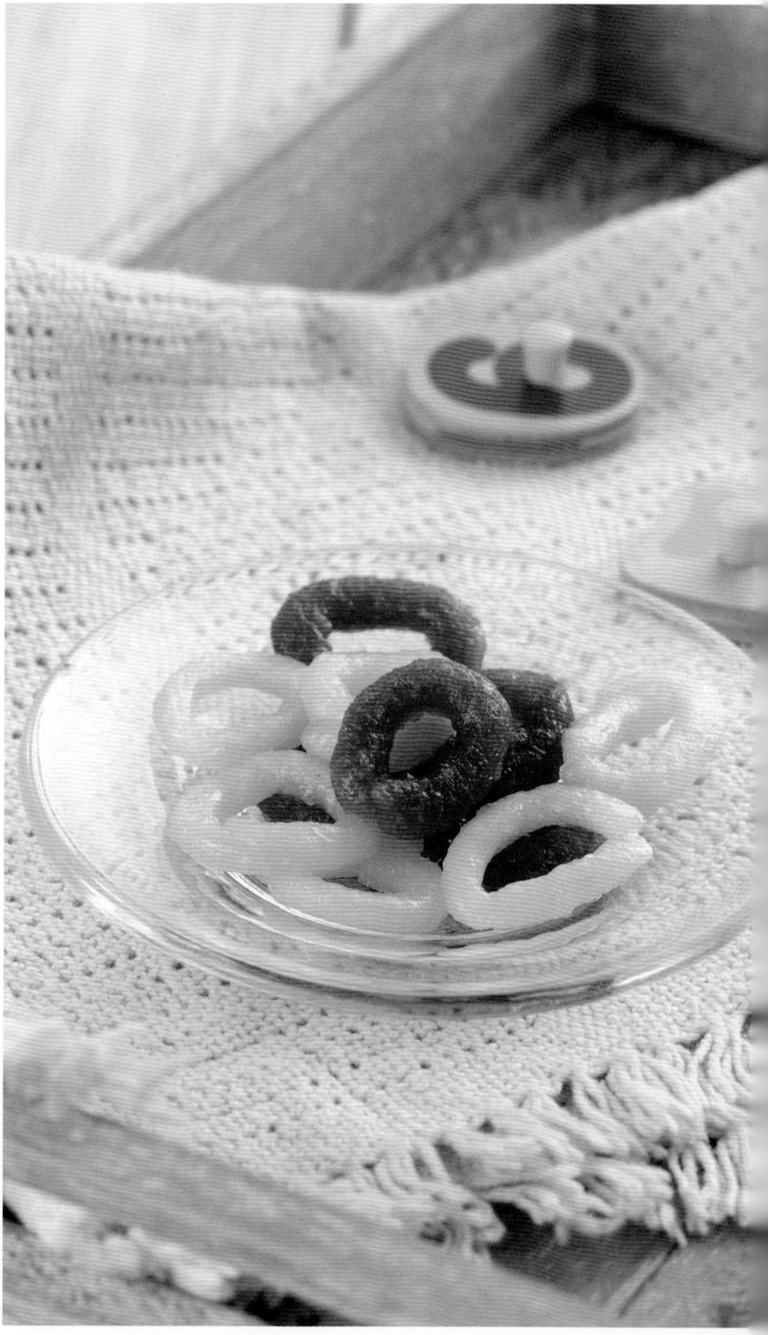

材料

白木耳泥 ········ 10g
藍莓汁 ··········· 10g
日本太白粉········ 1g
（或蓮藕粉）

做法

❶ 白木耳泡軟後，入鍋中加水熬煮，煮到鍋鏟可以切斷白木耳即可起鍋（或用電鍋，外鍋2杯水蒸軟）。

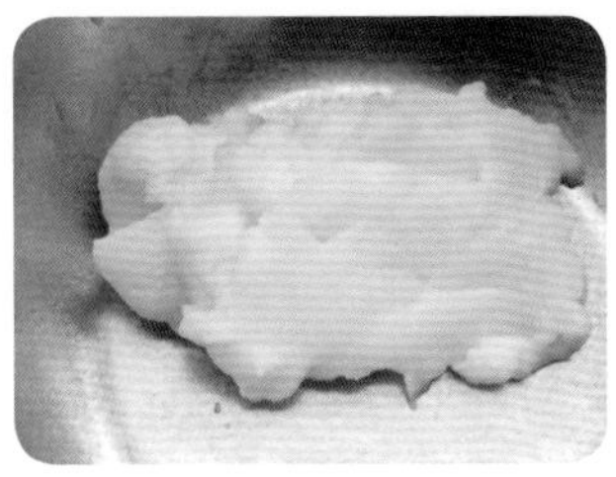

❷ 將煮軟的木白耳直接用攪拌棒打成泥。

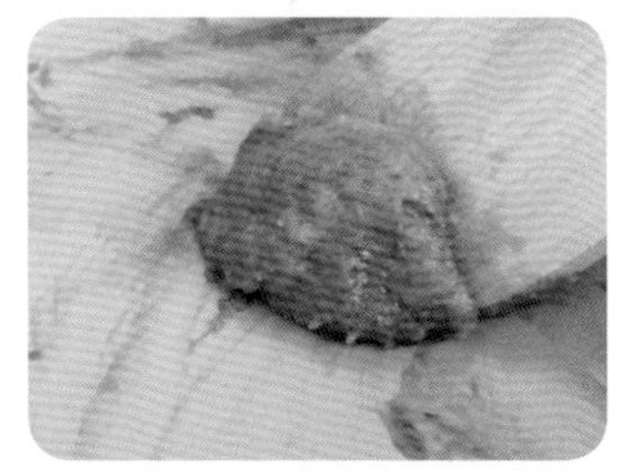

❸ 將白木耳泥混合藍莓汁（或其他果汁），和少許日本太白粉（或蓮藕粉），入鍋中小火拌炒至收乾水份。

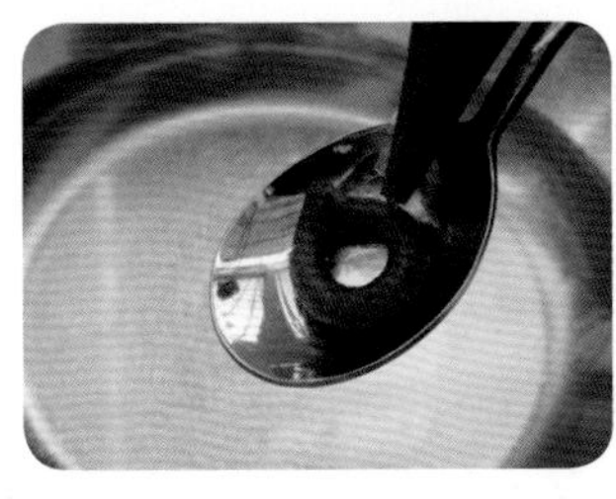

❸ 稍微放涼後，裝入塑膠袋或擠花袋內，角落剪一個小洞，擠圈圈狀至湯匙上，收口處要稍微往下壓緊黏合。

❹ 連同湯匙放入冷開水中，左右搖晃一下，軟糖就會離開湯匙。

❺ 最後將軟糖放置在篩網上瀝乾水份即可。

Point

- 入口即化、無糖，類似果凍的口感，不需要模具就可以輕鬆製作；媽媽還可以製作不同口味的軟糖，像是百香果汁口味也很好吃。
- 另一種做法：將做法❷的白木耳泥，加入果汁和少許玉米粉攪拌均勻，裝入容器內蒸1～2分鐘，取出放涼後切塊，或是將做法❷的白木耳泥加入少許玉米粉和果汁，搓成圓球狀，再入鍋蒸1～2分鐘，放涼即可食用。

食譜36
適用 8m 以上

黃金蔬菜米蛋餅

利用切薄片冷凍的生南瓜（也可以使用南瓜泥）和玉米泥、隔夜飯、雞蛋，不用調味就可以做出自然香甜的蛋餅。

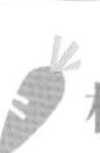

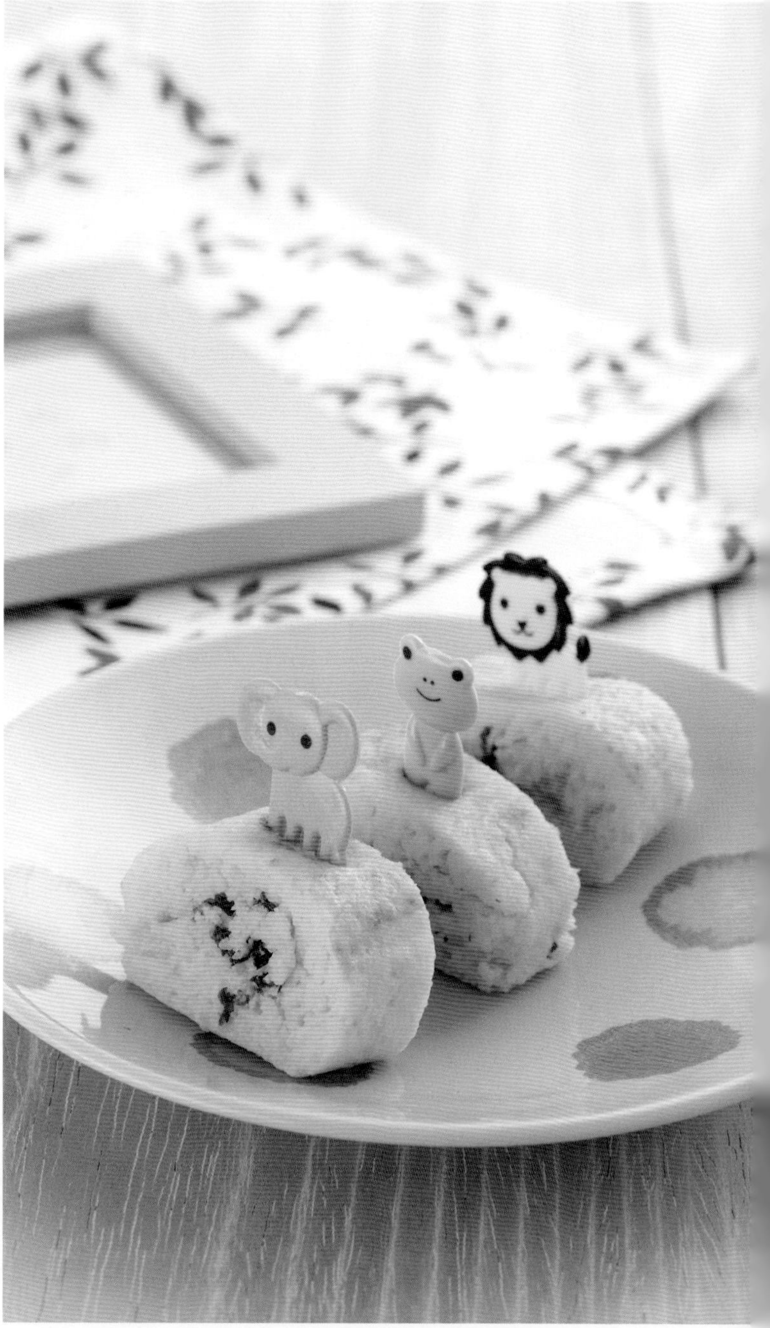

材料

生南瓜剁碎……50g
（或蒸熟南瓜泥 30g）
生玉米泥………30g
隔夜飯…………50g
雞蛋……………1 顆
燙熟小松菜……數顆

做法

❶玉米使用刨籤器磨成泥，混合南瓜泥、雞蛋和白飯（也可以換成其它穀類），一起用料理棒打成泥。

❷鍋內抹薄薄的油，用湯匙勺入做法❶的黃金米糊，並盡量抹成扁平的圓餅狀。

❸將小松菜燙軟剁碎後放在做法❷的一端。

❹捲起，收口處朝下再多煎一下，幫助黏著，起鍋後再切塊即可。

Point

- 利用生玉米泥加熱後，澱粉質具有凝固的作用，可以幫助其它食材的黏著，因此也可以將南瓜泥和玉米泥鋪在燉飯上，再進行焗烤的動作，可以取代起司，做成偽焗烤。
- 寶寶 10 個月之後，也可以在內餡當中添加 3 ～ 5g 的起司，增加風味。

食譜37
適用8m以上

洋蔥圈米餅

以白飯來製作香酥的洋蔥圈餅乾，添加蛋黃及少量的樹薯粉，可讓米飯和洋蔥濕潤的口感更趨近於真正的餅乾。

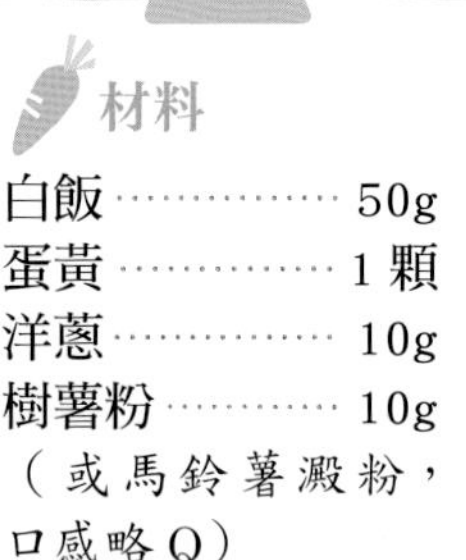

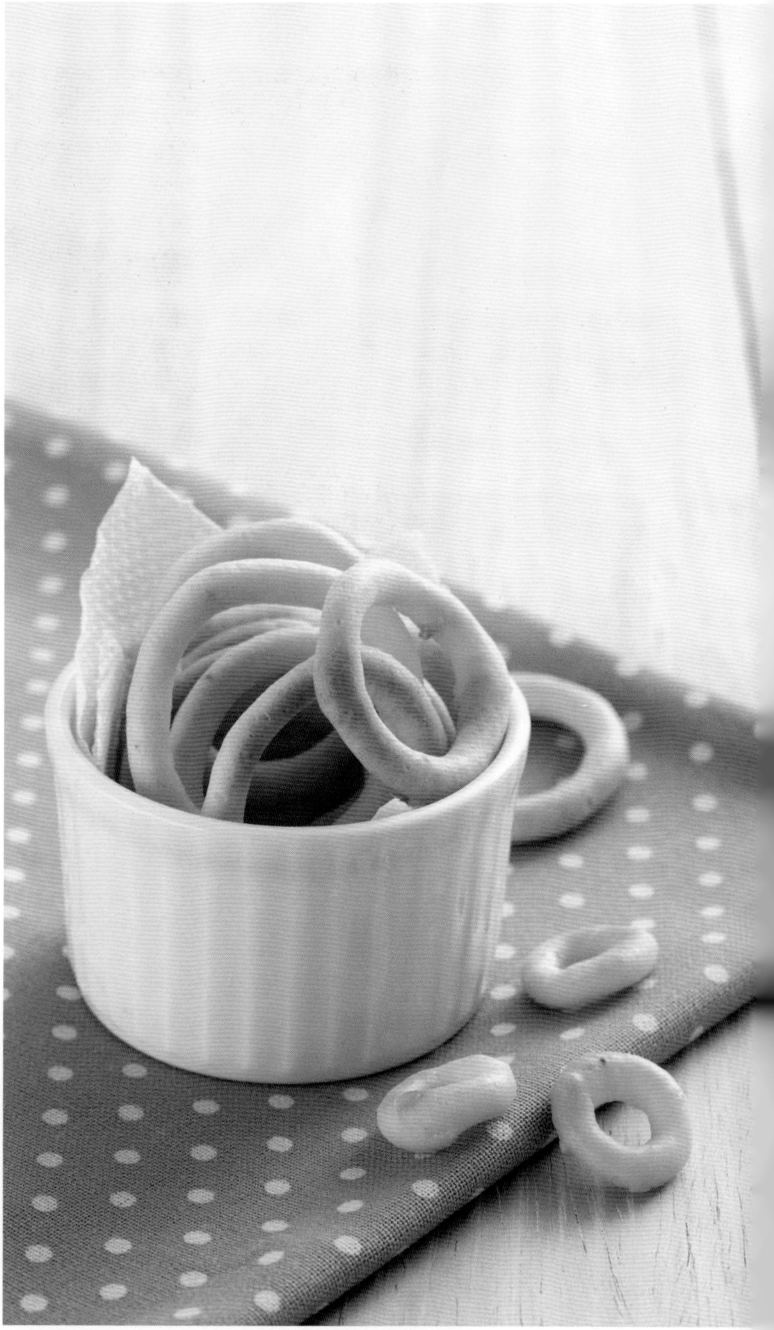

材料

白飯……50g
蛋黃……1顆
洋蔥……10g
樹薯粉……10g
（或馬鈴薯澱粉，口感略Q）
玄米油……5g

做法

❶ 先混合白飯、蛋黃、洋蔥，用料理棒打成泥後過篩，取細緻的泥。

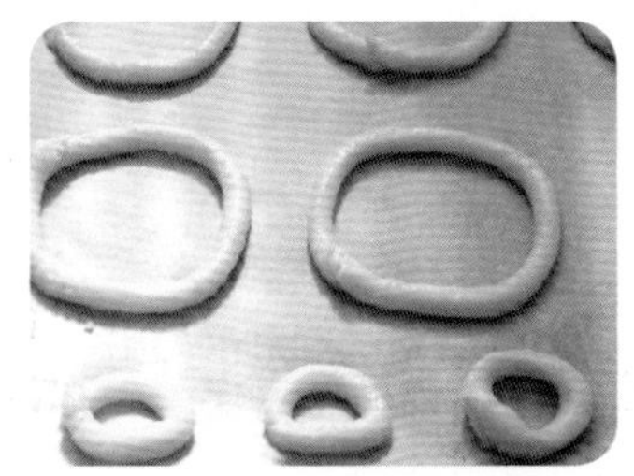

❷ 加入樹薯粉和玄米油，攪拌均勻後放入塑膠袋或擠花袋內，角落剪個小洞，擠圈圈狀到烤盤的烘焙紙上（烤箱先以160度預熱），以160度烤10～15分鐘即可。

Point

- 建議用2倍水煮成的軟飯製作，但一樣要過篩，以免米飯的顆粒影響洋蔥圈的口感。
- 樹薯粉我使用德國進口的有機樹薯澱粉，較符合衛生及安全標準。

白飯洋蔥圈

以飯泥直接烘烤的點心，表面使用自製麵包粉來做隔離，因為白飯一加熱，很容易造成表面澱粉老化而變硬。

材料

白軟飯……70g
生洋蔥泥……10g
配方奶粉……少許
（可省略）
蛋黃……1顆
自製麵包粉……少許
（請參見第39道食譜「寶寶雞塊」）

做法

❶ 將白軟飯裝進塑膠袋內，桿成泥（也可用壓泥器，但勿用料理棒打泥）洋蔥直接磨泥。。

❷ 將飯泥、洋蔥泥、奶粉混合均勻，裝入塑膠袋內，角落剪個小洞，擠圈圈狀到裝有麵包粉的碗內，沾滿麵包粉後可直接烘烤。烤箱 150 度或 160 烤 10 分鐘左右即可。

Point

- 或是表面沾蛋黃汁（或蛋液），再沾一層麵包粉，讓表面包覆較多的麵包粉，較不易掉落
- 也可以將少許蔬菜葉剁碎，和麵包粉先行混合，再沾裹白飯洋蔥圈，以增加視覺及口味變化。

食譜39
適用8m以上

寶寶雞塊・自製麵包粉

類似可樂餅的做法，以自製麵包粉來取代市售油炸專用的麵包粉，所以無須油炸，即可以平底鍋無油的方式來煎熟雞塊，或以烤箱來烘烤也可以。

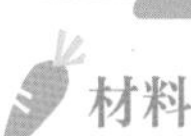

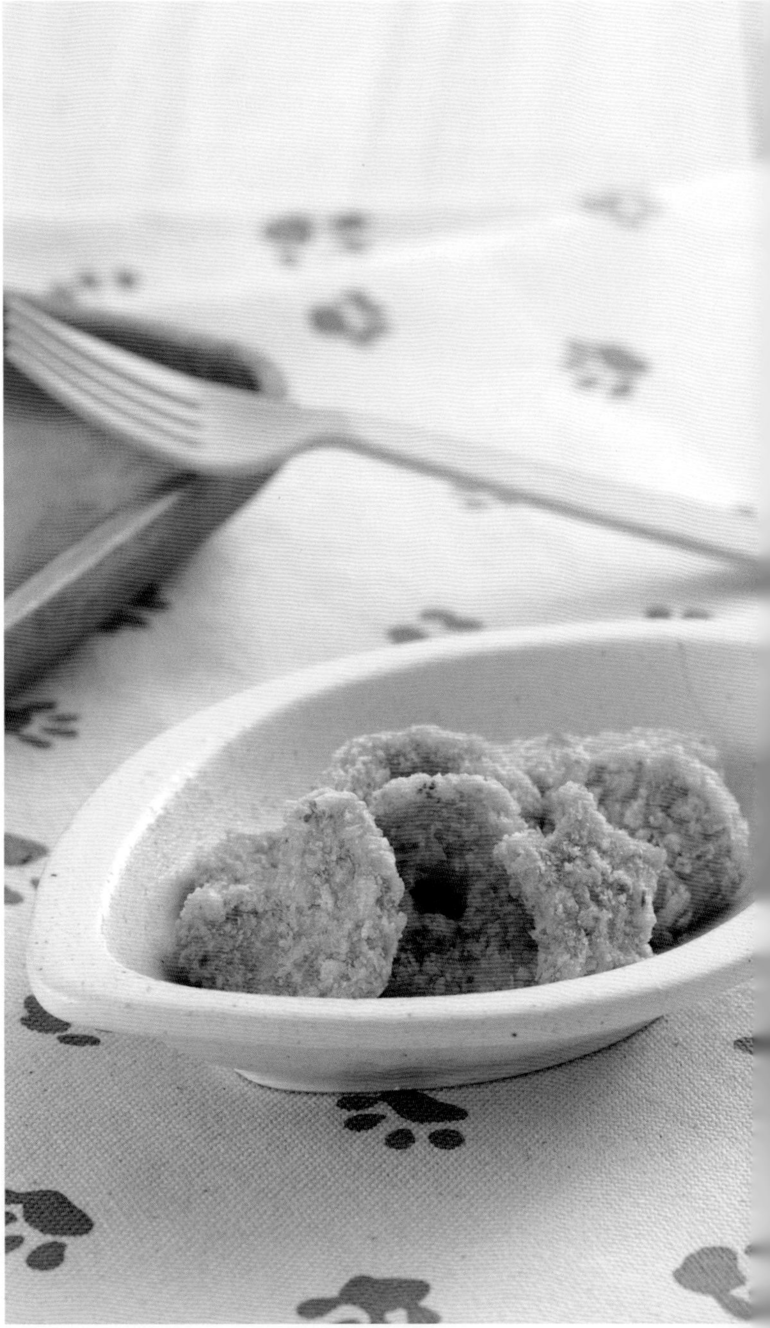

材料

自製麵包粉……少許
蛋液或蛋黃……1顆
蒸熟的馬鈴薯或白飯…………30g
雞里肌肉………30g
洋蔥……………少許
小番茄…………1顆（可省略，或用幾滴檸檬汁取代）

做法

❶將吐司去皮，切塊狀；入鍋中稍微翻炒，至表面微酥。

❷將做法❶撕成碎塊繼續翻炒，直至全部撕碎後，放入絞碎器打成麵包粉。

❸雞里肌斜切去掉中間的筋膜；和番茄、洋蔥、馬鈴薯，一起用料理棒打成泥。

❹取一個碗裝蛋液，先將肉泥捏成丸狀，沾完蛋液後，再沾麵包粉。

❺稍微將雞塊壓扁（或用餅乾模整成其它形狀），再沾一次麵包粉，放在鋪有保鮮膜的盤子上，冷凍保存，要食用時再直接用平底鍋（可抹薄薄的油或直接小火乾煎），小火煎熟，或烤箱 150 度烤 15 分鐘左右。

Point

✿ 建議使用自製吐司來製作，因為市售吐司 2.5 片鈉含量即高達 500 毫克左右，較不適合 1 歲以下寶寶。

食譜40
適用 8m 以上

茄子鑲肉

茄子的纖維質含量頗高，能促進腸胃蠕動，預防便秘，而香菜獨特的香氣可去除肉類的腥羶味，也有促進食慾的功效。

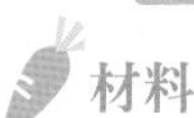

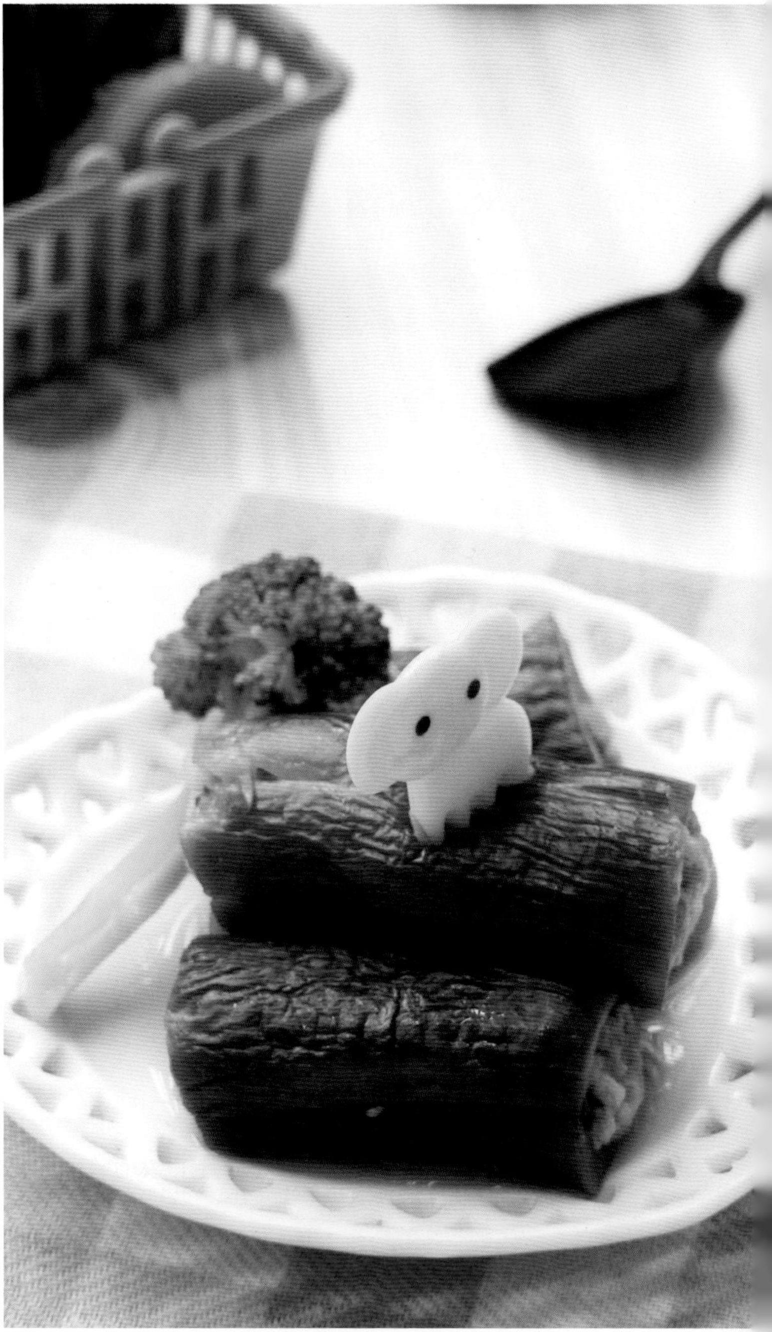

材料

茄子……1～2根
細豬絞肉 30～50g
洋蔥末……少許
紅蘿蔔末……少許
香菜……少許

做法

❶ 茄子表面可用軟毛牙刷和流動的自來水刷洗、切長段

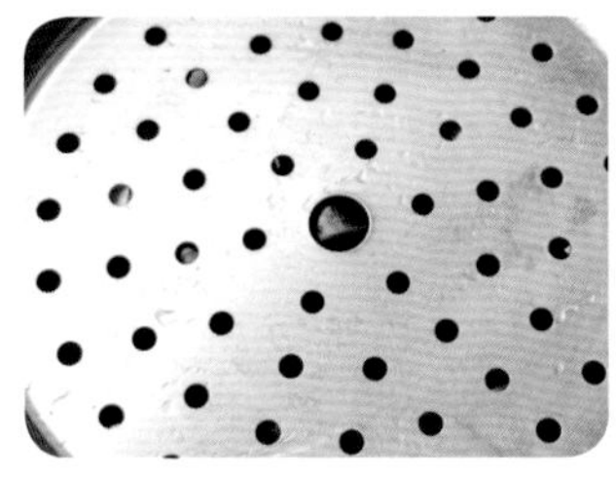

❷ 水滾後放入茄子汆燙，放入後須迅速用蒸盤壓住。

❸ 用碗壓住蒸盤並蓋鍋蓋，大約煮 1 ～ 2 分鐘。

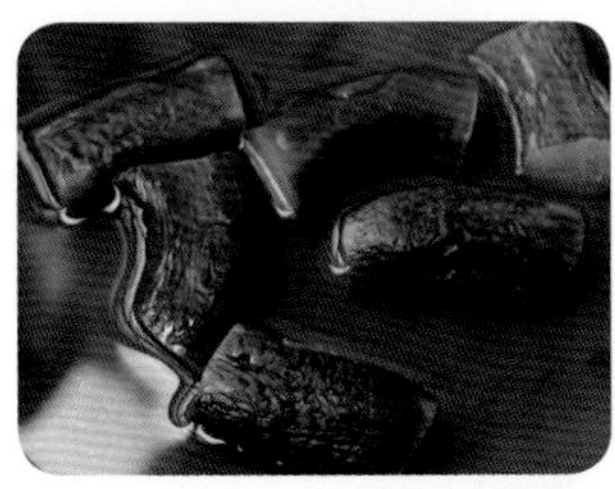

❹ 煮好的茄子因為未接觸空氣，所以不會氧化變色。

❺ 以大吸管在茄子中間穿洞。

❻ 將細豬絞肉混合洋蔥末、紅蘿蔔末、香菜，再塞入燙好的茄筒中，再放入電鍋中蒸 3 ～ 5 分鐘即可。

Point

- 茄子盡量選擇表面彎曲，或厚度較厚的，太直或細小的，可能有較多的農藥殘留。煮茄子的水最好能蓋過茄子的高度，這樣紫色會更均勻漂亮。
- 若是咀嚼能力尚未很好的寶寶，建議將絞肉加少許水或蘋果泥及一小口白軟飯和內餡食材全部一起用攪拌器打成泥，增加黏稠度，再塞入燙好的茄筒中。

食譜41
適用 8m 以上

純米泡芙

以在來米粉製作的泡芙，除了口感較一般麵粉製作的泡芙酥脆外，也讓對麩質過敏的寶寶多了一道點心食譜。

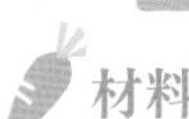

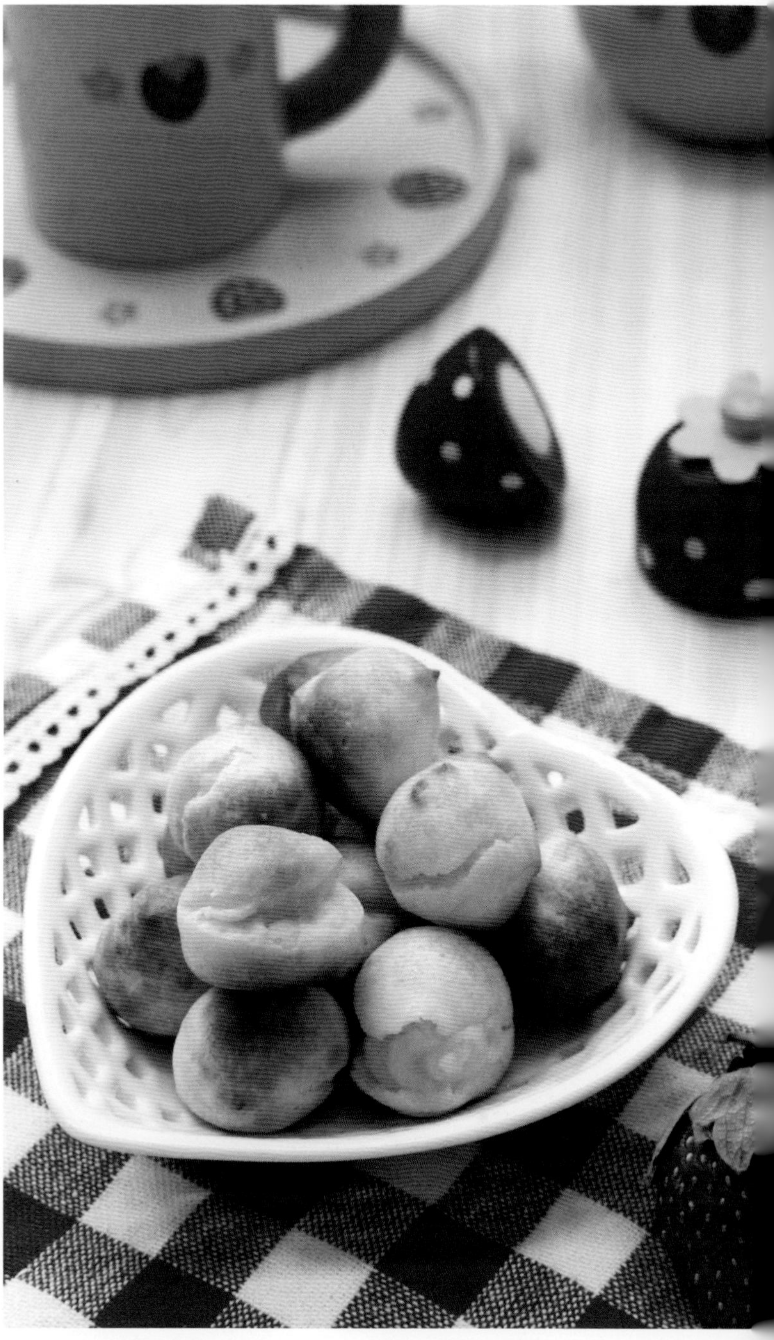

材料

Ⓐ材料：

牛奶 …… 50g
（配方奶或母乳皆可）
在來米粉 …… 10g
玄米油 …… 5g
糖 …… 2g
雞蛋 …… 15g

Ⓑ材料：

地瓜泥 …… 少許
母奶或配方奶 少許

做法

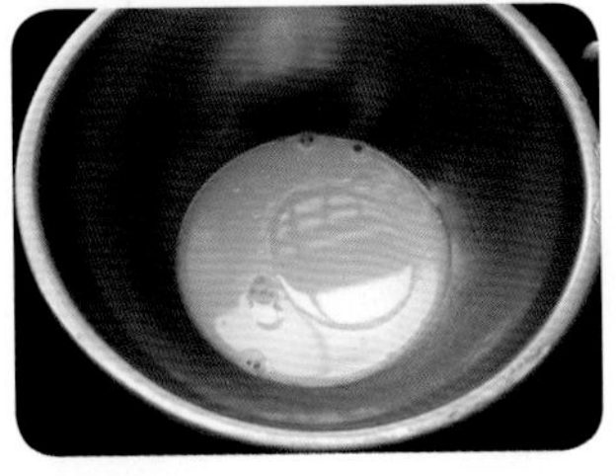

❶盆內倒入牛奶、糖、油，入鍋中隔水加熱（或是直接加熱）。

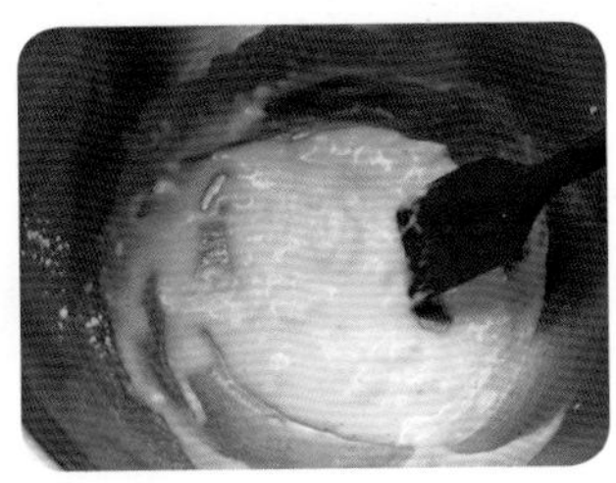

❷倒入在來米粉，快速攪拌均勻。

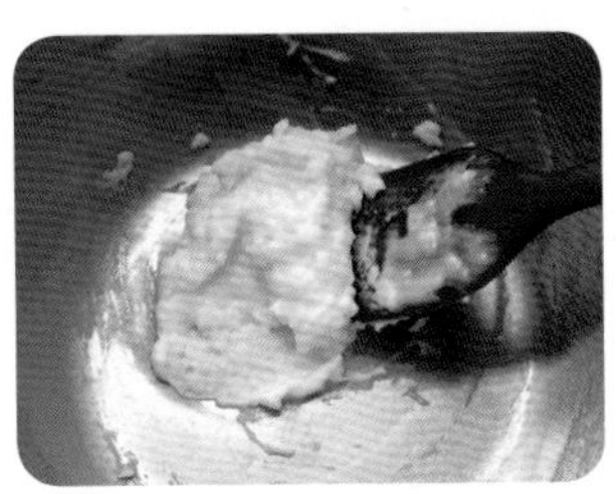

❸分次加入蛋液，每次都須攪拌至蛋液融入麵糊，才能再添加蛋液。

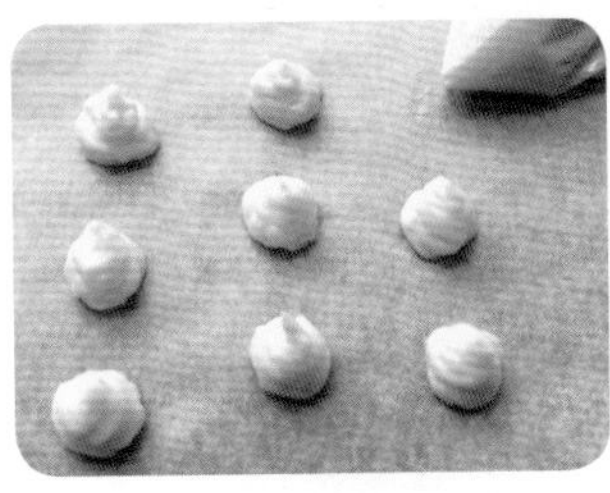

❹將麵糊裝進塑膠袋內，角落剪個小洞，擠到烤盤的烘焙紙上；烤箱以 200 度預熱。

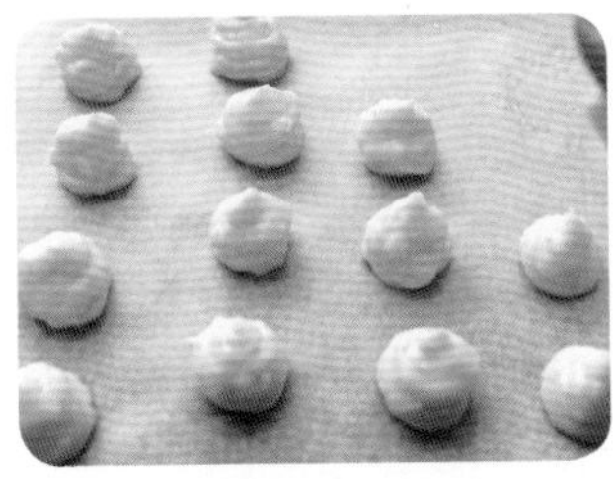

❺在擠好的麵糰上面噴灑一點水，烤箱轉 180 或 190 度，烤 15～20 分鐘，烤好後約 3～5 分鐘再取出（視大小調整，泡芙膨脹後可將溫度降低至 150 度稍微烘烤上色即可）。

❻將材料Ⓑ混合調成細緻柔順的泥狀，填入塑膠袋中，在角落剪個小洞。

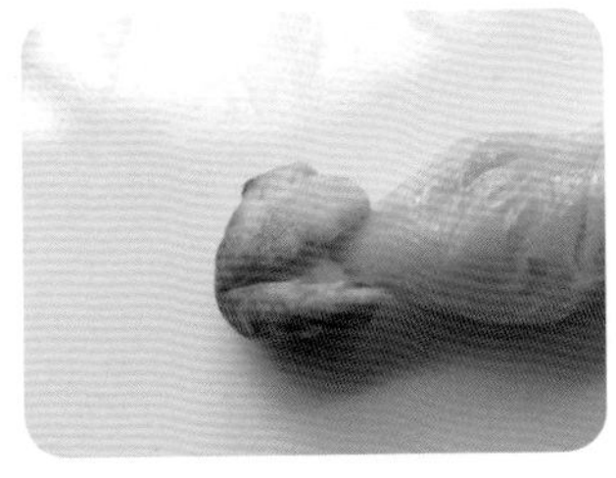

❼將內餡夾入泡芙中，即可讓寶寶抓取食用。

Point

- 若使用不能調溫的小烤箱，須先預熱 3 分鐘。若使用電鍋烤，一樣要先按下開關預熱，但須反覆按開關，建議擠小湯圓大小的麵糰即可。
- 在麵糰上灑水可防止表面太快烤乾，內部卻還沒熟透；烤好後勿立刻開烤箱門，以防泡芙消風塌陷。

食譜42
適用 8m 以上

泡芙米餅

（無粉・無油・白飯版）

用白飯來製作泡芙時可利用飯泥本身經高溫烘烤會自動膨脹的特性，省略油脂，也省去一般泡芙製作，須以油脂和液體的燙麵方式來達到膨脹的製作過程。

材料

白軟飯…………50g
（用2倍水煮成的軟飯）
地瓜泥…………50g
（可全部用白飯）
雞蛋……………1顆
糖………………5g
（可再減少）

做法

❶將全部材料用攪拌棒打成泥。

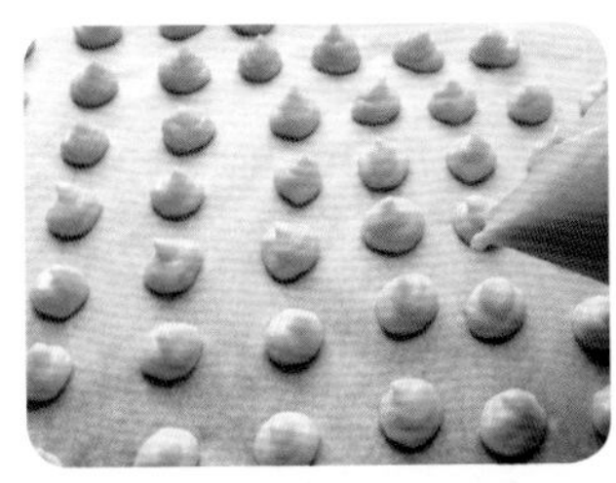

❷將米麵糊裝入塑膠袋內，擠到烤盤的烘焙紙上。烤箱先以 190 度預熱。

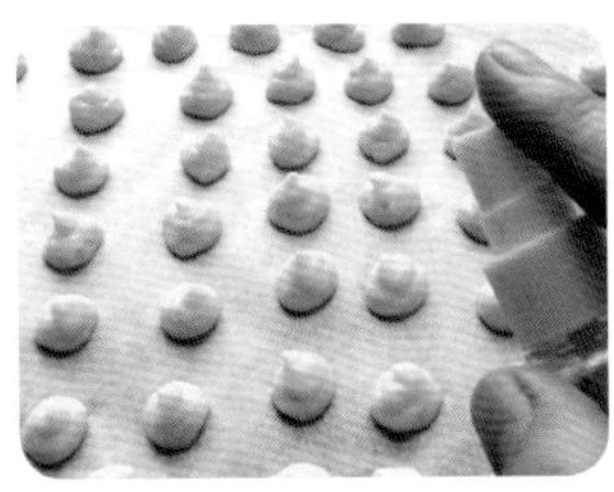

❸在米麵糊表面噴灑一點水，放進烤箱以 190 度烤 10 分鐘，用餘溫燜 2～3 分鐘再取出。

Point

- 白軟飯最好在溫熱的狀態，比較容易打成細緻的泥。
- 表面灑水可避免米泡芙因表面接觸高溫而使澱粉老化變硬。
- 米泡芙不要擠太大顆，以免泡芙內部太濕潤而無法完全烤乾，放涼之後如果回潮變軟，可以再用 150 度稍微烘烤。

食譜43
適用 8m 以上

繽紛鮭魚蛋餅

不添加蔬菜，就是大人也可以食用的蛋餅皮麵糊囉！加上一顆蛋，就是好吃的蛋餅。

材料

Ⓐ材料（蛋餅皮）：
水或柴魚高湯 150g
麵粉……………80g
（中、低、高筋皆可）
玉米粉……………5g
（或日本太白粉 10g）
燙過的蔬菜少許
（小松菜葉、甜椒、山藥）

Ⓑ材料（內餡）：
鮭魚……………少許
洋蔥……………少許
雞蛋……………1 顆

做法

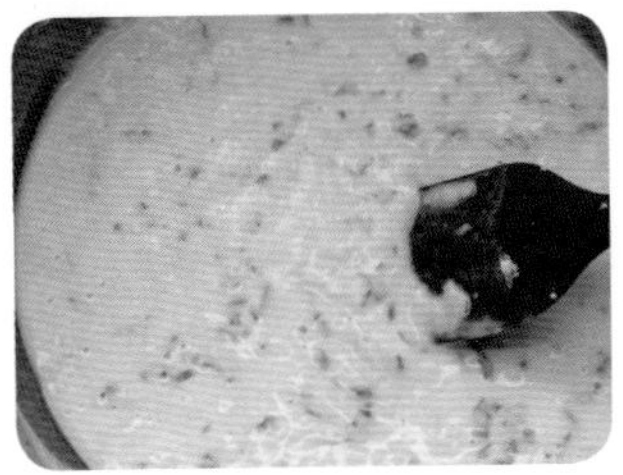

❶將材料Ⓐ的食材混合，攪拌均勻後靜置 10 分鐘左右。

❷鍋內加入一點油，加入鮭魚和洋蔥，洋蔥炒軟後再加入蛋液，炒至熟撈起成內餡備用。

❸鍋內抹少許油，倒入做法❶的蛋餅皮麵糊。

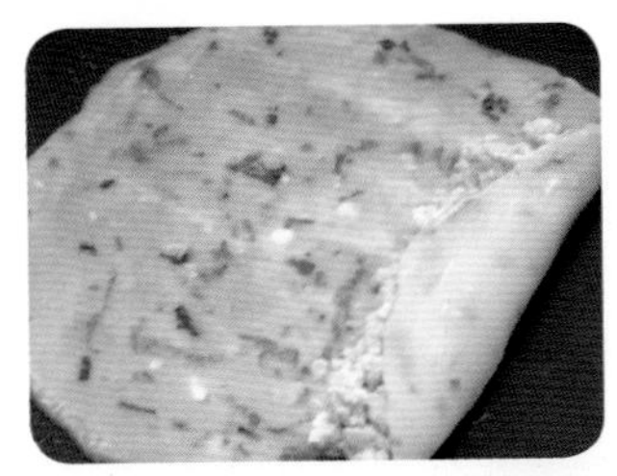

❹表面凝固後，於一端放入內餡，再捲起，起鍋用刀子或食物剪切塊即可。

Point

- 玉米粉配方可軟可脆，而日本太白粉是軟嫩中帶有一點 Q 度，比較建議初次使用玉米粉，或是盡量將太白粉的比例降低。
- 內餡可自由變化，也可加入少許起司和炒蛋。
- 我使用溫開水泡柴魚片 3 ～ 5 分鐘後，濾掉柴魚片，也可使用其它高湯。

食譜44 適用8m以上

甜心魚柳棒

甜椒含豐富的維生素及β-胡蘿蔔素，藉由鮭魚的油脂，幫助β-胡蘿蔔素的釋放與吸收，能增強抵抗力，有助於預防感冒。

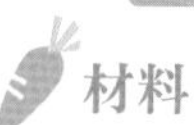

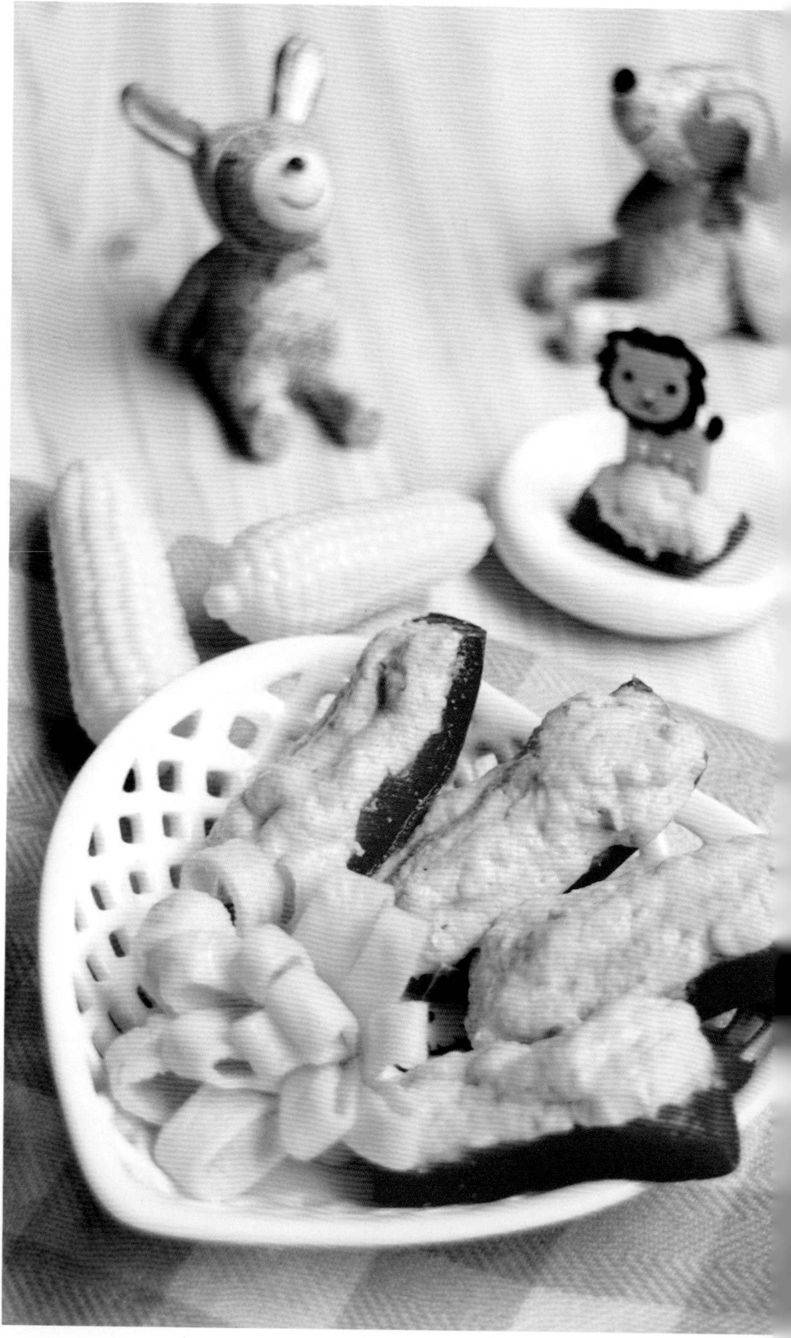

材料

Ⓐ 材料：

甜椒……1～3顆（或1、2顆切長條形）
鮭魚……40g
傳統豆腐……20g
洋蔥‥5g（或蔥末）
蛋黃……1顆

Ⓑ 材料（裝飾蛋花）：

雞蛋……1顆
水……2～3g
日本太白粉……2～3粒米大小

做法

❶將鮭魚肉切小塊和豆腐、洋蔥、蛋黃一起用料理棒打成泥。

❷甜椒洗淨後切長條，入鍋中汆燙後（若使用青椒，可在汆燙時加入一小片薑，去除青椒味），沖冷水再去皮。

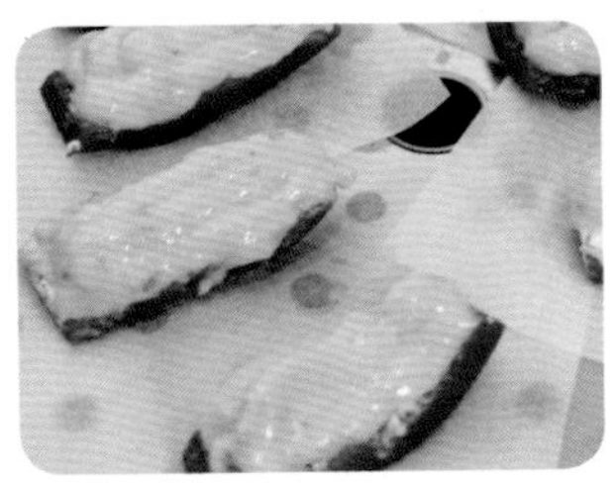

❸甜椒內部抹少許麵粉。填入做法❶的內餡（可裝進塑膠袋內，剪個小洞再擠入），放入瓦斯爐蒸約 5 分鐘。

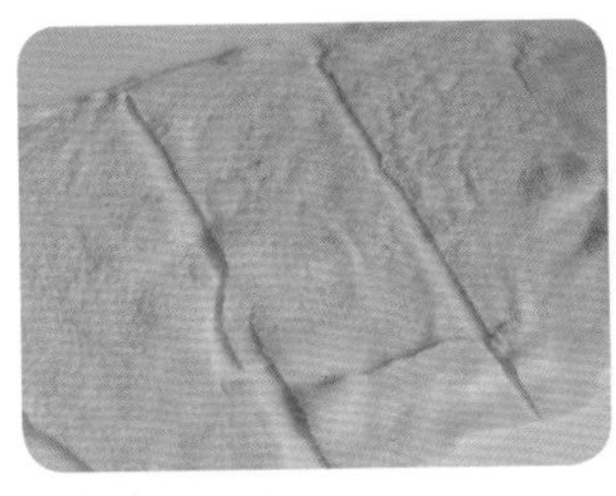

❹雞蛋加少許的太白粉水（也可不加），入鍋中煎成薄薄的蛋皮後，切成長條形。

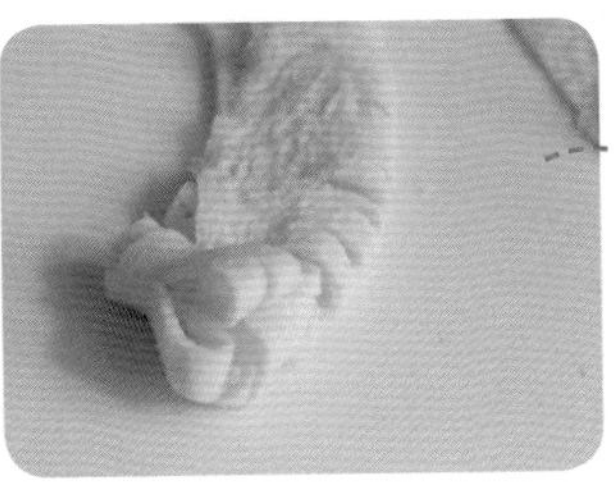

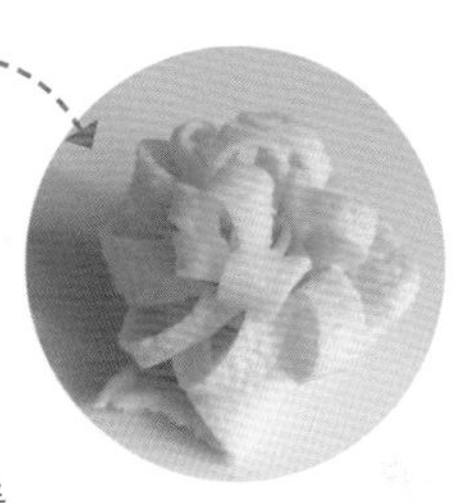

❺對折處用食物剪或刀子，剪或切出流蘇狀，再捲起。

Point

- 由於甜椒為連續採收型作物，一般比較擔心農藥殘留，在清洗上務必仔細，除了在流水中以手搓洗，或用軟毛刷刷洗外，也建議稍微汆燙後再進行其它的烹煮程序。
- 在甜椒上抹少許麵粉可幫助魚泥蒸熟後，緊黏甜椒不脫落。

義大利珍珠丸

義大利米蒸熟後，口感已非常軟，除可增加蛋白質攝取外，也可解決一般用生的米飯來做珍珠丸子，口感略硬的問題。

材料

義大利米形麵……少許
豬絞肉……30g
高麗菜……30g
白軟飯……10g
（或嫩豆腐）
蛋黃……1～2 顆
柳橙汁……少許
（或檸檬汁，也可磨入少許蘋果泥，幫助肉質軟嫩，可省略）
鴻喜菇……少許
（或金針菇、香菇）
汆燙過的綠花椰和南瓜
（表面裝飾）

做法

❶ 高麗菜，洗淨後剁碎，稍微汆燙。

❷ 做法❶拌入豬絞肉、白軟飯、蛋黃 1 顆，用料理棒打成泥，成內餡。

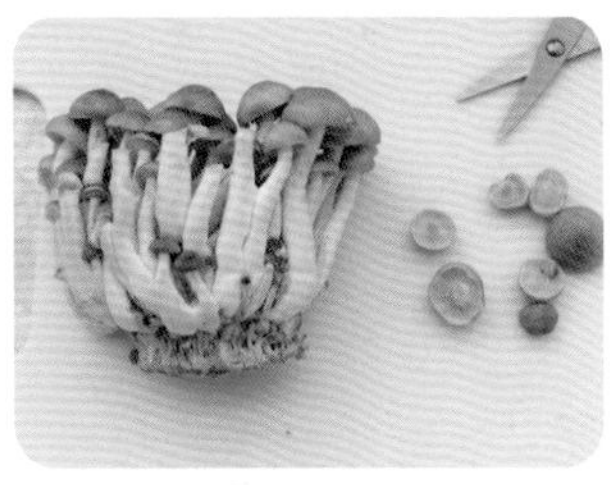

❸ 鴻喜菇剪下蕈傘部分（蕈柄留著大人食用，或使用剪碎的金針菇）。

❹ 米型麵入鍋中稍微汆燙。用湯匙將內餡用挖取一小丸，沾裹蛋黃液。

❺ 放入米型麵堆中，表面沾滿米型麵，再用手掌輕輕壓緊。

❸ 放到蒸盤的饅頭紙上，蒸約 5 ～ 8 分鐘即可。

Point

- 一般義大利麵所使用的杜蘭粉，蛋白質含量約為 13 ～ 14%，相當於高筋麵粉的蛋白質含量，所以用義大利麵取代珍珠丸子的米飯，寶寶也攝取到較多的蛋白質。
- 煮軟或蒸軟的義大利麵也可以和蔬菜及少許麵粉混合均勻，煎成煎餅或小漢堡。

食譜46
適用8m以上

章魚小丸子

馬鈴薯的蛋白質為完全蛋白質，能充分被人體吸收，彌補白飯蛋白質含量較低的缺點。利用白飯和馬鈴薯的搭配，除可增加米製品的香氣外，也提升營養密度。

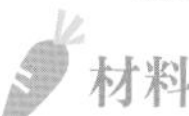

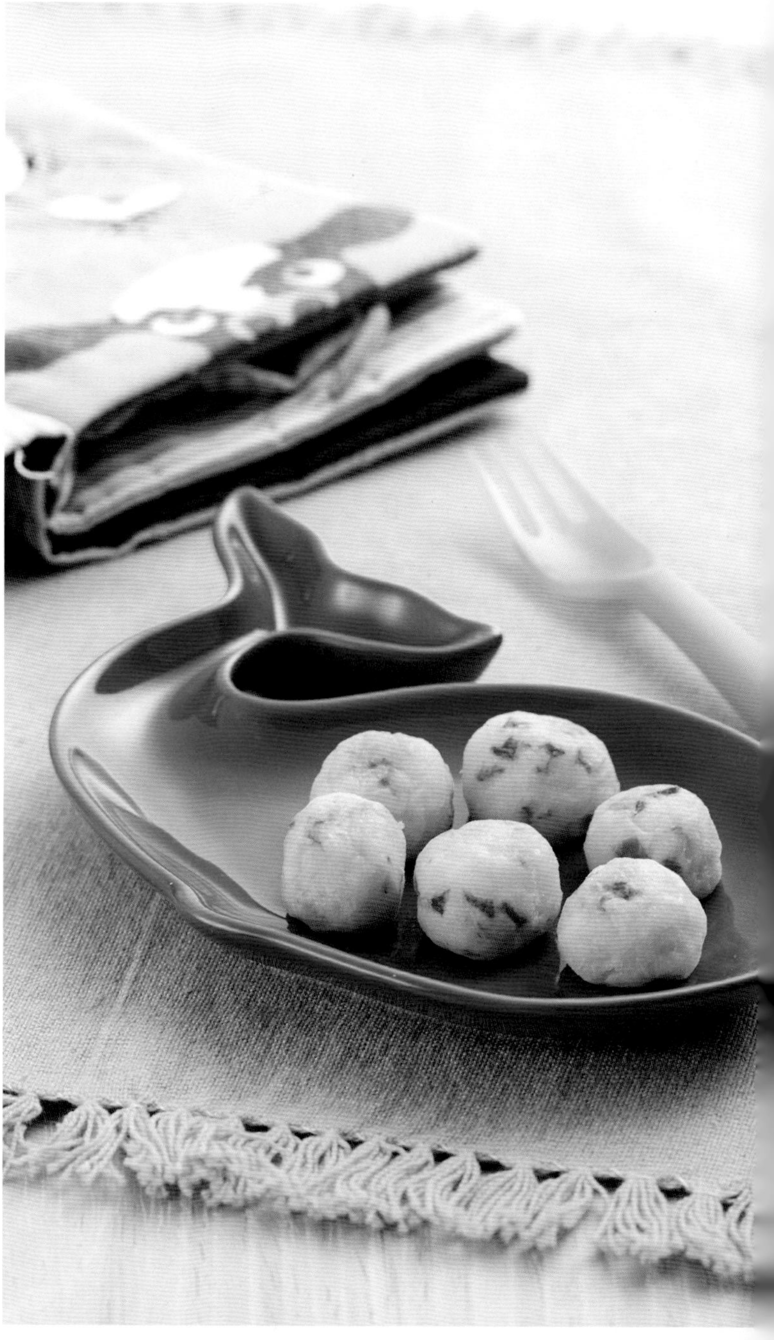

材料

白軟飯………… 30g
（用2倍水煮成的軟飯）
蒸熟馬鈴薯 ….. 30g
燙熟蔬菜………30g
（甜椒、高麗菜）
蛋黃 …………… 1顆
低筋麵粉……. 少許

做法

❶ 將白軟飯裝進塑膠袋內，用桿麵棍或玻璃瓶，桿成飯泥；加入馬鈴薯、燙軟的蔬菜，捏成丸子狀，表面沾少許麵粉，再沾蛋汁，再沾一次麵粉。

❷ 鍋內抹一點點油，煎至表面微酥即可。

Point

✿ 白飯和馬鈴薯絕對是好朋友，因為兩者的直鏈澱粉含量相近，所以在煎餅類中搭配，有互相增加黏著性的作用，白飯增加黏性和酥脆度，而馬鈴薯則緩和白飯在鍋中加熱表面受熱後很快硬化的情形，一般像是白飯披薩、米漢堡，都可以利用馬鈴薯，讓整體結構團結而不鬆散。

食譜47
適用8m以上

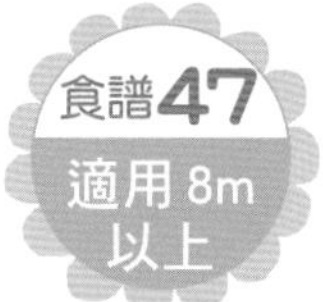

正宗小丸子

利用柴魚高湯來做章魚小丸子麵糊，成品不須添加調味料，就非常好吃，內餡除鯛魚外，還可添加玉米或其他蔬菜，讓口感及營養更為豐富。

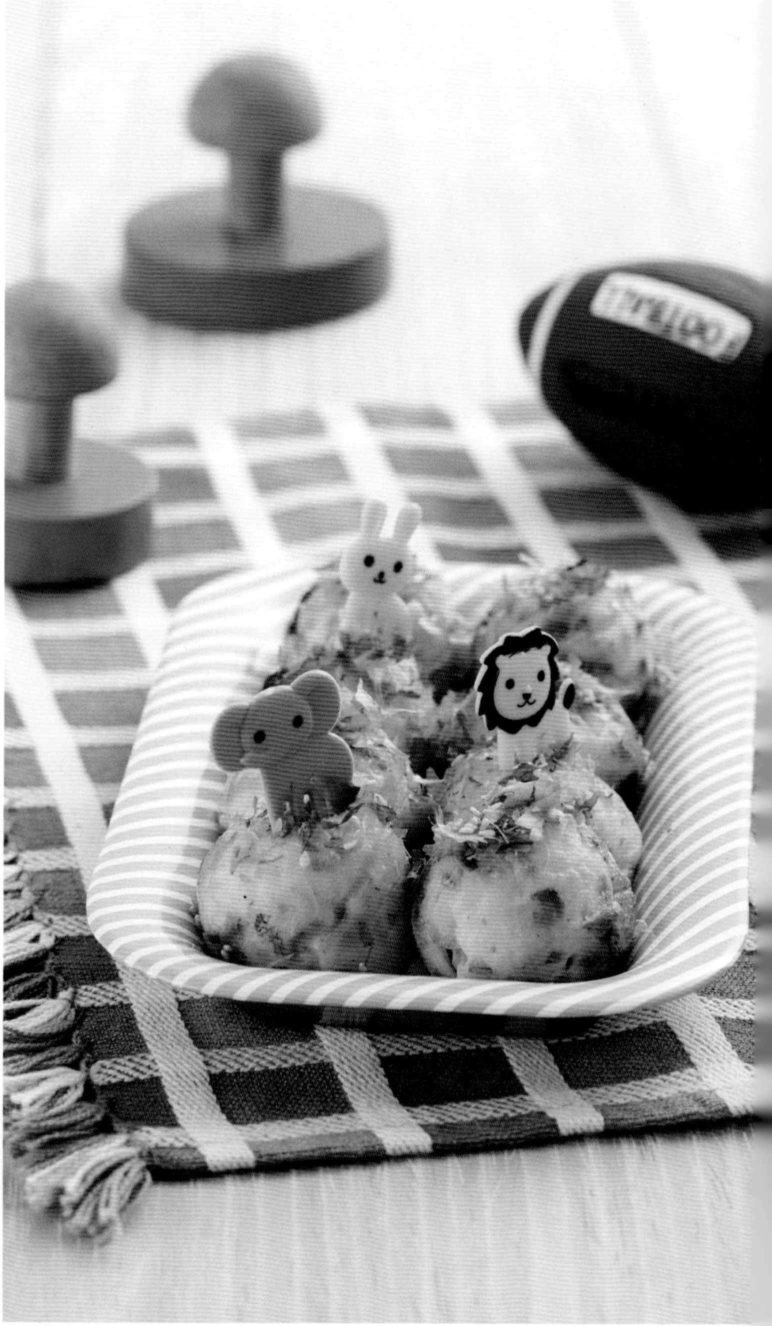

材料

Ⓐ材料（麵糊）：
低筋麵粉……50g
水或柴魚湯…120g
玄米油…………10g

Ⓑ材料（內餡）：
鯛魚片……1、2片
高麗菜…………少許
紅蘿蔔…………少許
蔥末……………少許
（或洋蔥）

做法

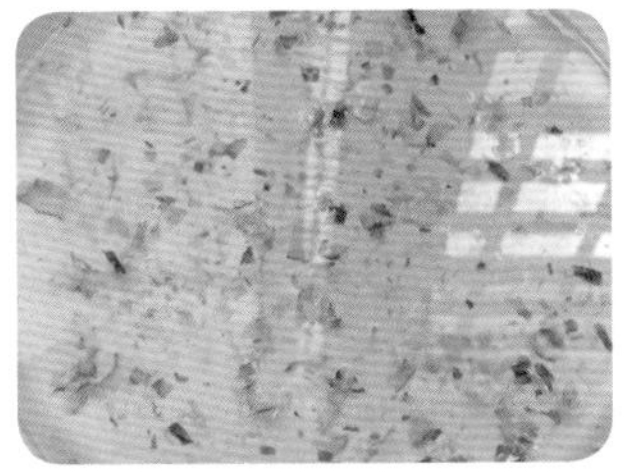

❶ 先將水煮滾，加入柴魚片，泡約 2 ～ 3 分鐘，再瀝掉柴魚片，過篩取湯。

❷ 混合所有材料Ⓐ，攪拌均勻，並靜置約3～5分鐘，成麵糊。

❸ 鯛魚片燙熟後切小塊，蔬菜也稍微汆燙，混合成內餡。

❹ 於烤盤上先倒入麵糊，再填入內餡，待麵糊凝固後，再填滿麵糊，翻面即可。

Point

- 麵糊中也可以加入雞蛋，扣除雞蛋的重量，再加水或柴魚湯。
- 柴魚高湯拿來做蒸蛋，加上乾香菇，寶寶的接受度也很高唷！
- 玄米油也可省略，若加在麵糊裡面，會使章魚燒表面微酥，口感較豐富
- 也可以將所有材料混合，倒入平底鍋中（鍋內需抹少許油），煎好起鍋後，切片即可。

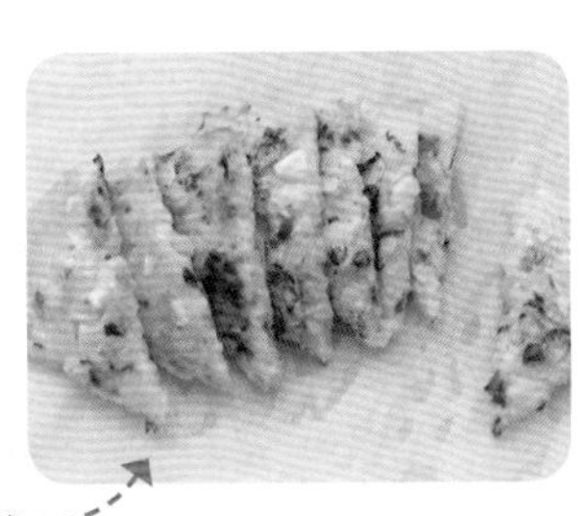

食譜48
適用8m以上

燕麥黃金薯條

添加少許金針菇，讓寶寶除了膳食纖維外，也攝取到多醣體及蛋白質，能強化記憶力和學習力，因此也有益智菇的美稱。

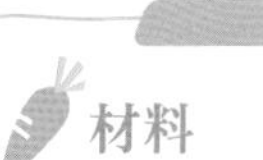

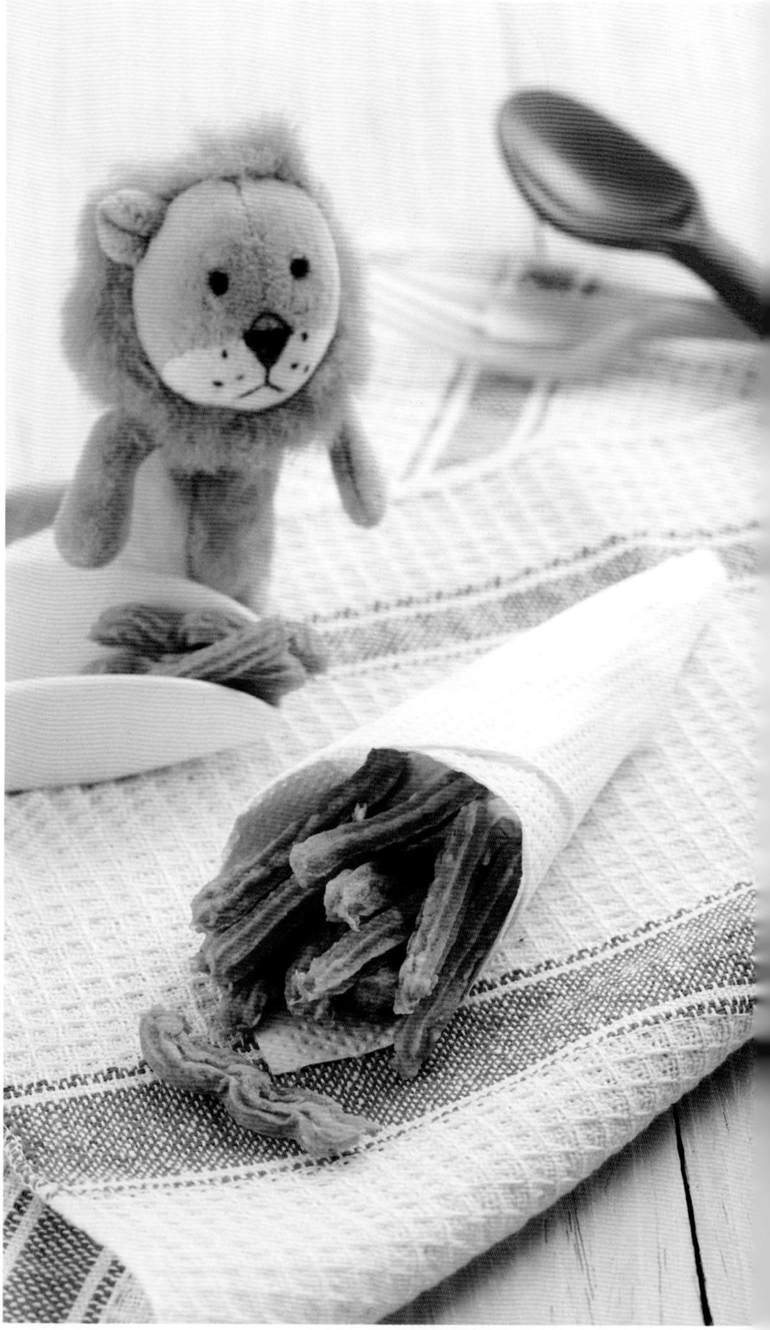

材料

蒸熟地瓜……半條
細燕麥片……10g
金針菇……少許（可不加）

做法

❶ 金針菇用食物剪或刀子切小碎段，底部約 3 公分左右纖維較粗的部分捨棄不用。

❷ 鍋內抹薄薄的油後擦拭（用不沾鍋，則可不放油），放入金針菇小火翻炒，讓金針菇釋放出水分及香氣。

❸ 將全部材料混合，並用料理棒打成泥。

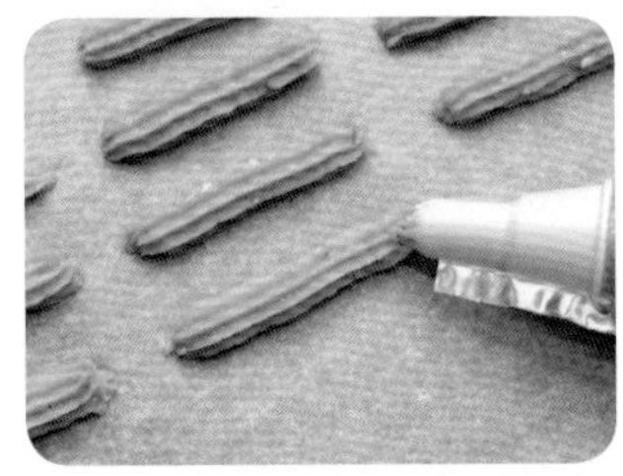

❹ 裝進塑膠袋或擠花袋，擠條狀到烤盤的烘焙紙上，以 150 度烤約 10 分鐘左右。

Point

- 金針菇的保存方式：在金針菇上面覆蓋廚房紙巾，如果是袋裝的，一樣可以用廚房紙巾包覆，再裝進密封袋或保鮮袋。
- 菇類都可以以乾炒的方式，來增加香氣。
- 如果使用一般粗燕麥片，可稍微泡軟再使用，但水份盡量擠乾。

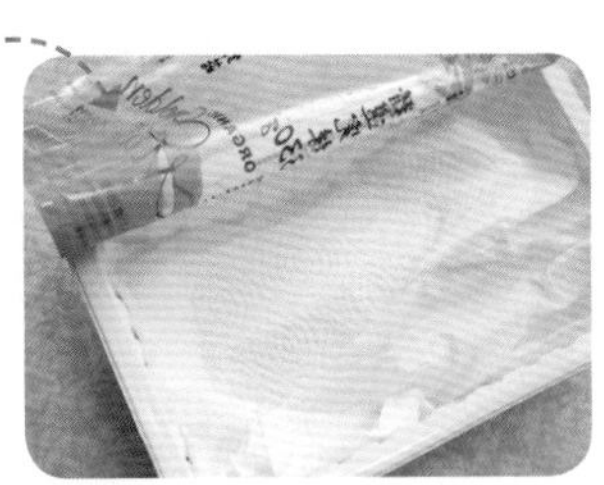

米香脆果子

鬆軟口感的果子是很好吃的小點心喔！青豆所含的營養成份有纖維質、維生素A、維生素K等，其中維生素K可將鈣質留在骨骼內，是維持骨骼健康的必需營養素。

材料

白軟飯…………50g
蛋黃……………1顆
在來米粉………10g
玄米油…………5g
糖……1g（可省略）
燙熟青豆………少許

做法

❶ 將所有材料（除了在來米粉外），一起用料理棒打成泥，再加入在來米粉攪拌均勻。

❷ 將青豆放入做法❶，讓青豆沾滿米麵糊。

❸ 鍋內抹薄薄的油，放入脆果子，煎至表面凝固成型即可。

Point

- 在煎的過程，可用手掌在豆子上方做滾圓的動作，增加黏著性。

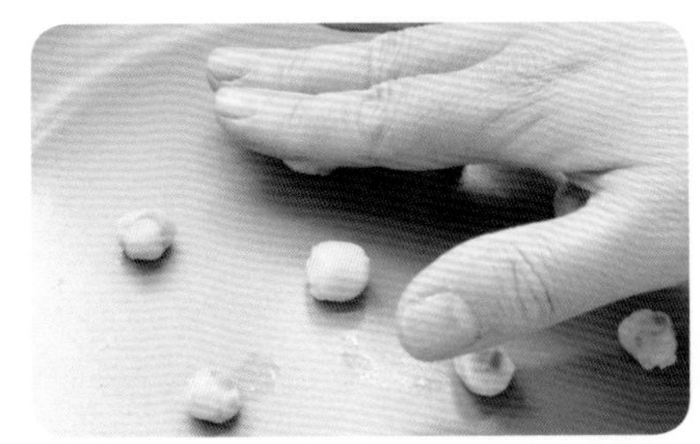

食譜50
適用8m以上

馬卡龍饅頭

小巧可愛的馬卡龍造型饅頭，只要一個瓷碗就能輕鬆做出造型，如果中間用珍珠奶茶的大吸管搓洞，就變成迷你甜甜圈的造型了。

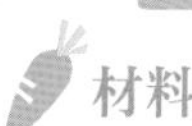

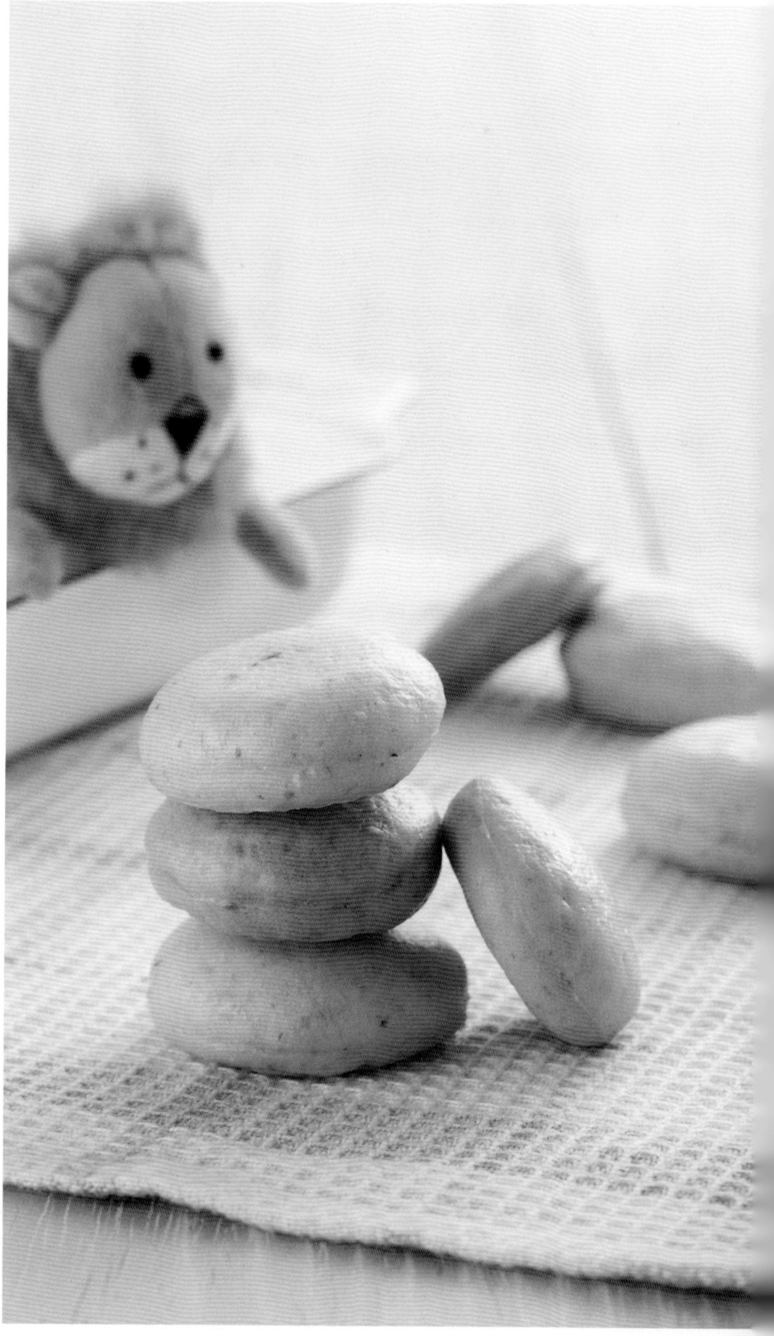

材料

紅蘿蔔汁……25g
（或青江菜汁或紫薯泥加少許水）
中筋麵粉……50g
（或高筋麵粉10g＋低筋麵粉40g）

做法

❶ 紅蘿蔔入水汆燙，再打泥取汁（紅蘿蔔也可以加幾滴植物油，入電鍋蒸熟後，再打泥使用）。

❷ 將酵母粉和蘿蔔汁先混合均勻。

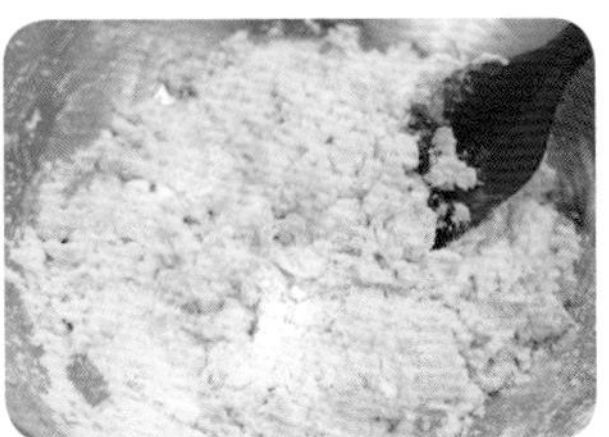

❸ 加入麵粉攪拌均勻，再揉至三光（蔬菜汁擇一使用，即液體固定 20～25g，麵粉總量 50g）。

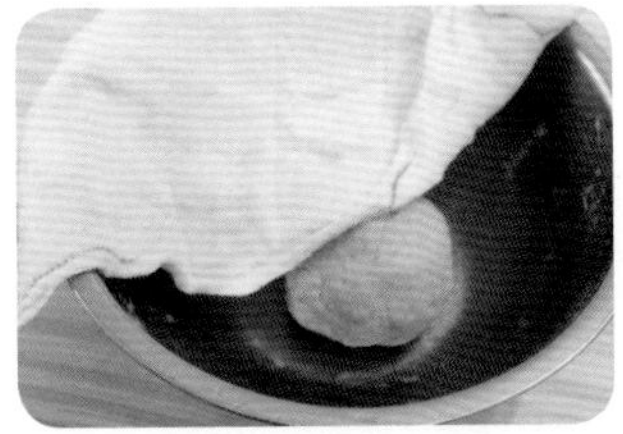

❹ 麵糰表面覆蓋擰乾的濕布（或在盆上包覆保鮮膜），靜置 5～10 分鐘。

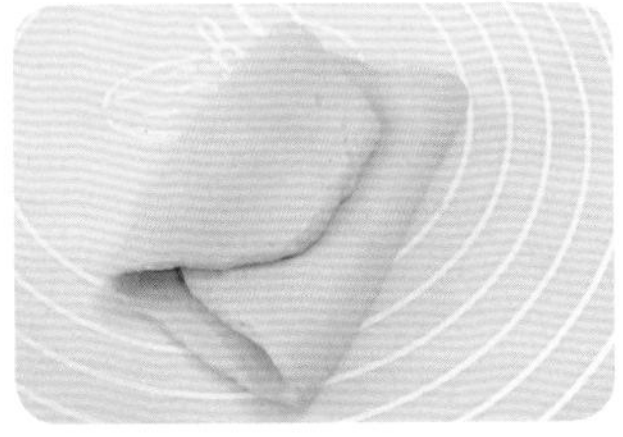

❺ 將麵糰取出，三桿三折（桿成長方形後，折三折再桿平，至少重覆三次）。

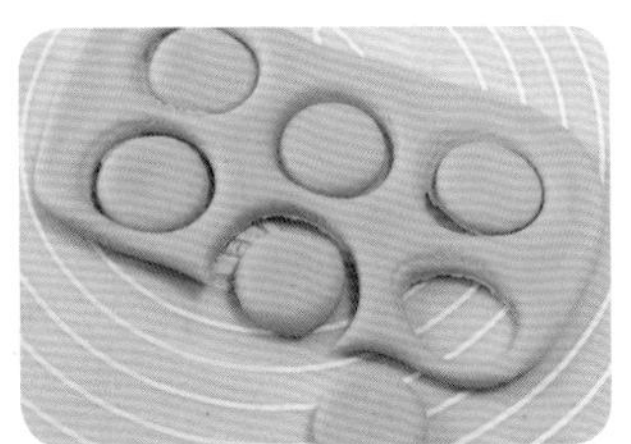

❻ 經過三桿三折的麵糰，準備用瓷碗的碗底來壓模（也可以用瓶蓋），壓出圓圓的小麵糰。

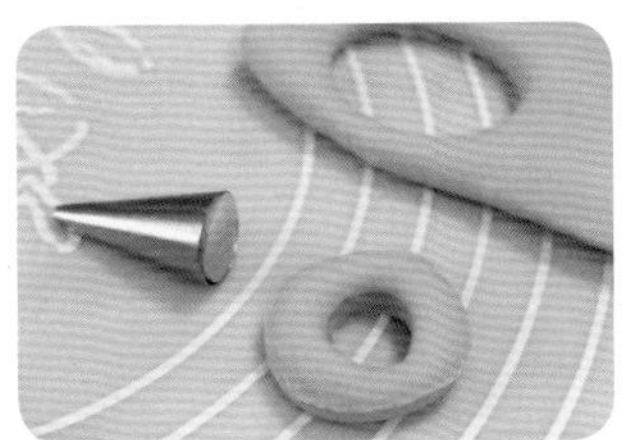

❼ 也可以用圓形的模具（或珍奶吸管），在中間壓出小圈圈。

❽ 放到蒸盤的饅頭紙（或蒸籠紙）上，做最後一次發酵 40～50 分鐘。

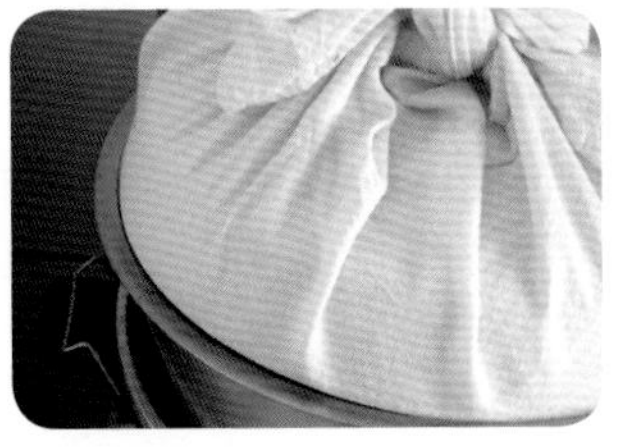

❾ 鍋蓋包覆蒸籠布，成品較不會因為水蒸氣滴落，而表面皺皮，電鍋開關按下，外鍋 2/3 米杯水蒸至跳起後，立刻拔掉插頭，過 2～3 分鐘後再掀開鍋蓋，防止水蒸氣滴落。

Point

- 三光指的是盆光、麵光、手光，就是盆裡沒有多餘的麵粉，而麵糰表面光滑，手上沒有殘留的粉料，以手觸碰麵糰也不會有任何的沾粘。
- 最後一次發酵時，夏天 40 分鐘，冬天至少 50 分鐘，而冬天可在電鍋內先放入 2、3 杯溫熱的水，電鍋不插電的情況下，讓電鍋內的溫度提升。

食譜51
適用 8m 以上

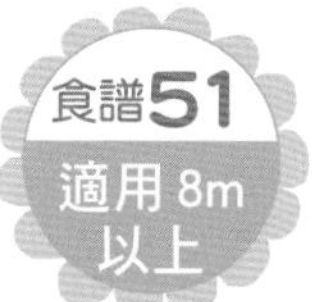

長頸鹿造型饅頭

利用地瓜泥和南瓜泥的顏色深淺不同來製作長頸鹿饅頭，而長條形的饅頭方便寶寶抓握，且以80%的低筋麵粉來製作饅頭，口感較鬆軟，較適合寶寶食用。

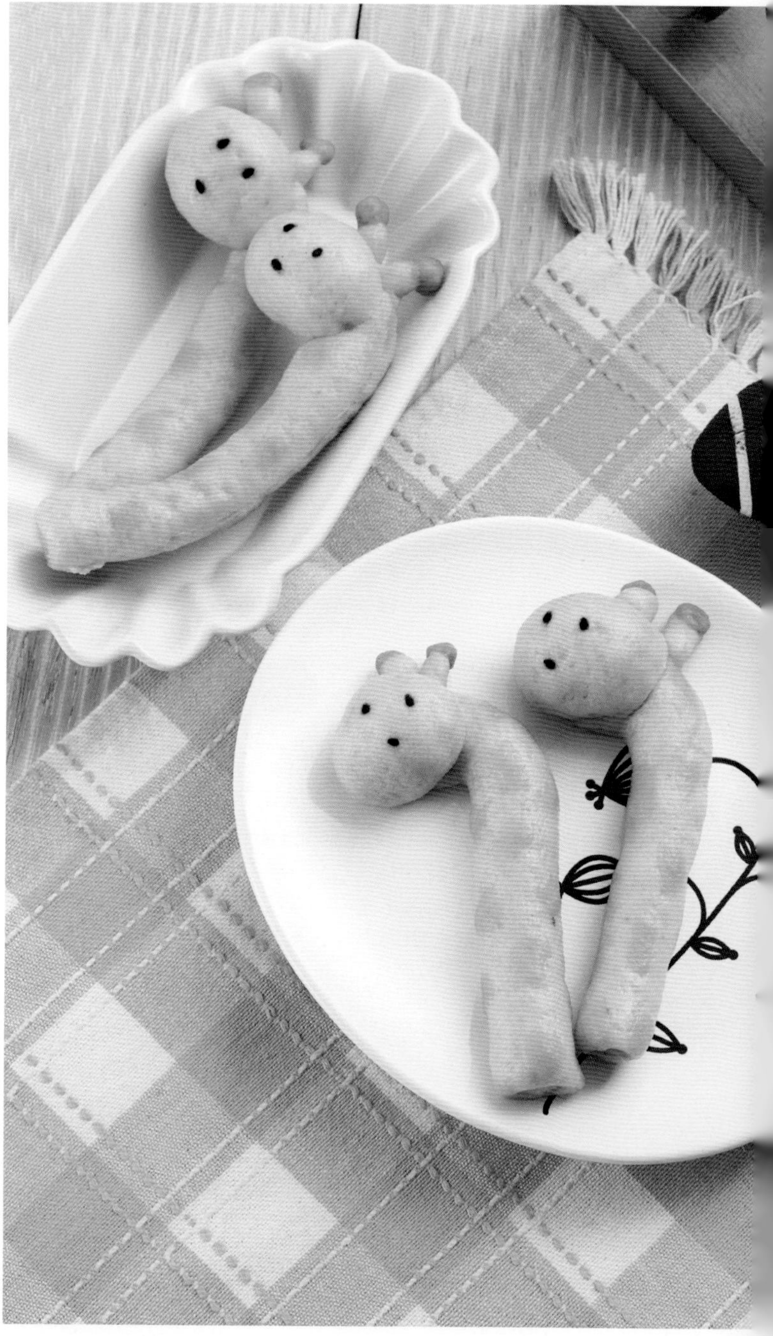

材料

Ⓐ材料（地瓜麵糰）：

地瓜泥……50g
水……20g
酵母粉……1g
白糖……10g
（或綿冰糖）
低筋麵粉……80g
高筋麵粉……20g
奶粉……2g
（可省略，但不建議換成母乳或配方奶）

Ⓑ材料（南瓜麵糰）：

南瓜泥……30g
黑糖……5g
水……5g
酵母粉……1/8 茶匙
低筋麵粉……50g
高筋麵粉……10g

做法

❶將黑糖（或白糖）過篩到溫水中攪拌均勻。

❷混合南瓜泥（或地瓜泥）後，再加入酵母粉。

❸加入麵粉攪拌均勻後，揉成糰。

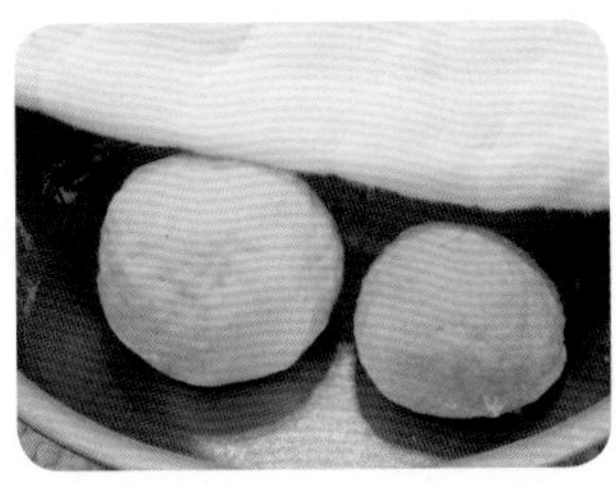

❹揉成表面光滑的麵糰，上面覆蓋擰乾的濕布，靜置 5 ～ 10 分鐘。

❺取出後桿平（從中間壓下，往前和往後桿開）。

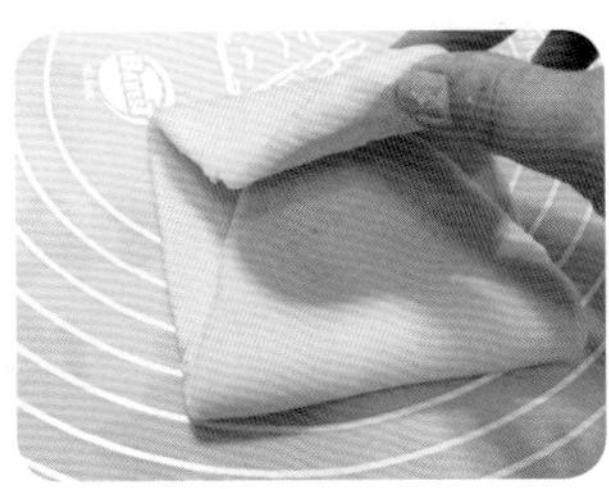

❻折三折。

Point

✿前一項食譜提到的三光，其實不用那麼拘泥，一般的饅頭食譜大致上以 50g 的液體，搭配 100g 的中筋麵粉，貞穎媽通常會在做法 ❸ 時，先加入 80%或 90%的麵粉量，先行揉勻，再移至桌面的揉麵墊上，表面沾裹薄薄的麵粉，繼續揉至表面光滑不黏手即可，這樣比較容易控制揉麵的手感，如果麵糰不小心弄得太乾，可滴入少許油脂，增加麵糰的柔軟性。

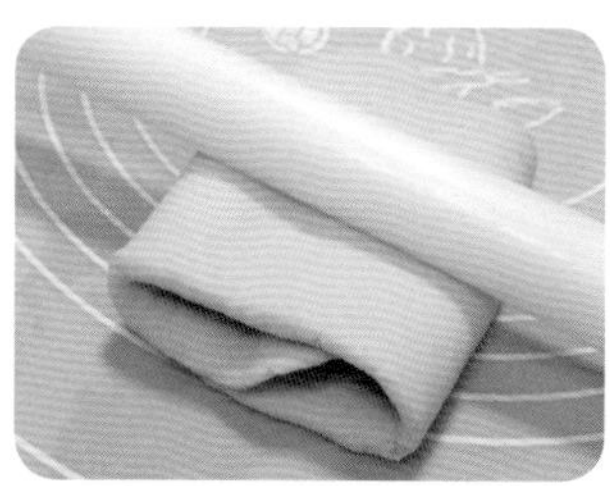

❼翻面再桿平（重覆三次桿平再折的方式）

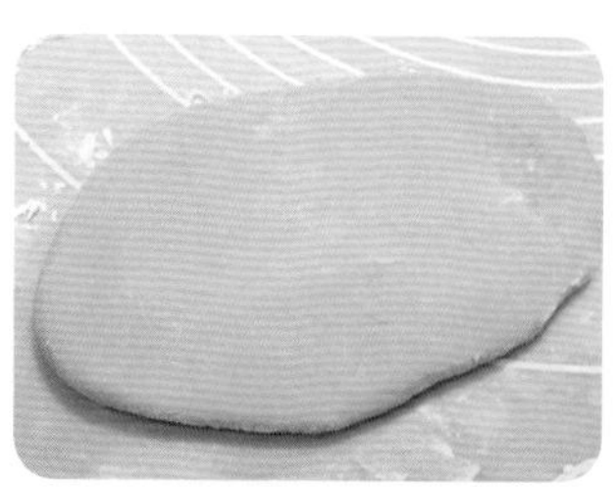

❽將南瓜麵糰桿的較薄。

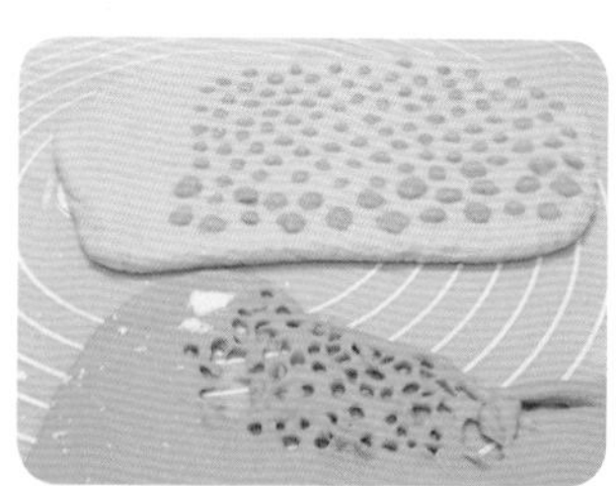

❾用吸管壓出圓形，再黏到地瓜麵糰上。

❿翻面再桿平。

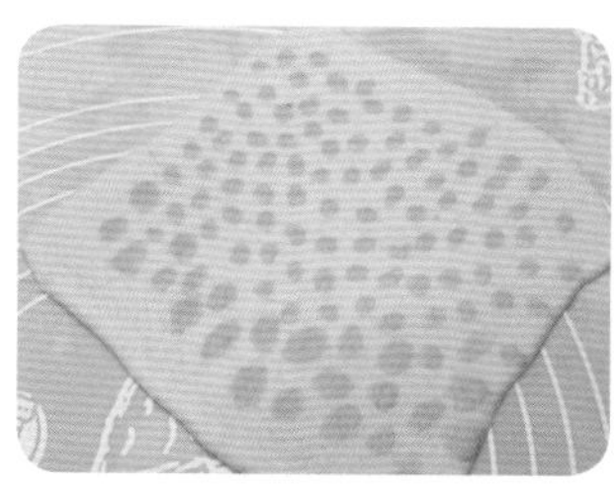

⓫再翻面檢查看看點點是否完整服貼。

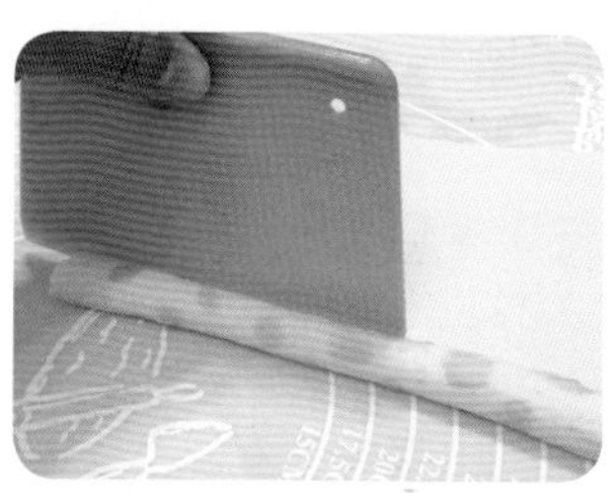

⓬捲成條狀，再用切麵刀切斷（有點點圖案的在外側）。

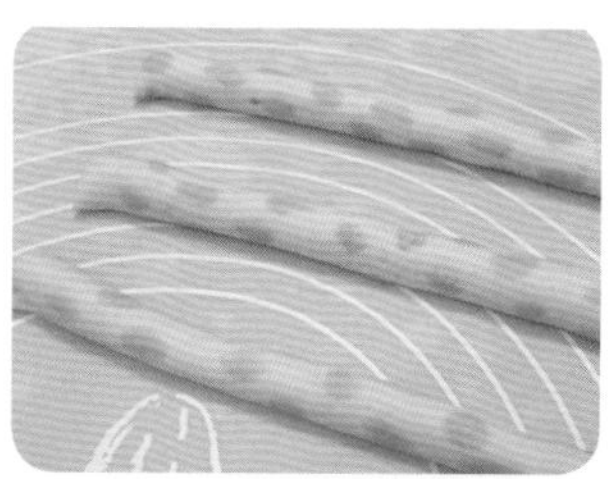

⓭用雙手手掌稍微滾壓，呈表面光滑的圓柱狀。

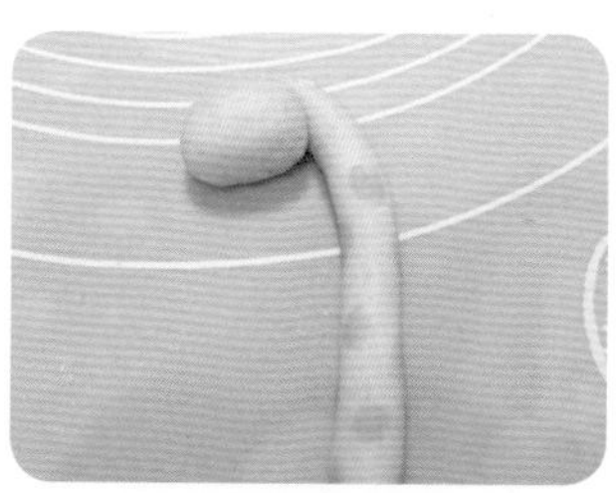

⓮用地瓜麵糰，搓一個圓球，再滾成橢圓，黏上。

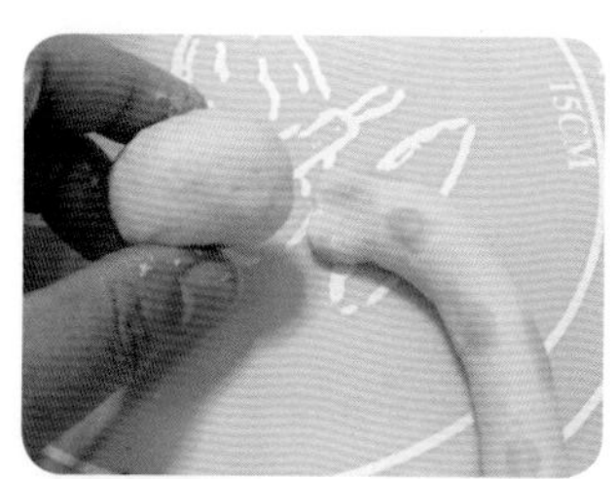

⓯接合處可沾一點點水幫助黏著。

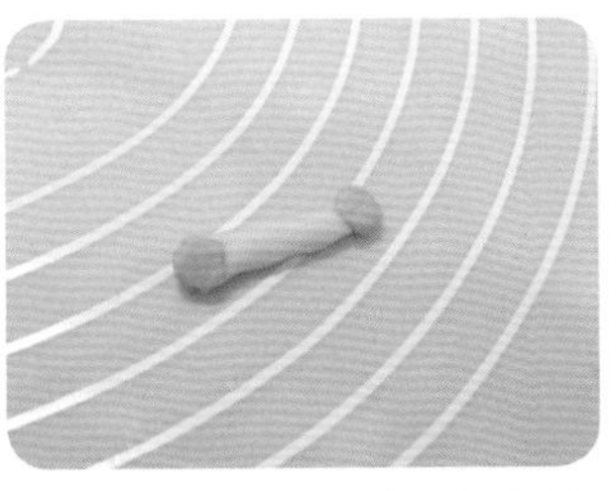

⑯再用地瓜麵糰搓小小的棒狀＋用南瓜麵糰搓二個小圓球，再切半，變成二個耳朵。

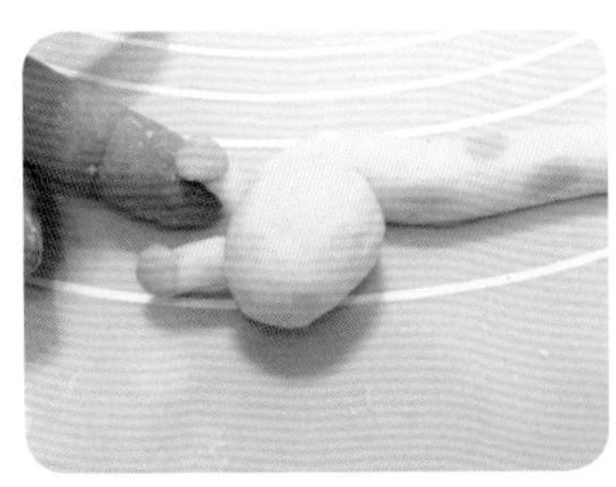

⑰將耳朵黏上。（接合處一樣可沾一點點水）

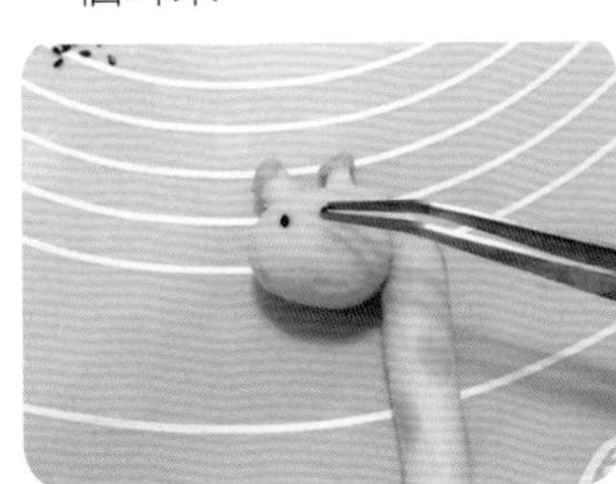

④用黑芝麻當眼睛。

⑲放到蒸盤的饅頭紙上（或蒸籠紙），做最後一次發酵40～50分鐘，外鍋2、3米杯水，蒸至跳起，立刻拔插頭，但過2～3分鐘再掀開鍋蓋。

Point

- 女兒看到長頸鹿好開心，之前有做過一些她喜歡的卡通人物的饅頭，但她反而不太敢吃呢！
- 也可以全部用地瓜泥或南瓜泥，Ⓐ麵糰不加糖，Ⓑ麵糰加黑糖，藉以增加色差，製作長頸鹿造型的饅頭。
- 如果寶寶的吞嚥能力尚未很好，可撕小塊泡在母奶或配方奶中軟化再食用。

食譜52
適用 8m 以上

橙香米布丁

可甜可鹹，但原則上不建議加任何調味料，充滿果香的米布丁，即使加入青椒和甜椒，味道依然香甜好吃。

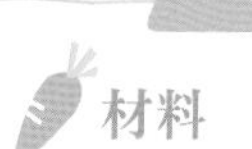

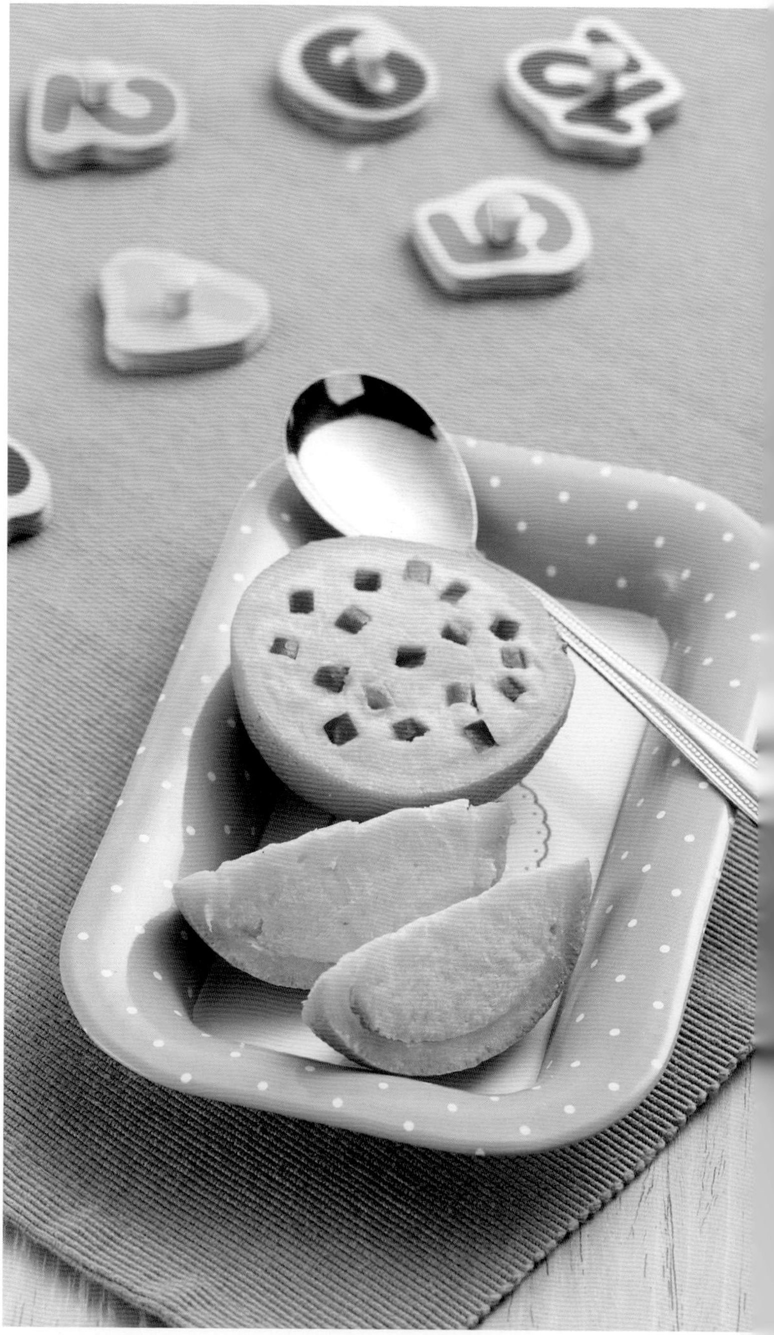

材料

白軟飯…………50g
豆腐……………25g
蛋液……………30g
柳橙汁…………10g
青椒丁…………少許
甜椒丁…………少許

做法

❶柳橙切半後，用刀子稍微劃開。

❷再用湯匙或叉子挖掉果肉。

❸混合白軟飯、豆腐和柳橙汁，用料理棒打成泥，再加入蛋液攪拌均勻填入柳橙盅裡。

❹表面灑上青椒丁與甜椒丁裝飾。

❺入電鍋或瓦斯爐蒸，水滾後轉中小火，約 15 ～ 20 分鐘。

Point

- 做法 ❸ 的白軟飯可省略，豆腐和雞蛋 1 比 1 的話，就是雞蛋豆腐了。
- 布丁並不會因為柳橙皮而變苦，反而因柳橙的香氣更添迷人風味。

寶寶淡水魚酥

利用少許植物油和配方奶粉來取代奶白醬，用奶香味來去除魚腥味，讓寶寶同時補充澱粉類、魚類，以及蛋黃的營養。

材料

馬鈴薯泥……… 30g
鯛魚……………… 20g
蔥……………… 少許
蛋黃…………… 1顆
奶粉…2g（可省略）
胡椒粉少許（可省略）
玄米油 ………… 5g
低筋麵粉………… 5g
玉米粉1g（可省略）

做法

❶將薯泥、鯛魚、蔥末、蛋黃一起用料理棒打成泥。

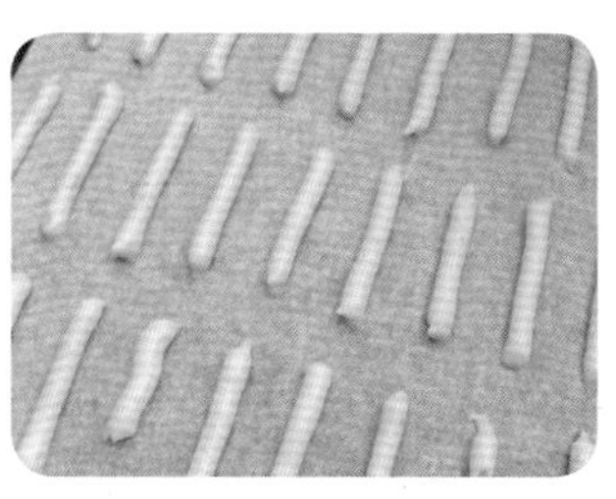

❷混合其他材料後，裝進塑膠袋內，角落剪個洞，擠條狀到烤盤的烘焙紙上，烤箱 160 度（需預熱），烤 10 分鐘左右（因條狀粗細不同，時間可稍微調整）。

❸也可以在電鍋內烘烤（一樣先預熱，開關按下至跳起，再放入，開關反覆按下、跳起，約 4 ～ 5 次）

Point

- 若不追求餅乾口感，則馬鈴薯泥和蛋黃的搭配可改為比例約 4：1，例如馬鈴薯泥 60g、蛋黃 15g，再搭配少量魚肉泥或是菜泥，即可擠出來烘烤成型。
- 電鍋烘烤餅乾可先在外鍋添加少許水，蒸至開關跳起後，擦乾鍋內或鍋蓋內的水氣，再將烘焙紙或饅頭紙鋪於蒸架上，進行烘烤。最後一次開關跳起後，讓餅乾在鍋內燜 5 ～ 10 分鐘，幫助餅乾內部更乾燥酥鬆。

馬鈴薯甜甜圈

每100g的馬鈴薯中含有約2g的蛋白質，所以馬鈴薯用於麵包食譜中，具有很好的乳化性及膨脹性，可利用來製作比較簡便且鬆軟的小麵包。

材料

蒸熟馬鈴薯泥……50g
高筋麵粉……20g
糖……5g
（可減少或不加）
玄米油……10g
（或無鹽奶油10g）
奶粉 少許（可省略）
水……5g
酵母粉……1/8茶匙

做法

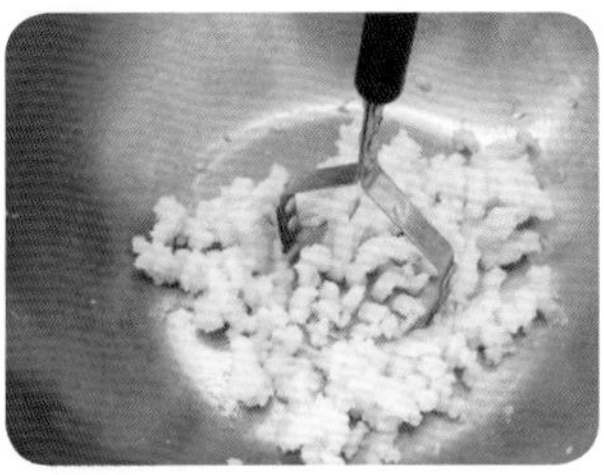

❶ 馬鈴薯蒸熟後放涼後，使用搗泥器或湯匙壓泥。（或裝進塑膠袋內，桿成細緻的泥狀。）

❷ 5g 的水加入酵母粉混合均勻。

❸ 在盆中放入馬鈴薯泥、麵粉、糖、油、奶粉和做法❷的酵母液。

❹ 攪拌均勻並按壓成糰。

❺ 桿平對折再桿平，讓麵糰較均勻細緻。

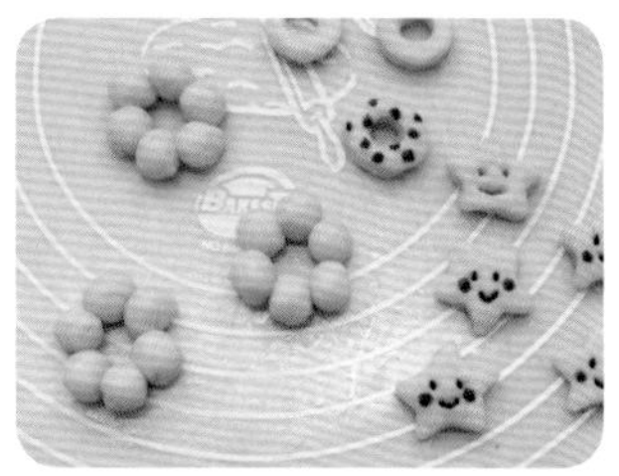

❻ 搓成小圓球，再組合成波堤甜甜圈的形狀，整型好的甜甜圈放入烤箱中，靜置發酵 1 小時；再取出刷蛋液（可不刷），烤箱 180 度預熱，烤 8 ～ 9 分鐘。

Point

- 如果使用新鮮酵母，則用 1/4 茶匙，於做法❸中直接加入麵糰內。
- 在無添加鹽份的情況下，表面烤色較不明顯，如果希望呈現較焦黃的烤色，可在烤前刷上蛋黃液（我使用的是全蛋蛋液）。
- 或可利用小藥杯、吸管、或餅乾模型、瓶蓋來壓模。星星造型用芝麻點綴成眼睛和嘴巴，紅色部分為少許紅麴粉加水調勻，用牙籤沾少許紅麴液點綴上去即可。

食譜55
適用 9m 以上

地瓜果凍餅乾

只要用槌肉棒，就可以將餅乾變成甜筒或鬆餅造型的餅乾唷！簡單又有趣。

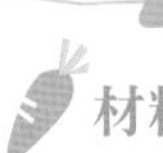

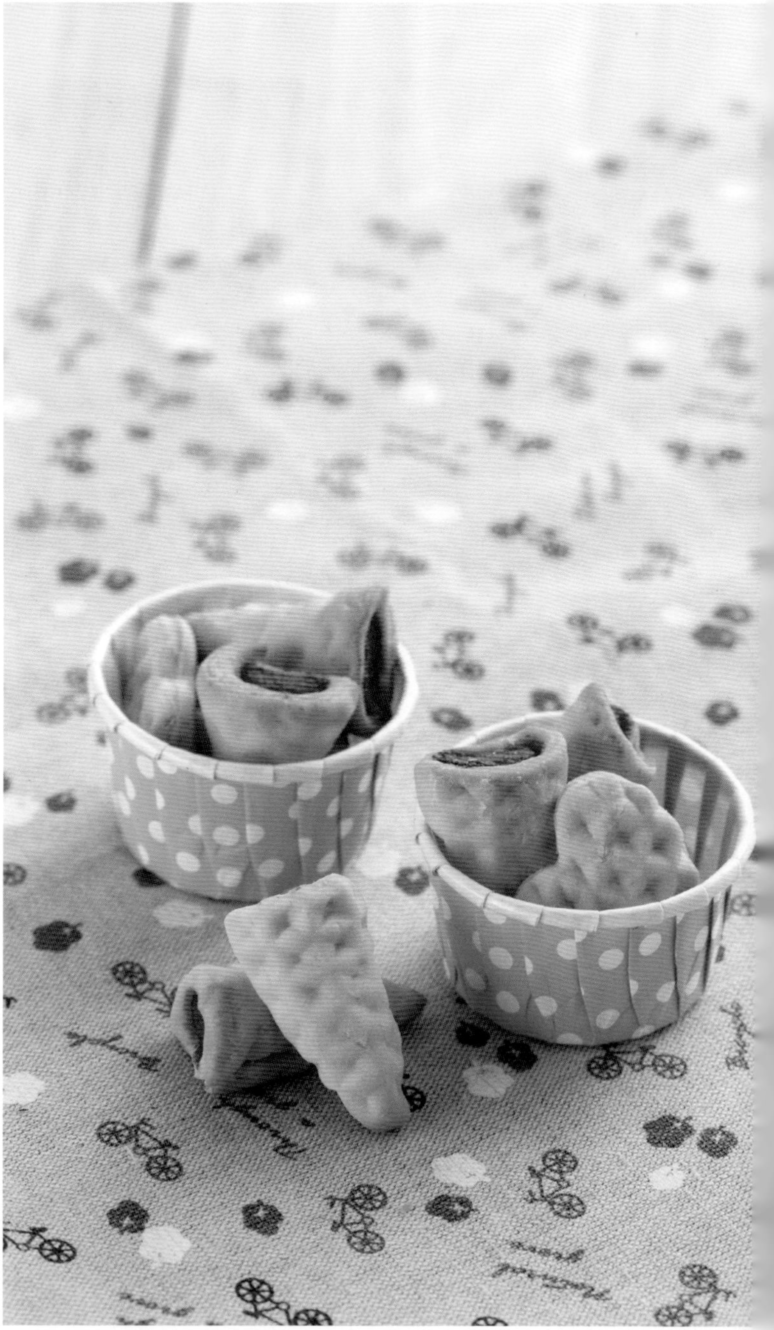

材料

Ⓐ材料（餅乾皮）：
- 地瓜泥……………10g
- 蛋黃……………1顆
- 牛奶……………10g
- 糖……………10g
- 玄米油……………10g
- 低筋麵粉……………80g

Ⓑ材料（果凍內餡）：
- 火龍果汁＋牛奶……………共50g（或其它果汁）
- 洋菜粉……………1g
- 玉米粉……………1g

做法

❶ 混合餅乾皮內餡，用手掌按壓成糰後，再稍微桿平，並用槌肉器壓出刻痕（可省略）。

❷ 四方形捲起後再修剪即成甜筒造型，也可以再使用餅乾模壓出造型，如迷你小鬆餅。

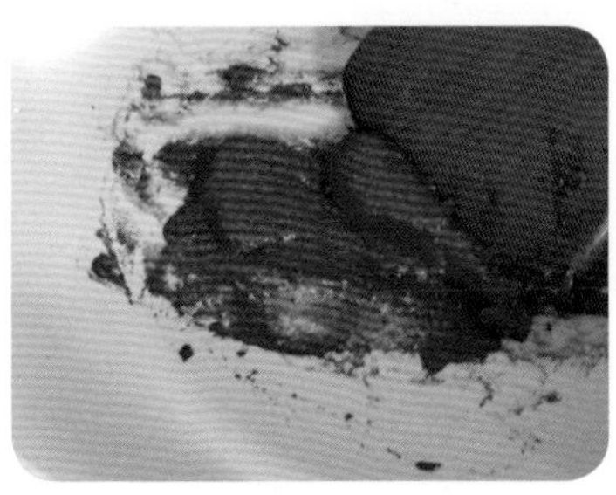

❸ 果凍材料混合後，入鍋中炒至收乾水份，再填入甜筒麵糰內。

❹ 烤箱先以 160 度預熱 5 ～ 10 分鐘，再以 160 度烤 12 ～ 15 分鐘。

Point

- 蛋黃、糖、油脂若使用手持或電動打蛋器打成乳霜狀，有助於餅乾口感蓬鬆。
- 內餡的玉米粉可省略，有加玉米粉，口感會略 Q，像軟糖。
- 做法 ❸ 可先以一般洋菜粉做果凍的方式，餅乾烤好後再填入果凍待冷卻凝固成型。

食譜56
適用 9m 以上

小雞造型杯子蛋糕

以無糖優酪乳取代牛奶製作蛋糕，除可讓口感較為軟綿細緻外，其乳酸菌也可減少大部份的乳糖，降低寶寶的腸胃負擔，以柳橙汁來取代水或牛奶，也可以增加香氣。

材料

Ⓐ材料（蛋白霜）：
- 蛋白……………4顆
- 細粒紅冰糖……40g
（或細砂糖）
- 檸檬汁…………少許
（可省略或改加幾滴白醋）

Ⓑ材料（蛋黃糊）：
- 蛋黃……………4顆
- 無糖優酪乳……40g
- 柳橙汁 60g
（或牛奶）
- 低筋麵粉………100g
- 玄米油…………40g

做法

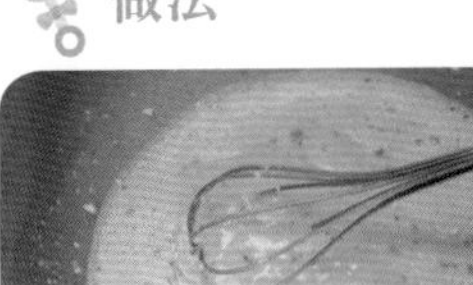

❶先將蛋白和蛋黃分開，製作蛋黃糊時，先將蛋白移至冰箱冷藏，時烤箱以 150 度行預熱。

❷將材料Ⓑ（除低筋麵粉外）全部攪拌均勻後，篩入麵粉並攪拌均勻。將蛋黃糊隔水加熱，且不停攪拌，讓麵糊微溫（可省略此步驟）。

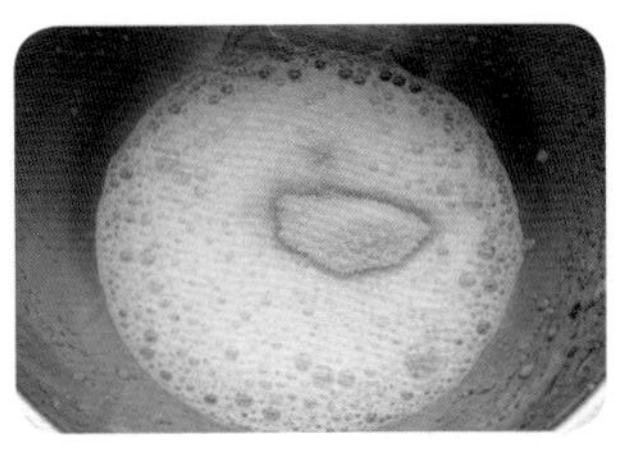

❸蛋白打至粗泡泡後，加入幾滴檸檬汁，糖則分三次加入，以電動打蛋器高速攪打。

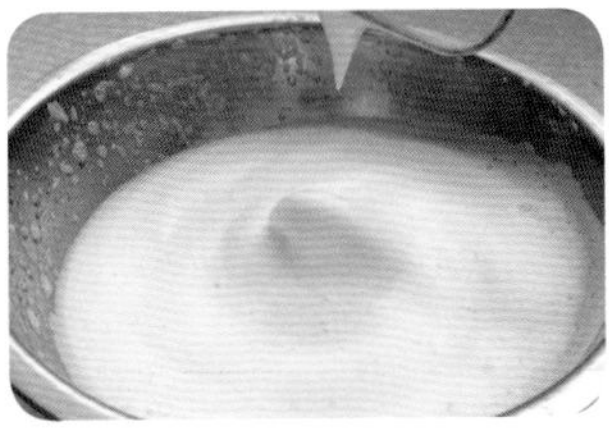

❹泡沫開始變多且濃密時，分別加入第二次和第三次糖，繼續高速攪打至拿起打蛋器，尾巴呈現彎勾的狀態，再多打 1 分鐘左右。

❺將蛋白霜的 1/3 加入做法❷的蛋黃糊中，橡皮刮刀在中間以拿刀子的方式切入，並從底部往順時針方向繞半圈，直到蛋白霜完全融入蛋黃糊中，再繼續加入 1/3 的蛋白霜，一樣用切拌的方式混合蛋白霜和蛋黃糊。

❻將做法❺的蛋糕糊倒入剩餘的 1/3 蛋白霜中，以切拌方式混合均勻，即完成蛋糕麵糊，蛋糕糊可以裝入塑膠袋內，剪個小洞再填入蛋殼中。

❼烤盤內加入熱水，上火 140 度，下火 130 度，烤 10 分鐘後，改上火 130 度，下火 120 度烤 40 分鐘（或全程以上火 140 度，下火 130 度，烤 30 分鐘）。

Point

- 做法❼若不使用水浴法蒸烤，也可直接入烤箱以 150 度烤 25 ～ 30 分鐘，不過使用水浴法，蛋糕表面較不易裂，而蛋糕內部也較為濕潤細緻。。
- 杯子或盛裝容器不同，需調整烤溫和時間，通常小蛋糕溫度高、時間短；大蛋糕則剛好相反，不過混合物越多，溫度也需要越低，這個配方因為添加優酪乳容易使蛋糕表面膨脹而產生裂痕，所以改用低溫長時間烘烤的方式，若將優酪乳換成水或牛奶，則烤溫可調高，烤程（時間）自然也縮短了。

文字杯子蛋糕

延續上一篇的食譜，用一樣的配方也可以做出有圖案的杯子蛋糕。

材料

Ⓐ材料（蛋白霜）：
蛋白……………2 顆
細粒紅冰糖 …… 20g
（或細砂糖）
檸檬汁…………幾滴
（可省略或加幾滴白醋）

Ⓑ材料（蛋黃糊）：
蛋黃……………2 顆
無糖優酪乳…… 20g
柳橙汁………… 30g
（或牛奶）
低筋麵粉……… 50g
玄米油…………20g

Ⓒ材料（紅色部分）：
紅麴粉………… 少許
（約 1/3 飯碗的蛋糕糊，加入 1/8 茶匙的紅麴粉）

做法

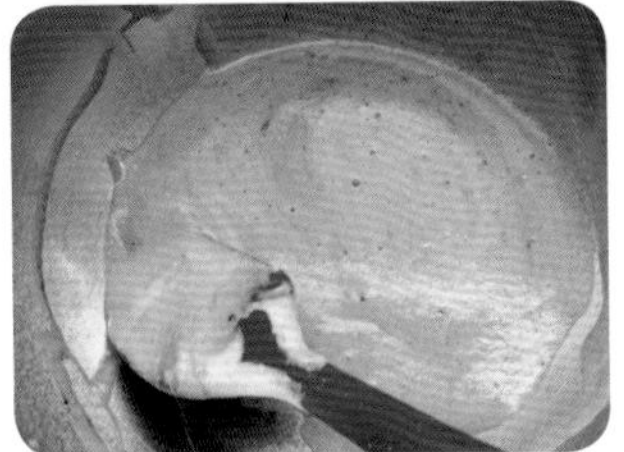

❶將少部份食譜 56 做法❺的蛋糕麵糊，加入少許紅麴粉，一樣用切拌的方式混合均勻。

❷將食譜 56 做法❺裝入塑膠袋內，剪個小洞，待原味麵糊填入杯子八分滿後，再擠入粉紅色的圖案。

❸以食譜 56 做法❼的方式水蒸（烤盤放一些水，然後蛋糕置於烤架上），這樣蛋糕表面較不易出現裂痕。

❹和食譜 56 的小雞蛋糕放在一起，再插入自製的竹籤小旗子，就很有生日蛋糕的氣氛。

Point

麵糊從高處倒入（讓麵糊的空氣散出，這樣成品組織會較細密，氣孔均勻）。

貞穎媽烹飪心得

1. 加入砂糖：蛋白要置於乾淨、無油、無水的圓底容器中，利用打蛋器順同一個方向中速攪打，等出現大量泡沫時，將砂糖分次加入蛋白中，高速攪打以幫助蛋白起泡打入空氣，增加蛋白泡沫的面積。

2. 濕性發泡：蛋白一直攪打，細小泡沫會愈來愈多，直到整個成為如同鮮奶油般的雪白泡沫，此時將打蛋器舉起，蛋白泡沫仍會自打蛋器滴垂下來（提起打蛋器蛋白會有一個約 2 ～ 3 公分尖峰會下垂，也就是彎勾狀），此階段稱為「濕性發泡」，適合用於製作天使蛋糕。但也有蛋糕使用濕性發泡，再以中速多打 1 分鐘，這樣的蛋白霜介於濕性發泡與乾性發泡之間，對於新手是比較安全的做法。

3. 乾性發泡（或稱硬性發泡）：濕性發泡再繼續打發約 2 ～ 3 分鐘，至打蛋器舉起後蛋白泡沫不會滴下的程度（打蛋器上的蛋白霜呈直立狀），為「乾性發泡」，或稱「硬性發泡」，此階段的蛋白糊適合用來製作戚風蛋糕。（資料來源：楊桃文化網站）

4. 出爐後倒扣或是將杯子蛋糕從高處摔至桌面或震幾下，都可以減少回縮凹陷的問題。（但如果蛋糕未烤熟時受到震動，也會塌陷，所以也可以在出爐前先用牙籤插入蛋糕中，確認無濕黏感，再出爐震一下）。

寶寶紅豆餅

可以不加麵糊，直接將蒸熟的地瓜片夾入紅豆泥，可以加少許糖或不加，不要太早讓寶寶養成嗜甜的飲食習慣會更好唷！

材料

A材料（麵糊）：

- 無鹽奶油……10g（可用植物油取代）
- 牛奶……10g
- 蛋黃……1顆
- 低筋麵粉……20g

B材料（紅豆餡）：

- 紅豆泥……少許（第一次嘗試的寶寶酌量添加或省略）
- 水……少許（幫助蒸熟紅豆打成細緻的泥，請酌量添加或以牛奶取代）
- 地瓜……半顆

做法

❶紅豆入鍋中，加水蓋過紅豆，翻炒至水份快收乾，重覆加水、炒乾 3 ～ 5 次。

❷炒好的紅豆，加入約高於紅豆 1 公分的水。

❸於盛裝紅豆的碗上放一個盤子裝入地瓜片，外鍋約 3 ～ 4 米杯水，一起蒸熟。

❹紅豆蒸熟後，過篩取細緻的泥。

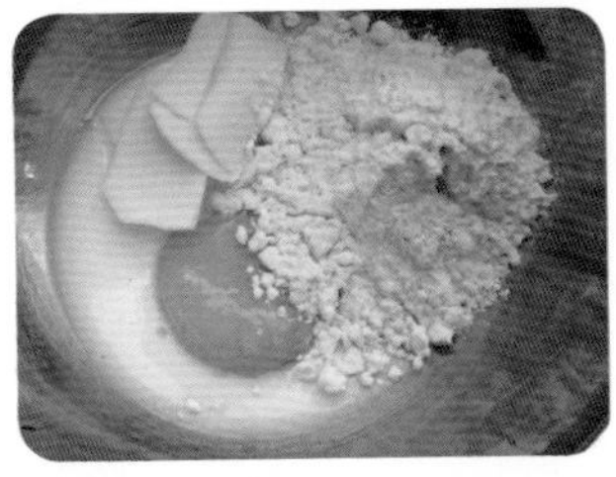

❺將材料Ⓐ混合拌匀成麵糊。

❻將 2 片地瓜片夾入紅豆泥，裹上麵糊後，於鍋內抹少許油，入鍋小火慢慢煎至表面微酥即可。

❻側面也要稍微煎一下。

Point

✿ 做法 ❶ 的水炒方式可加快紅豆蒸熟的時間。

食譜59
適用9m以上

糙米燕麥蛋塔

糙米、地瓜、燕麥都是營養密度高也富含纖維質的好食材，運用在甜點上，能幫助鈣質及蛋白質的吸收，軟嫩又不甜膩的口感，很適合剛長牙的寶寶。

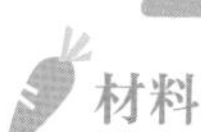

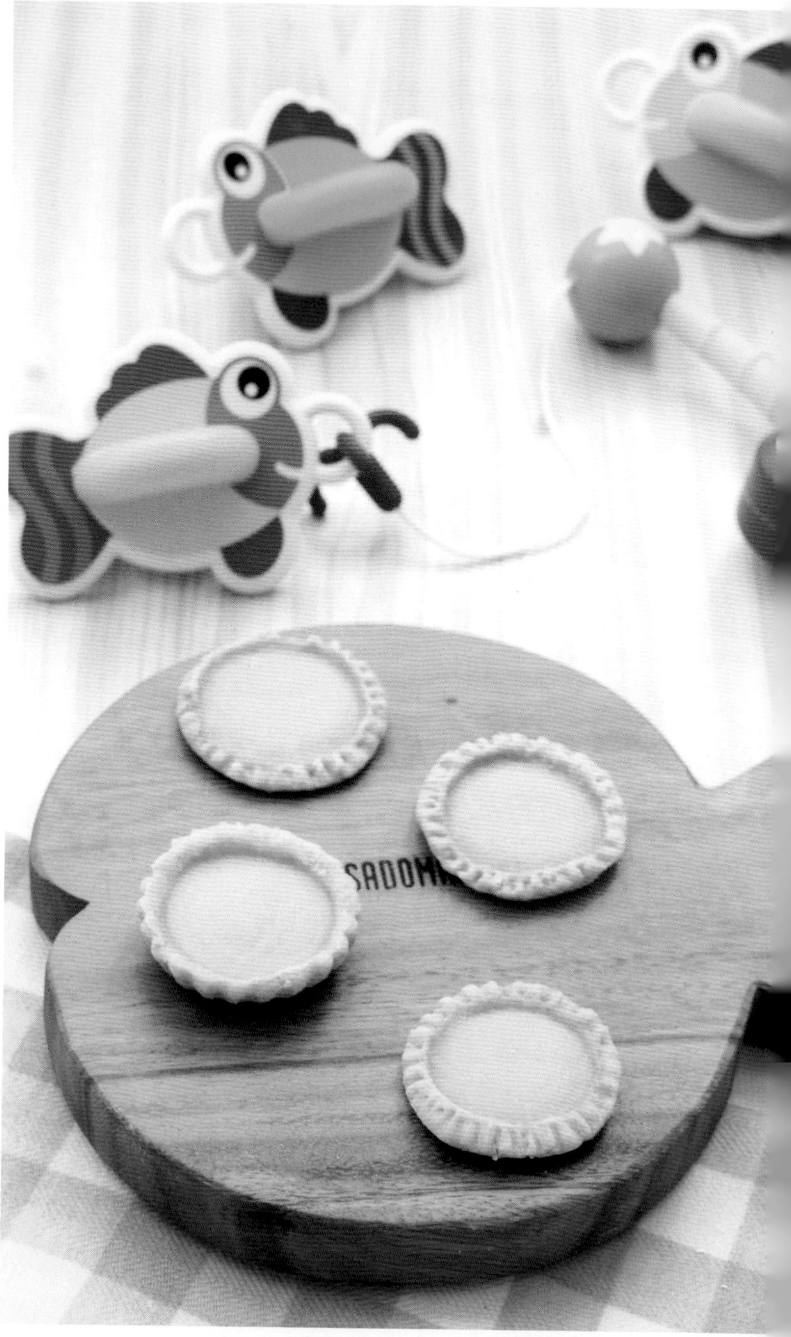

材料

Ⓐ材料（塔皮）：
- 蛋黃……1顆
- 牛奶……10g
- 玄米油……5g
- 糖……5g
- 無糖糙米麩……10g
- 細燕麥片……10g
- 低筋麵粉……20g

Ⓑ材料（塔餡）：
- 蛋白……1顆
- 牛奶……10g
（或配方奶、母乳）
- 地瓜泥……20g
（可視情況增減）

做法

❶混合燕麥片、牛奶、蛋黃、糖和油，一起用料理棒打細。

❷加入糙米麩和低筋麵粉拌均。

❸用手掌按壓成糰，並準備塔皮的模具（瓷碗碗底或小的蛋塔杯皆可）。

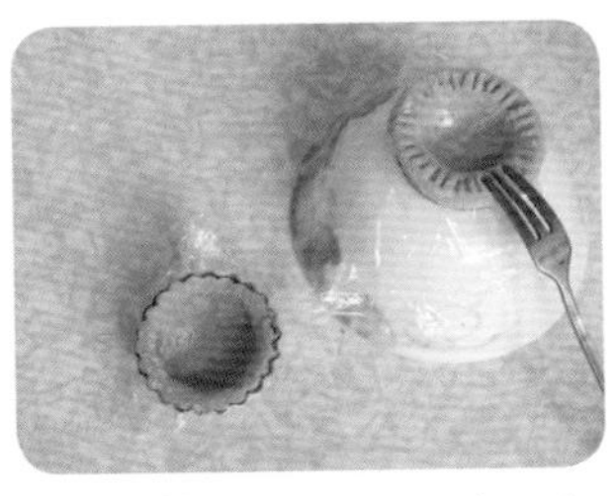

❹取一小部分麵糰填入杯子或碗底，並用手將麵糰和杯子貼緊的方式，捏出一個蛋塔皮的形狀，邊邊可用叉子做出刻紋。

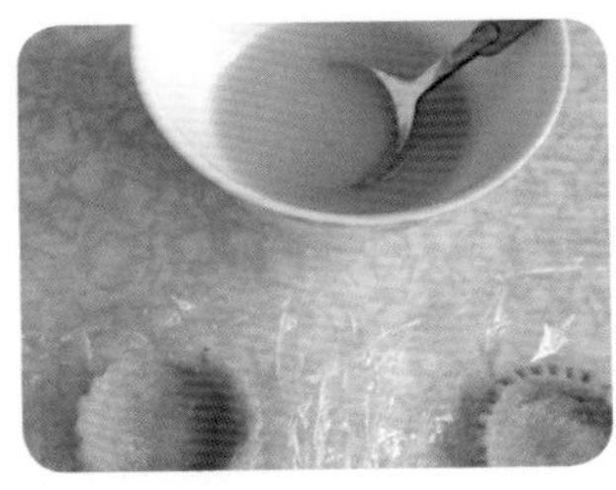

❺塔餡材料全部混合攪拌均勻，用湯匙挖取並填入塔皮。

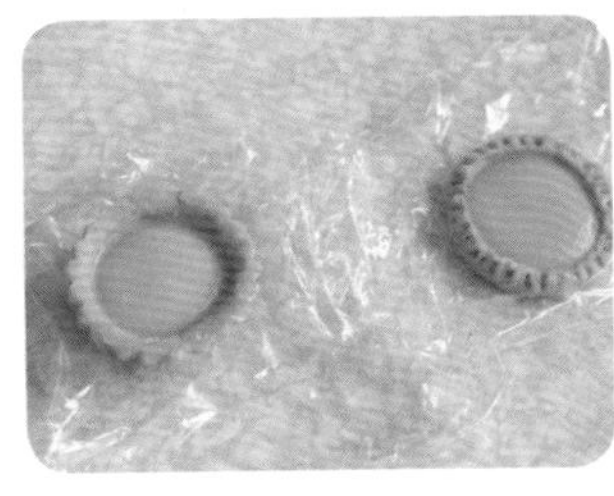

❻烤箱先預以 160 度，烤 12 ～ 15 分鐘即可。

Point

✿ 建議先將塔皮放置在烤盤的烘焙紙上，會比較好填餡。

食譜60
適用9m以上

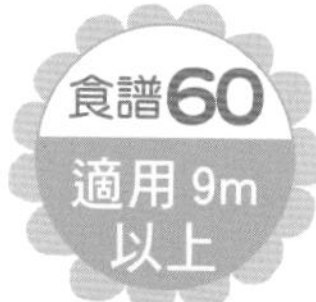

吧噗肉捲

可將豬肉換成魚肉或雞肉，口感會更軟嫩。建議使用自製吐司，比較能減少鈉含量的攝取。

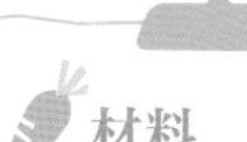

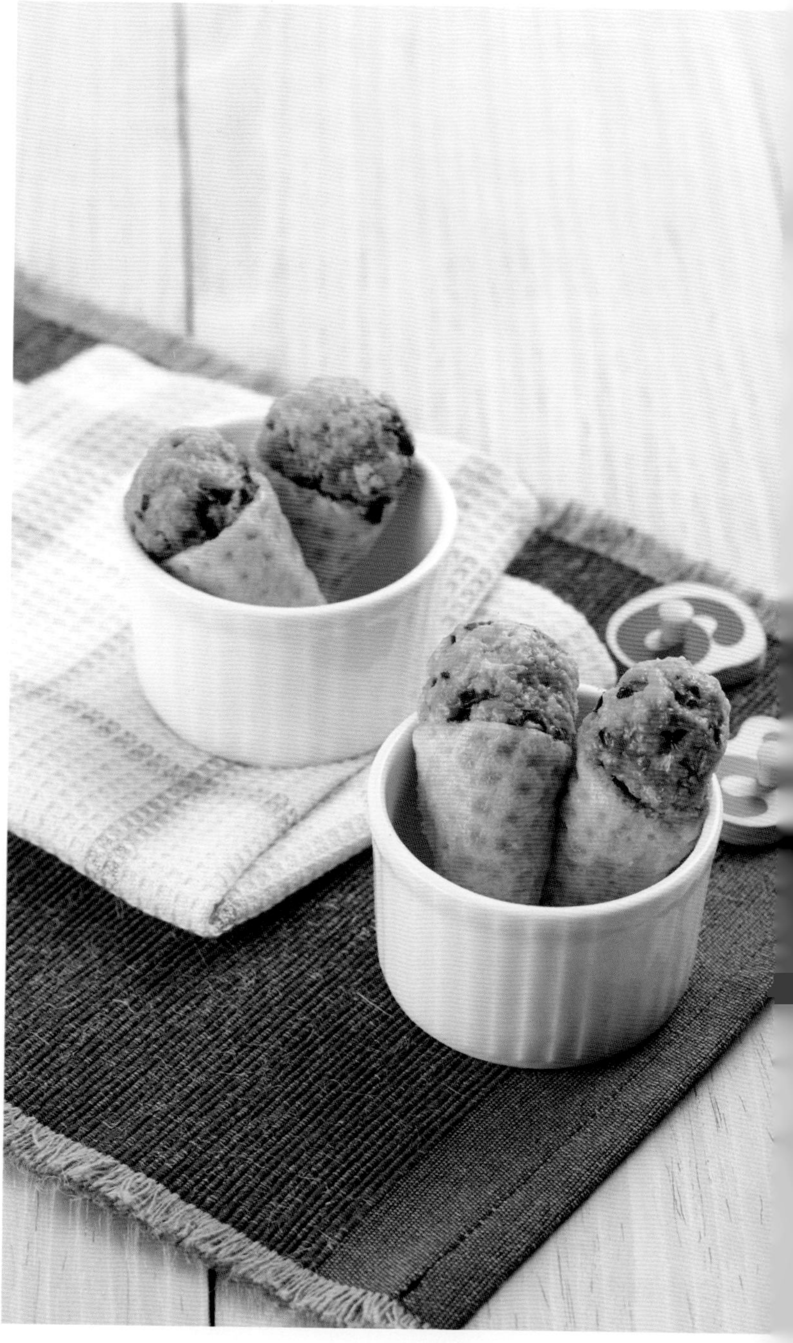

材料

吐司……2片
豬絞肉……30g
板豆腐……30g
（或嫩豆腐）
黑木耳……少許
高麗菜……少許
紅蘿蔔泥……少許
蔥1根……切細末
白軟飯……10g
蓮藕粉……少許
（或日本太白粉）
蛋……1顆

做法

❶ 準備材料，將欲加入的蔬菜先用溫熱的開水燙洗再剁碎，豆腐盡量瀝乾水份。

❷ 做法 ❶ 加入一口白飯，用壓泥器壓碎或使用料理棒打成泥成內餡。

❸ 吐司切成三角形，表面用槌肉器壓出格子造型（可省略），捲成圓錐狀（接合處要稍微捏緊），將內餡填入。

❹ 填滿並整成圓球狀，比較像冰淇淋。

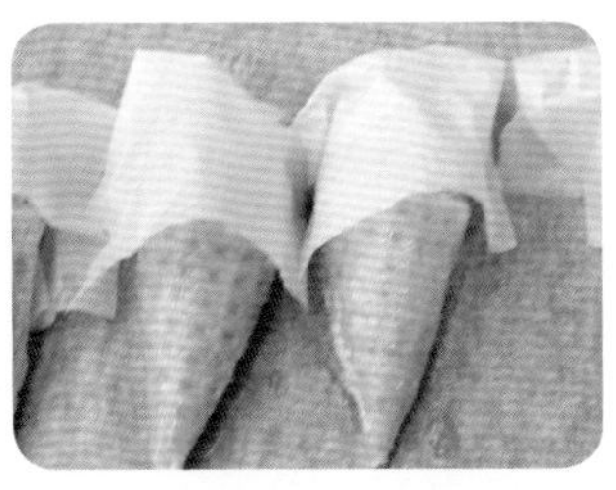

❺ 在圓球表面覆蓋饅頭紙，吐司表面刷上蛋黃汁，以 170 度烤約 15 分鐘。

Point

- 烤前表面覆蓋饅頭紙可防止肉丸表面烤得過於乾燥變硬、影響口感。
- 也可以先將吐司做的冰淇淋杯子烤好（如果沒有槌肉器，利用桿麵棍將吐司桿扁），再擠入地瓜泥或蒸熟的薯泥，一樣是一道甜筒造型的點心。

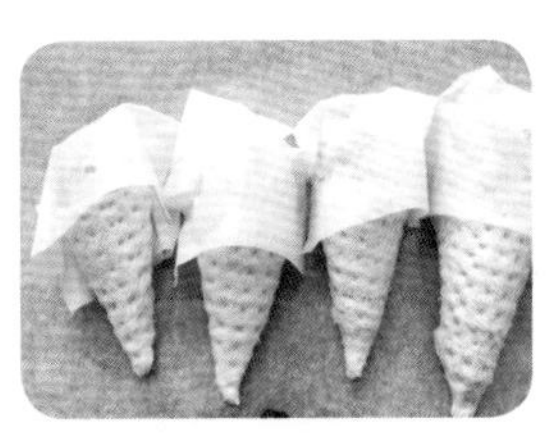

草莓珍珠丸子

第一次嘗試可以直接搓圓球狀，入鍋蒸軟即可，咀嚼能力尚未很好的寶寶，建議將豬肉打成泥後使用，利用果汁加水先將生米炒至半熟，這樣蒸好的珍珠丸子口感會較軟嫩。

材料

Ⓐ材料：

生米……………30g
（約米杯25ml～30ml刻度，可加入少許紅藜增加營養）

稀釋的火龍果泥 少許
（果肉50g+20～30g水打成泥）

小番茄………數顆
（可省略）

Ⓑ材料（內餡）：

豬絞肉………少許

蔥……………少許
（或洋蔥）

蓮藕粉………少許
（或日本太白粉）

Ⓒ材料（蛋皮）：

日本太白粉………1g（或1/4茶匙）

菠菜汁………10g

做法

❶鍋內放入少許生米、火龍果泥、水，熬煮3～5分鐘至米飯上色。

❷小番茄底部劃十字，汆燙後去皮、底部挖洞。

❸ 混合豬絞肉、蔥末、蓮藕粉或日本太白粉、一小口水（3～5g）後，塞進小番茄內。

❹ 小番茄表面抹少許麵粉（幫助黏著），將做法❶的飯包覆在外層。

❺ 菠菜入滾水中汆燙數秒，去除草酸和硝酸鹽。

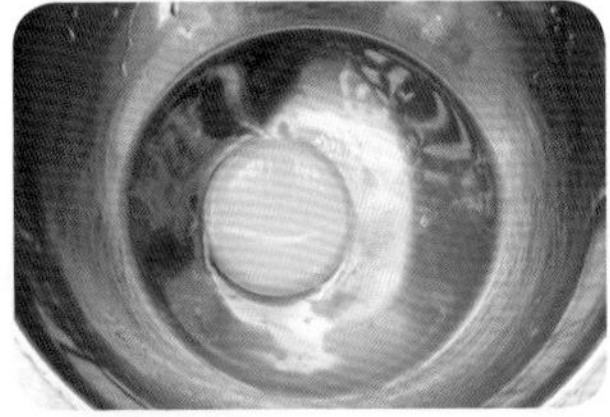

❻ 將燙過的菠菜打泥後取汁，加入蛋液及少許太白粉。

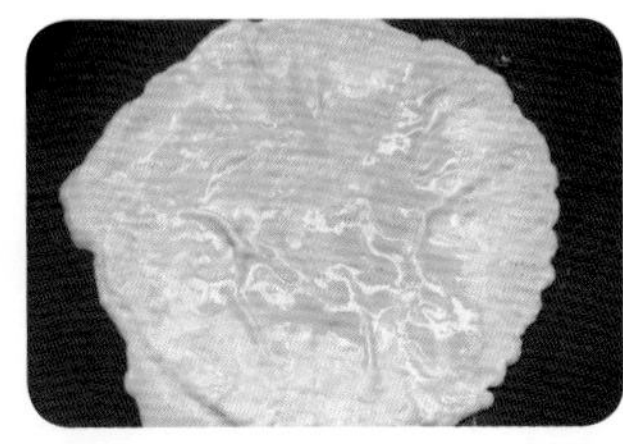

❼ 鍋內抹少許油，倒入蛋液並輕輕滑動鍋子，煎成蛋皮。

❽ 以餅乾模將蛋皮壓成星星狀（或以食物剪剪成星星的形狀）。

❾ 雙手戴上塑膠手套，將星星蛋皮抹少許麵粉黏著在飯糰上，再將蛋皮用手掌向下壓緊。

❿ 利用塑膠袋將整個飯糰捏緊。

⓫ 草莓上方再插入生地瓜或生的紅蘿蔔，入鍋中蒸5～10分鐘即可。

Point

- 內餡可加入少許蘋果泥和幾滴檸檬汁，幫助去腥。
- 做法❸可省略番茄，直接將內餡包入米中。
- 除了火龍果外，也可以使用番茄糊（番茄打泥），將生米炒上色。

食譜62
適用 9m 以上

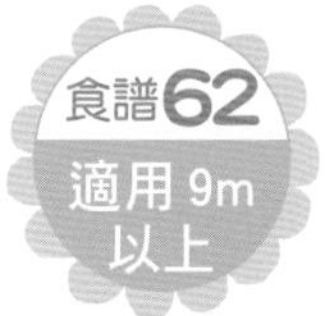

泰式香蕉煎餅

這道是軟式可麗餅的做法，麵糊我加入蘋果原汁，是一道不用加糖就很香甜的點心，口感也很軟嫩，很適合這個階段的寶寶。

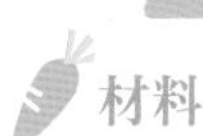

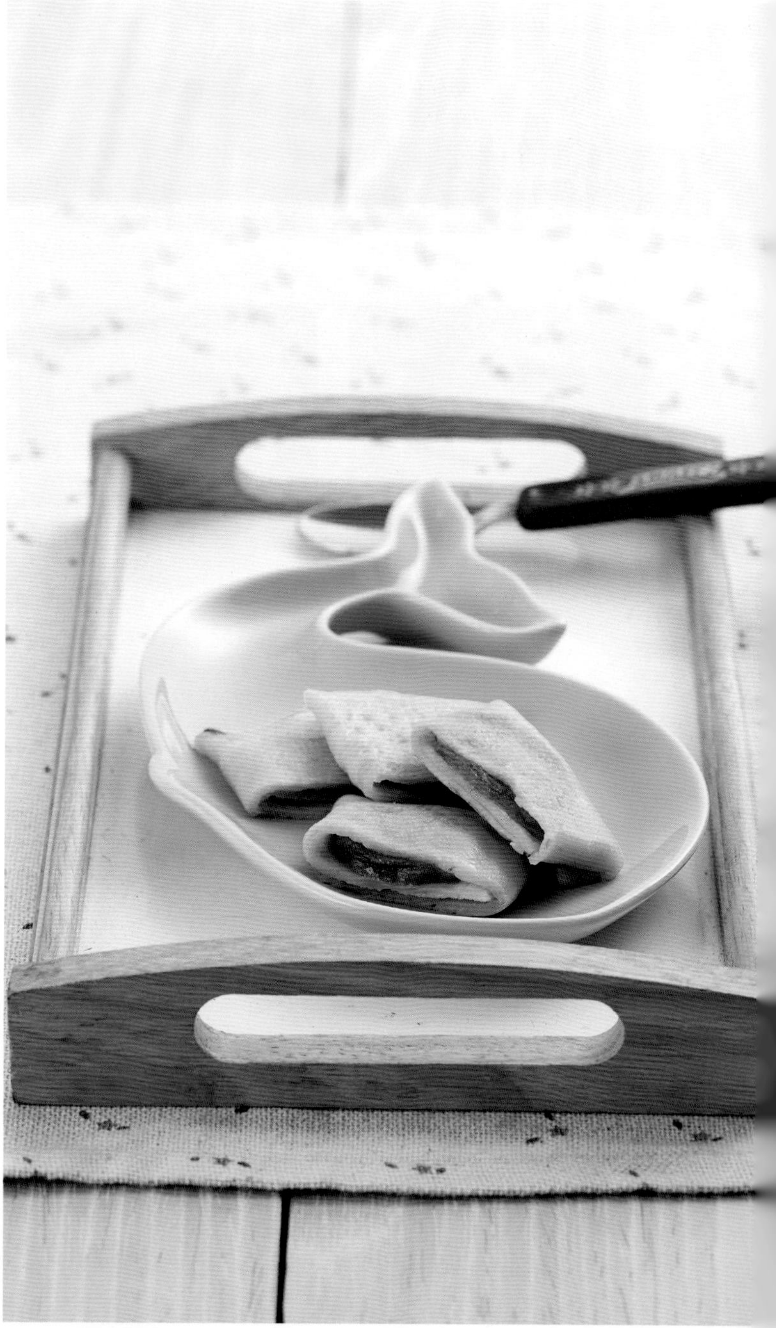

材料

牛奶……………110g
（或配方奶、母乳）
蘋果汁…………40g
低筋麵粉………75g
雞蛋……………1 顆
融化的無鹽奶油 5g
（或植物油）
香蕉……………1 根

做法

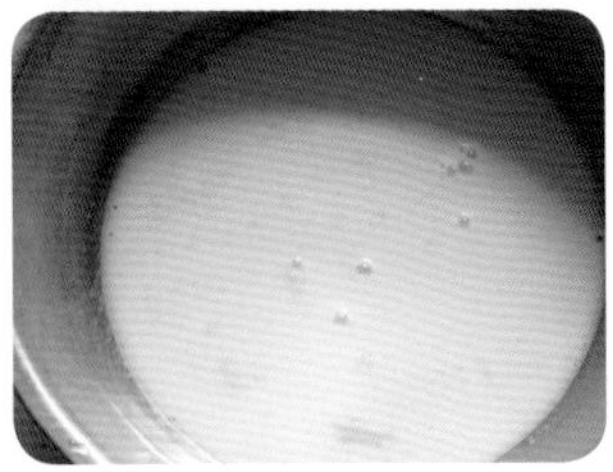

❶先混合牛奶和蘋果汁。

❷在做法❶中篩入麵粉，攪拌均勻。

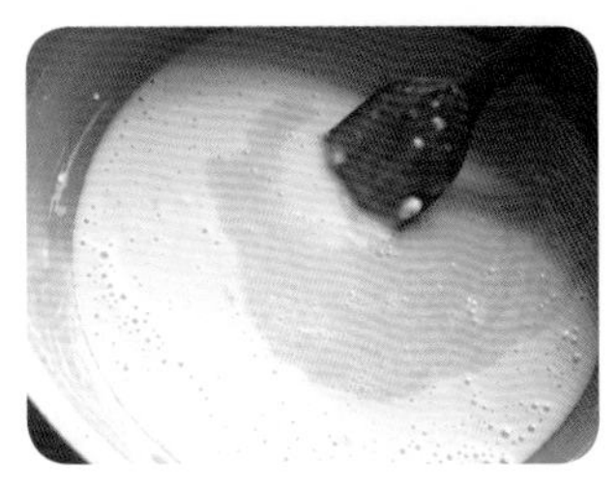

❸蛋液和融化的奶油先攪拌均勻，再加入做法❷

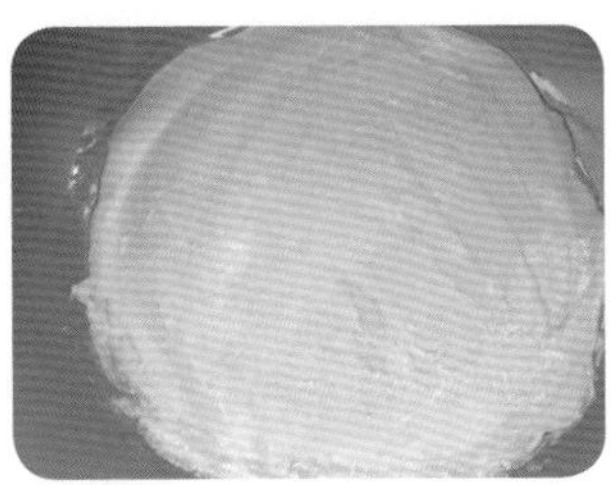

❹鍋內抹一點點油，倒入麵糊，並用鍋鏟或橡皮刮刀，刮成薄薄的餅皮狀。

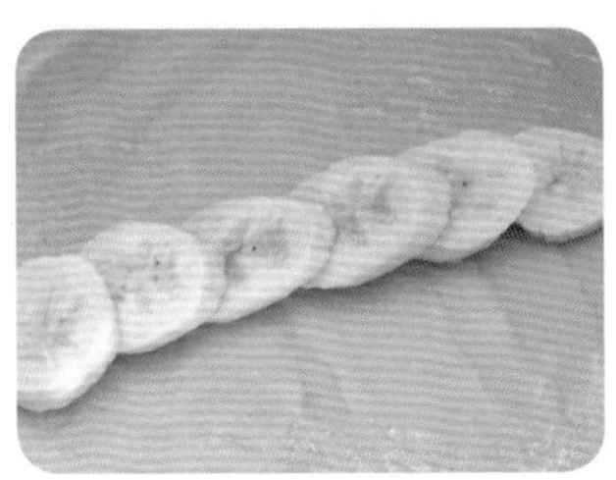

❺在做法❹上放入切片香蕉。

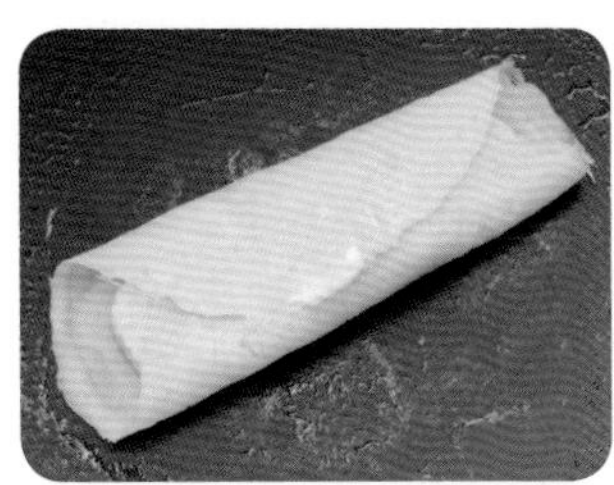

❻左右對折後，翻面再煎一下；前後兩端向下折，讓接合處黏著，起鍋切塊。

Point

✿蘋果汁可用小顆蘋果磨泥後過篩取汁。

食譜63
適用 9m 以上

小米地瓜捲

小米是台灣原住民的傳統作物，小米穀粒在碾製過程中，胚芽的營養能完全保留，其所含的小米蛋白為低過敏性蛋白，也不含麩質，非常適合寶寶食用。

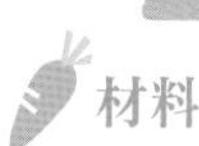

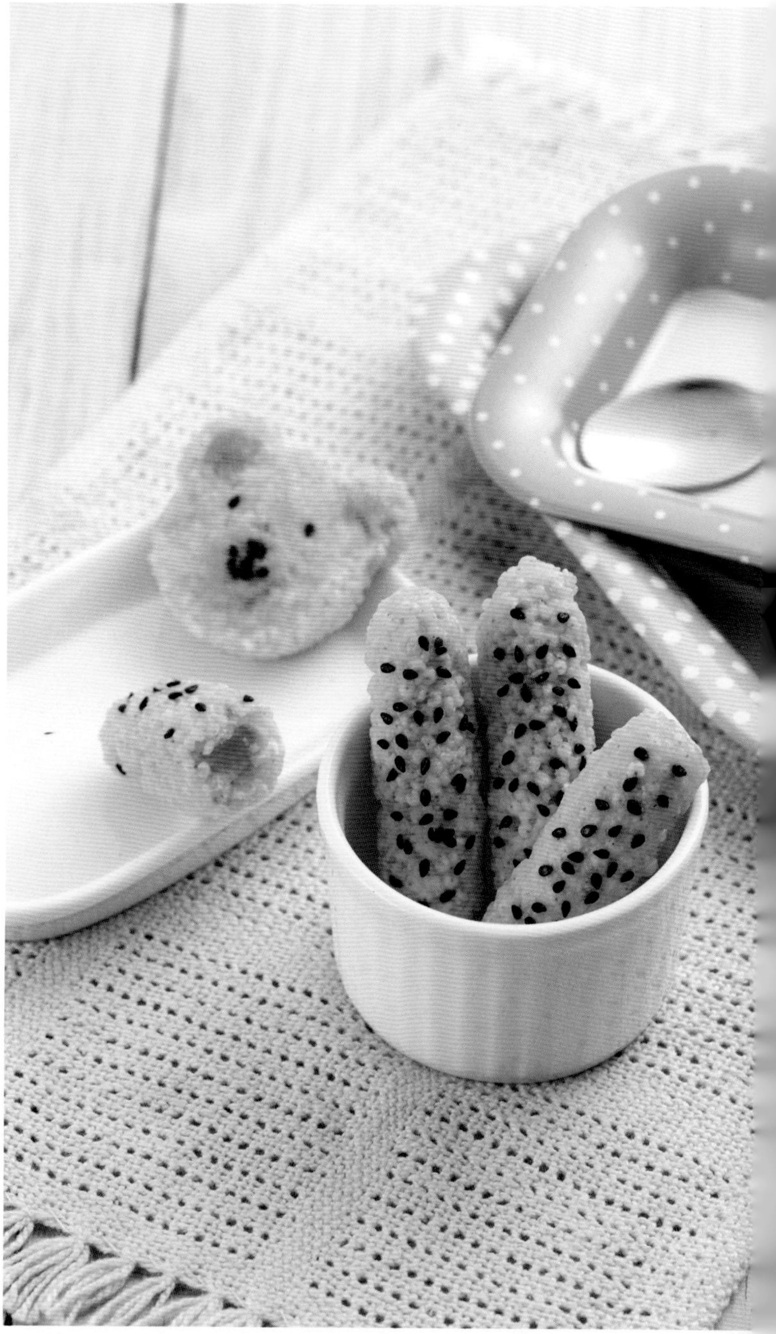

材料

2 倍水小米飯
（或和白飯 1：1 混合）
地瓜條………… 1 條
蛋黃…………… 1 顆

做法

❶地瓜去皮、切條後燙熟（或蒸熟）。

❷將小米飯壓成扁長狀，放入地瓜條。

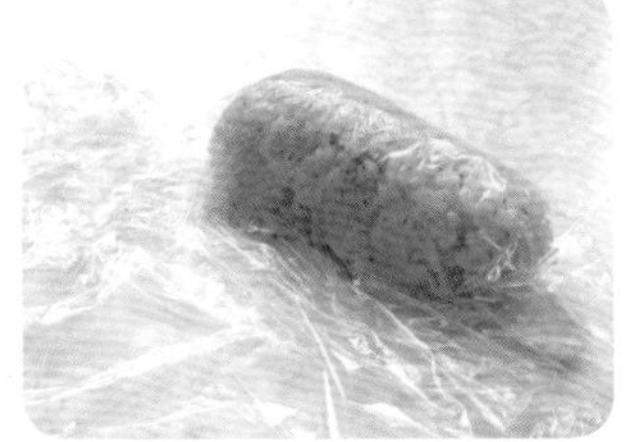

❸再利用保鮮膜壓緊後，拿掉保鮮膜。

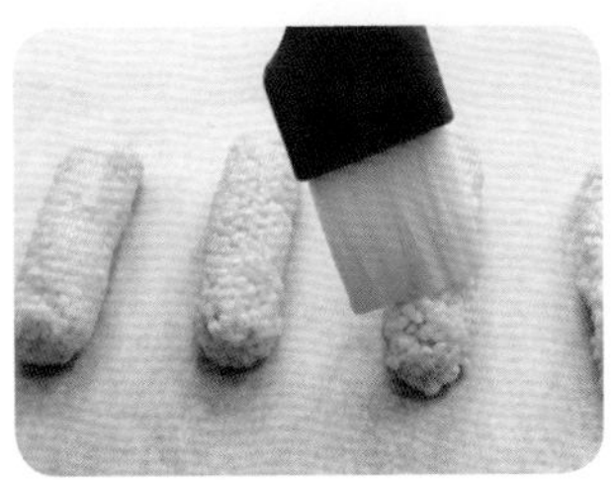

❹表面刷上蛋液。

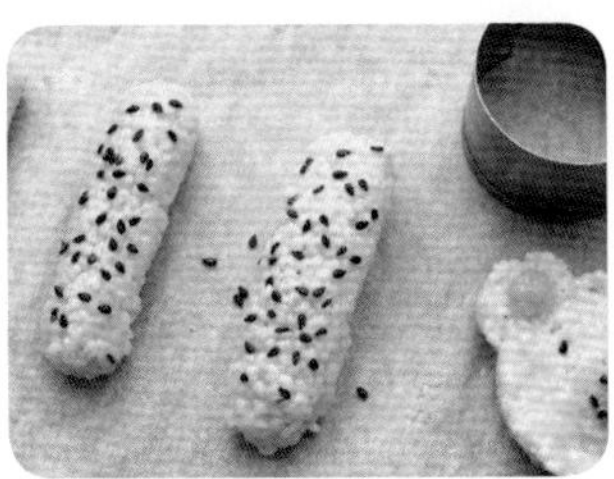

❺撒上黑芝麻，放入烤箱150度烤5～10分鐘即可。

Point

✿也可以用模具做出其他造型的小米地瓜捲。

玉米濃湯壓模餅乾

可愛的動物餅乾不使用鹽，只有淡淡的蔥香味，非常好入口，很適合做為寶寶的磨牙餅乾。

材料

玉米……………1 條
蔥末少許（可省略）
蛋黃……………1 顆
橄欖油…………15g
紅冰糖粉………15g
低筋麵粉………30g
在來米粉………80g
玉米粉…………10g
奶粉 10g（可省略）

做法

❶先將蛋黃、橄欖油、糖粉，用打蛋器攪拌 1～2 分鐘拌勻。

❷玉米用剉籤器磨成泥後取汁 10g，加入少許蔥末，以料理棒打成泥，過篩取其湯汁。

❸以篩子篩入麵粉和玉米粉及奶粉後，加入在來米粉，攪拌均勻。

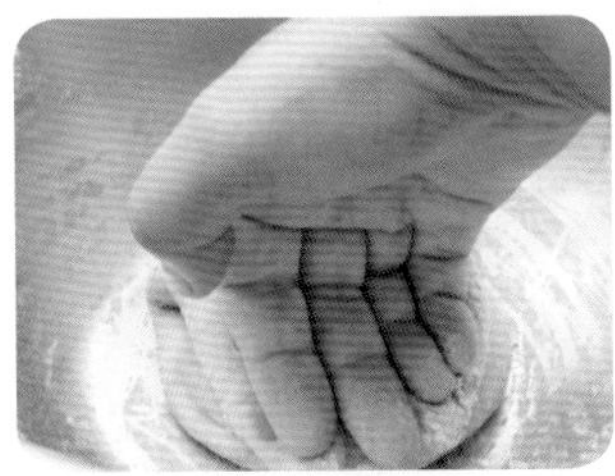

❹用手掌按壓成糰，請注意勿過度揉捏。

❺以桿麵棍桿平。

❸利用餅乾模壓出各種圖案後，放入烤箱以 160 度（須預熱），烤 15 分鐘即可。

Point

- 如果寶寶不喜歡蔥味，也可以不加蔥。
- 以植物油取代無鹽奶油製作出的餅乾口感略有不同，因為一般將軟化奶油和糖，打發成乳霜狀後，餅乾口感較為酥鬆，至於改成植物油後，在低油糖的情況下，餅乾通常較為脆硬，為了克服脆硬的口感，雞蛋的部份我只使用蛋黃，也以無筋性的在來米粉取代部份麵粉的份量，口感也酥鬆許多。

食譜65
適用 9m 以上

山藥嫩蛋捲

利用山藥泥的黏著性，搭配少許牛奶及雞蛋，不需使用任何澱粉，就可以煎出口感軟嫩的蛋捲，很適合剛長牙的寶寶。

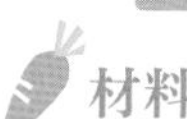

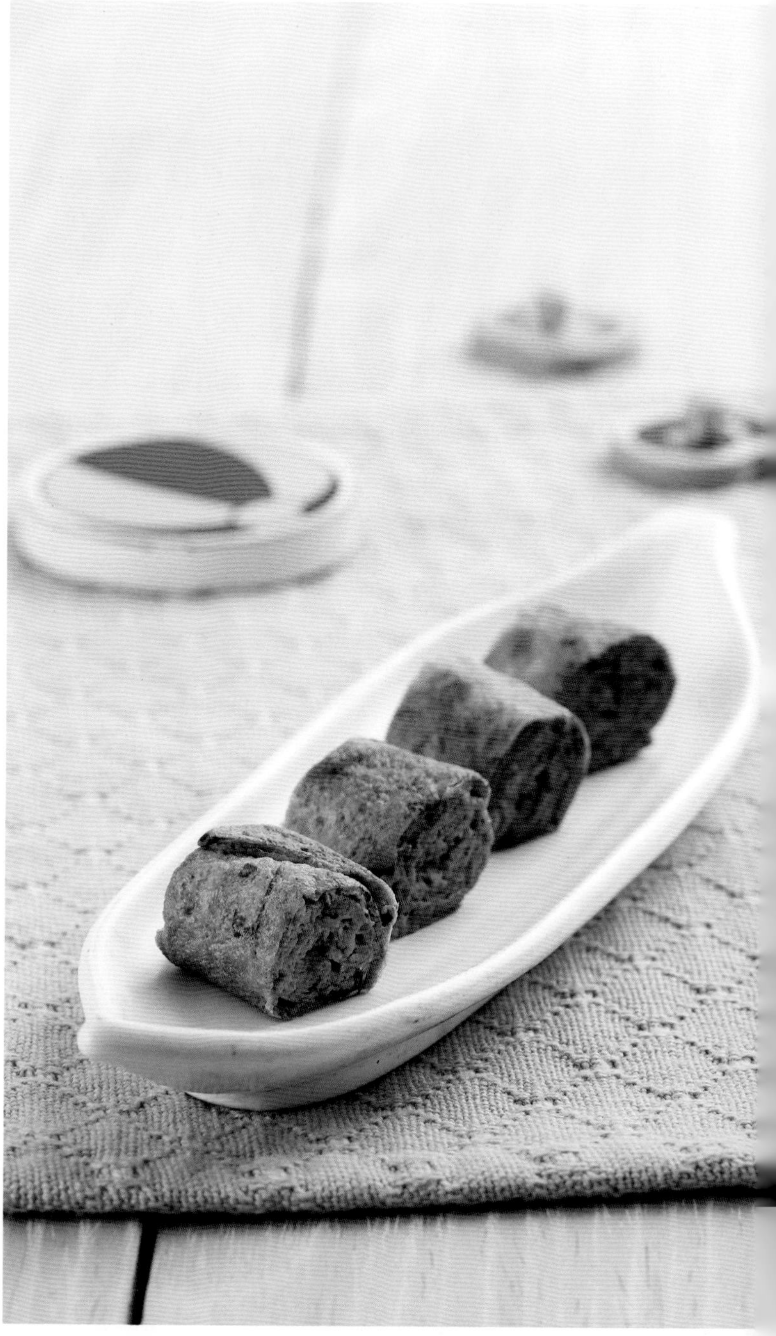

材料

紫山藥…………20g
配方奶…………20g
（或母乳）
雞蛋……………1 顆
玉米泥……3～5g
紅蘿蔔泥…3～5g
燙熟青江菜丁
………………3～5g

做法

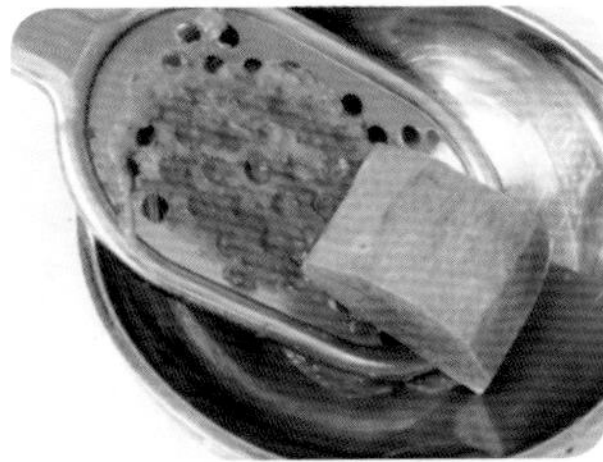

❶ 紫山藥用磨泥器磨泥。

❷ 加入雞蛋攪拌均勻，再加入玉米泥、紅蘿蔔泥和青江菜丁拌均。

❸ 鍋內抹薄薄的油，倒入山藥蛋泥，並用鍋鏟或刮刀，刮成薄薄的長方形。

❹ 待表面稍微乾燥後，捲起。

❺ 接合處多煎 10 幾秒，讓接合處緊緊黏著，再切塊。

白飯做脆皮可麗餅

脆皮可麗餅通常需要靠化學泡打粉、奶油，糖來達到像餅乾般酥脆的口感，但給寶寶吃當然是越單純越好，用白米就可以做出好吃的可麗餅。

材料

Ⓐ材料（餅皮）：

- 白軟飯 ………… 10g
- 地瓜泥 ………… 10g
- 牛奶 ………… 40g
- 低筋麵粉 ………… 10g

Ⓑ材料（內餡可自由添加搭配）：

- 馬鈴薯泥 ……… 適量
- 汆燙過的紫高麗菜絲 ……少許（或省略）
- 香蕉片 ………… 適量
- 番茄片 ………… 適量
- 自製無糖煉乳 少許

做法

❶將白軟飯、地瓜泥、牛奶混合，用料理棒打成泥。

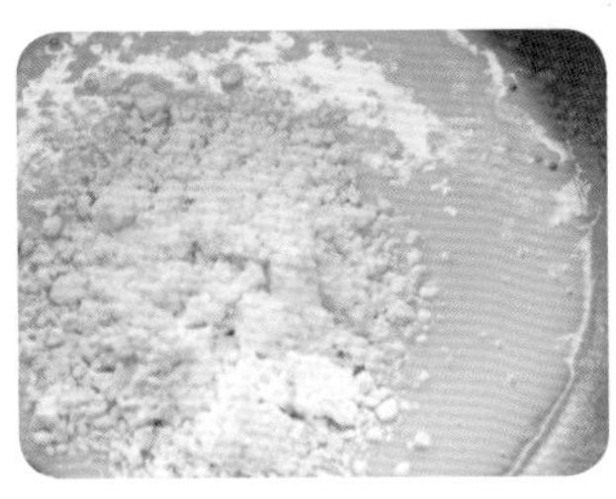

❷加入麵粉，攪拌均勻。

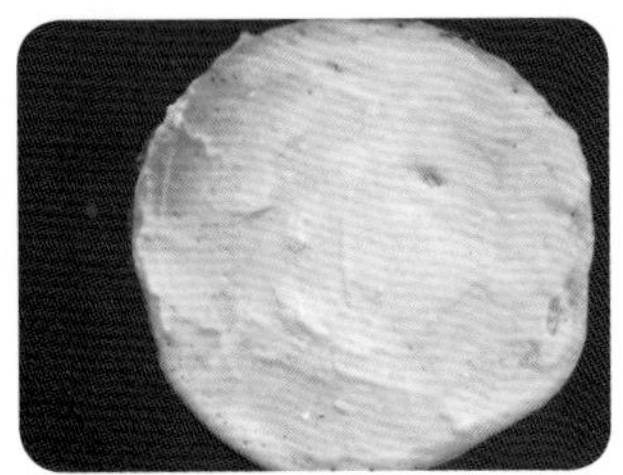

❸鍋內抹薄薄的油，倒入麵糊，用鍋鏟或刮刀刮成薄薄的餅皮狀。

❹待表面變白，即可放入內餡。

❺捲起，接合處多煎1分鐘左右，放上香蕉片及番茄片裝飾即可。

Point

- 自製可麗餅時我並不貪圖泡打粉的快速方便，而是改用少許的白飯來增加酥脆度，並以地瓜的天然香甜取代糖。
- 這道食譜主要為餅皮製作，內餡可以由媽咪們自由創作添加，少許水果＋自製無糖煉乳（白軟飯＋水打成泥，再添加配方奶粉）或無糖果醬（請參照P86）甚至將炊飯或炒飯包入餅皮也很適合唷！
- 餅皮也可以縮小為迷你版，像水餃皮般的大小，也非常適合寶寶抓握。

食譜67
適用 9m 以上

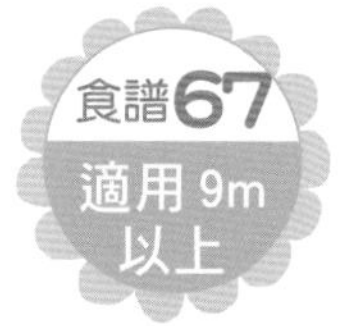

造型地瓜碗粿

用舌頭就可以頂開，口感軟嫩。將在來米糊倒入模具中，冷凍成型後，想吃時隨時可蒸，也可以在表面灑上燕麥片或蔬菜甚至肉類再蒸唷！

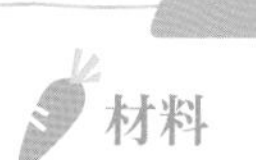

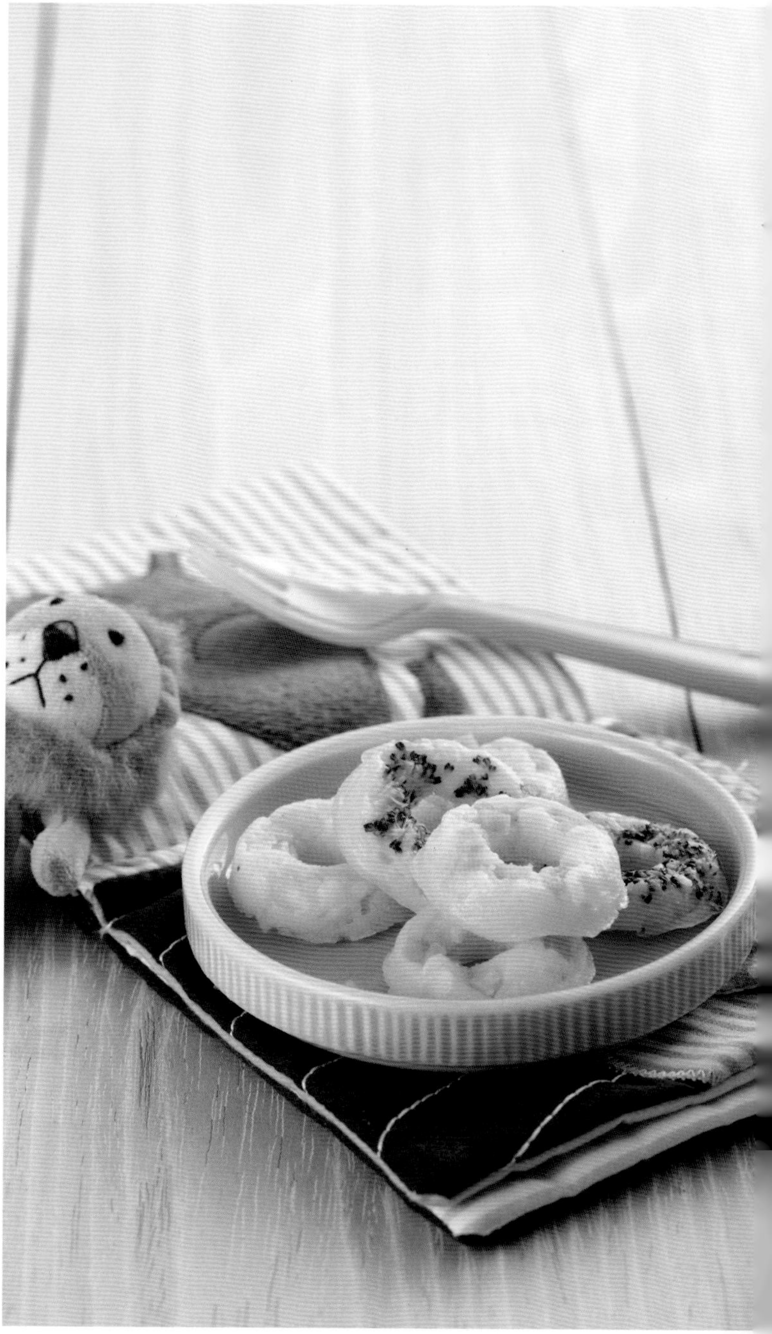

材料

地瓜泥…………80g
在來米粉……100g
冷水…………120g
熱水…………240g

做法

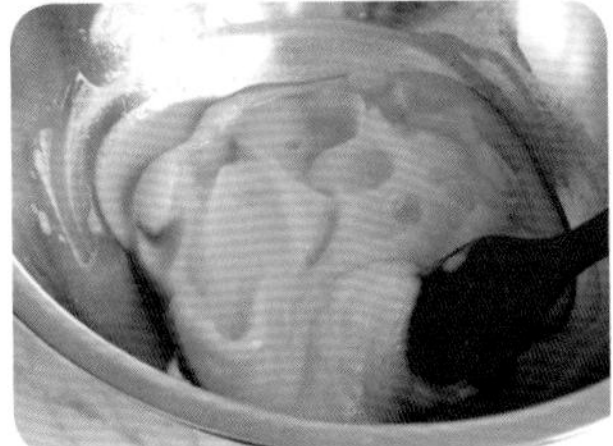

❶將地瓜泥和冷水混合攪拌均勻。

❷加入在來米粉，再加入熱水，攪拌均勻後，入鍋中稍微翻炒。

❹放涼後，裝入矽膠模內，冷凍保存。

❹冷凍取出，直接放到蒸盤的蒸籠紙上，用瓦斯爐或電鍋蒸約 5～10 分鐘。

Point

- 蒸之前可以先鋪一點蔬菜或燕麥片、芝麻，或是蒸好後裝飾也可以。
- 或是在麵糊倒入矽膠模之前，先將燙過的蔬菜碎末鋪底，冷凍取出後，蔬菜就黏到碗粿上了。

食譜68
適用9m以上

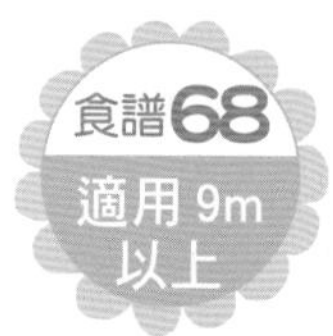

純米粉芋粿

100%純米的米粉，沒有添加其它澱粉，所以輕輕一捏就碎了，吃起來較不Q，很適合無牙的寶寶。

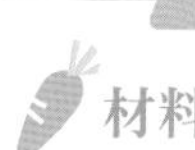

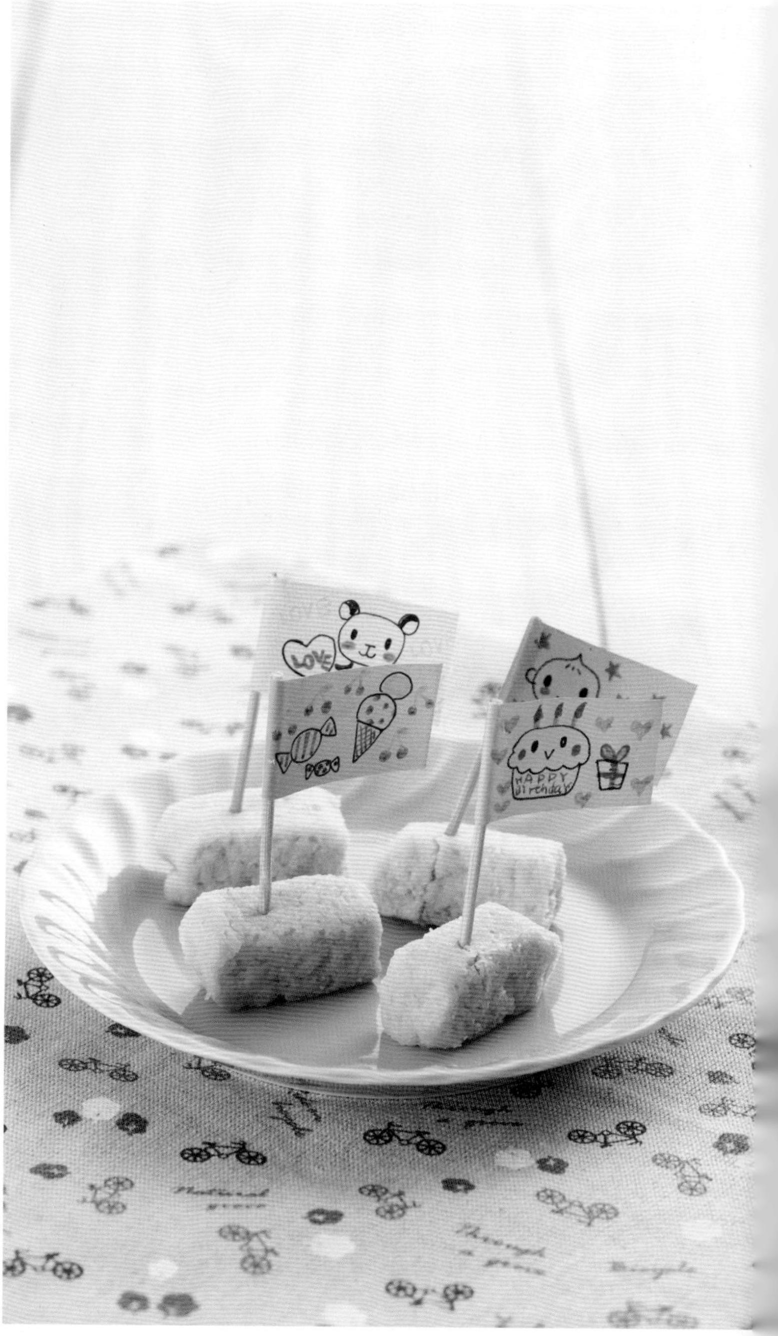

材料

芋頭……………20g
泡軟米粉………40g
牛奶或水………20g

做法

❶ 芋頭表面用乾的刷子刷去泥土，刨去外皮後用水沖乾淨，用紙巾吸乾水份後，切成 1cm 的小塊狀。

❷ 將芋頭放入盆內（盆內不加水）上面可覆蓋蒸籠布，外鍋 4 杯水後蒸軟。

❸ 米粉用手捏碎後，用水泡軟（冷熱水皆可）。

❹ 將做法 ❷ 及 ❸ 和一些水，倒入小鋼杯內，用攪拌器打成泥後，倒入鍋中，小火拌炒，收乾水份。

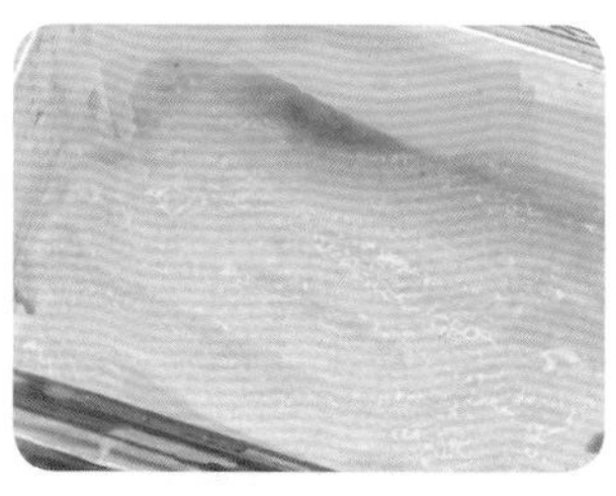

❺ 玻璃盒底部鋪饅頭紙，倒入做法 ❹，瓦斯爐放蒸架，大火蒸約 5 分鐘，放涼或微溫再取出脫模。

❻ 放涼後切塊的芋粿，也可以在平底鍋中，用少許油，煎成表面微酥的芋粿。

Point

- 削芋頭時手部請保持乾燥，如果一次沒煮那麼多，剩下的芋頭丁裝進密封袋內，冷藏保存即可。
- 純米粉稍微用水泡軟即可使用，蒸起來也沒有一般在來米粉的粉味，很適合不方便將生米打成米漿，或是買不到 100% 純在來米粉的媽媽。
- 同樣的配方也可以做成南瓜粿和地瓜粿喔！

饅頭地瓜捲

這道是我很常做的食譜之一，通常我會選擇紅肉地瓜，因為較為香甜，寶寶的接受度頗高，地瓜雖先稍微燙煮過，但不會影響甜度。

材料

牛奶……40～45g（或水）
高筋麵粉………20g
低筋麵粉………80g
酵母粉……………1g（如果用新鮮酵母，份量為3g）
糖…10g（可省略）
黑芝麻………少許（或芝麻粉）
地瓜………1小條

做法

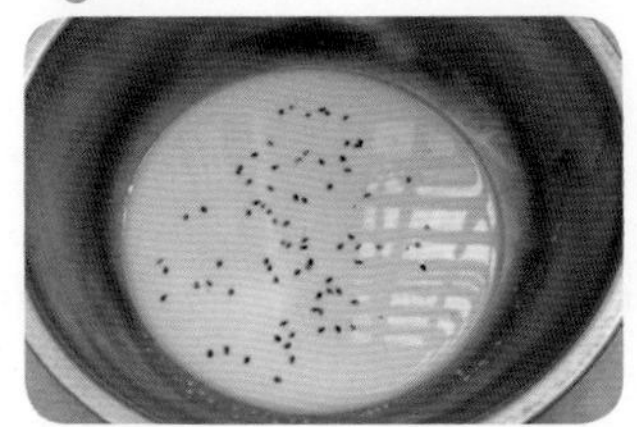

❶混合牛奶40g、糖、黑芝麻、酵母粉，靜置3～5分鐘。

❷加入高筋及低筋麵粉，攪拌均勻（二種麵粉可改用中筋麵粉100g取代）。

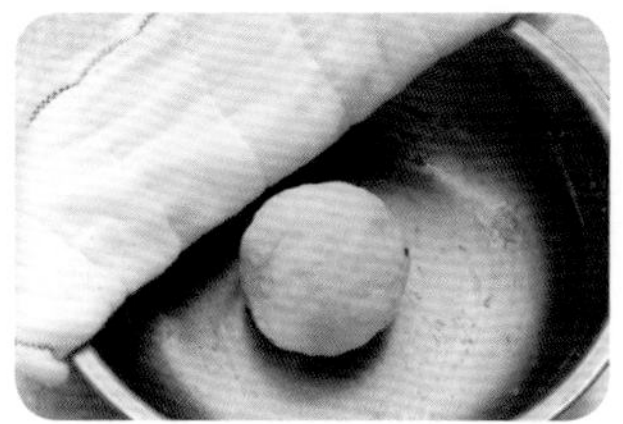

❸揉至三光後，表面覆蓋擰乾的濕布，做第一次發酵約 10 分鐘。

❹取出後三桿三折（桿成長方形後，折三折再桿平，至少重覆三次）。

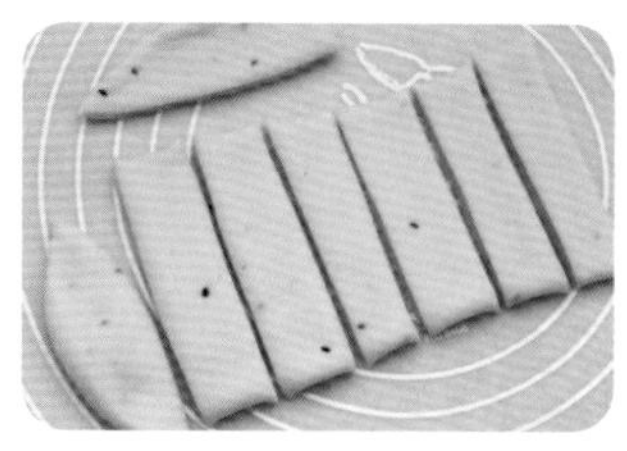

❺切成長條形。

❻地瓜去皮切條用水煮熟後，放在篩網上瀝乾水份。

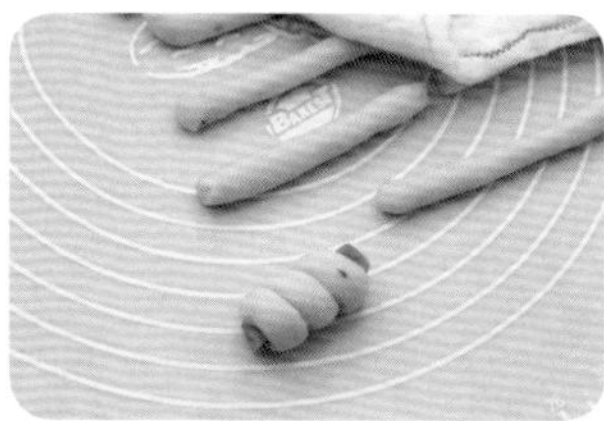

❼用雙手將長條形麵糰，在桌面上滾成細長的棒狀，再纏繞在地瓜條上。

❺放到蒸盤的饅頭紙上（麵糰和地瓜的收口要朝下），蓋鍋蓋做最後一次發酵 40～50 分鐘（夏天 40 分鐘，冬天 50 分鐘）。

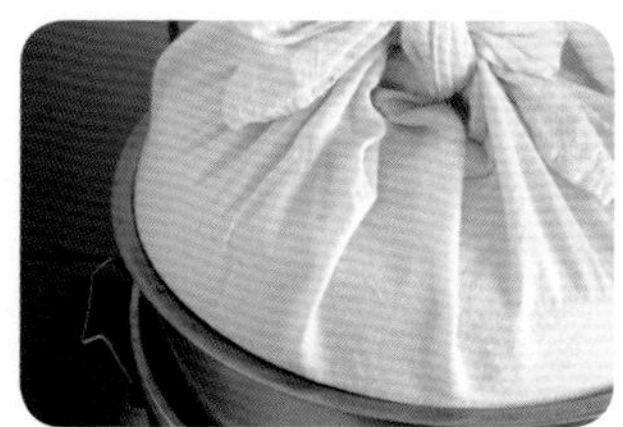

❾鍋蓋綁蒸籠布，鍋蓋和電鍋間留一根牙籤的縫隙，外鍋 1 米杯的水，蒸至跳起後，約 2～3 分鐘再開蓋。

- 三光為盆光、麵光、手光，就是盆裡沒有多餘的麵粉，而麵糰表面光滑，手上沒有殘留的粉料，以手觸碰麵糰也不會有任何的沾粘。
- 不同筋性的麵粉（中筋、低筋、高筋）及廠牌不同，皆會影響吸水度，所以建議在做法❷中先添加 80g 的麵粉，用手稍微揉勻，再視濕黏的程度慢慢加入剩餘的麵粉，直到揉起來不會太黏也不會太乾，像黏土一樣柔軟，即可停止再加入麵粉。
- 寶寶 1 歲半～ 2 歲之後，可以試著讓寶寶一起參與製作，即使是請他們幫忙將麵糰纏繞在地瓜上，寶貝也會很有成就感唷！像我女兒就認為是她自己做的，而吃得非常開心！

蔬菜寶包

對於一般包子的折法，貞穎媽還是覺得自己手拙，無法捏出很美的18折，所以改以蔬菜造型來包入內餡，除了較方便好包之外，蔬菜造型也深受孩子喜愛。

材料

Ⓐ材料（玉米口味）：
低筋麵粉……100g
玉米泥+水 40～45g
奶粉……5g
酵母粉……1g

Ⓑ材料（紅蘿蔔口味）：
紅蘿蔔泥+水 40～45g
糖……5g
低筋麵粉……100g
酵母粉……1g

Ⓒ材料（葉子）：
小松菜菜汁 40～45g
低筋麵粉……100g
糖……5g
酵母粉……1g

Ⓓ材料（內餡）：
豬絞肉……60g
（請豬販絞2次）
蔥……1根
檸檬汁……數滴
鹽··少許（可省略）

做法〔紅蘿蔔造型〕

❶混合內餡後，用保鮮膜包覆，整成條狀後冷凍。

❷先混合粉類（麵粉、糖、奶粉、酵母），再加入40g食物泥+水揉成糰後，靜置發酵10分鐘。

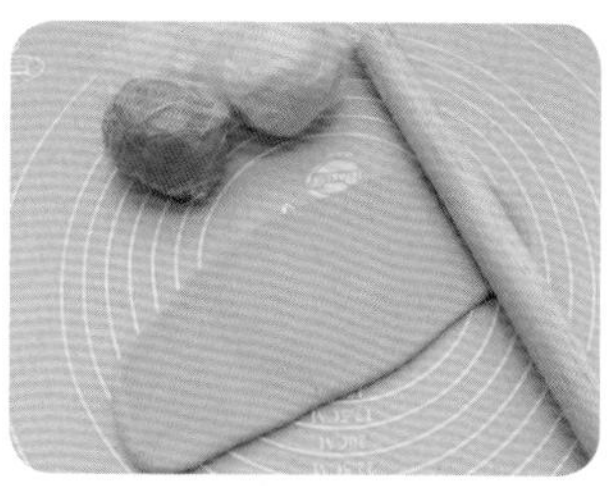

❸將麵團發酵後桿平，折3折再桿平至少3次，至表面光滑均勻。

❹捲成條狀後分割，再用手掌，做拱手狀的方式滾圓，做第二次發酵40分鐘。

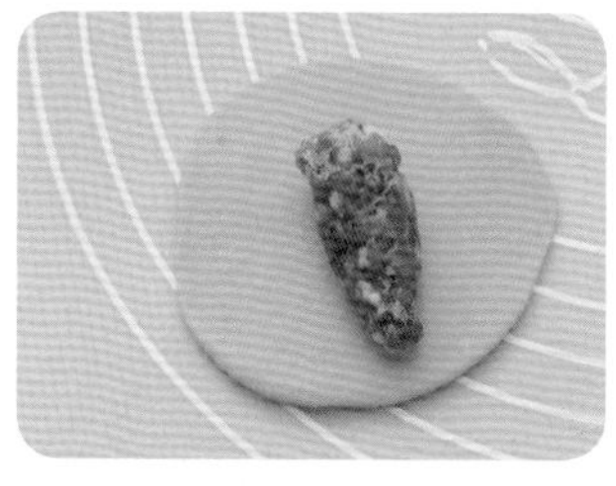

❺以桿麵棍將成圓球狀桿成扁扁的圓形，放入做法❶的內餡。

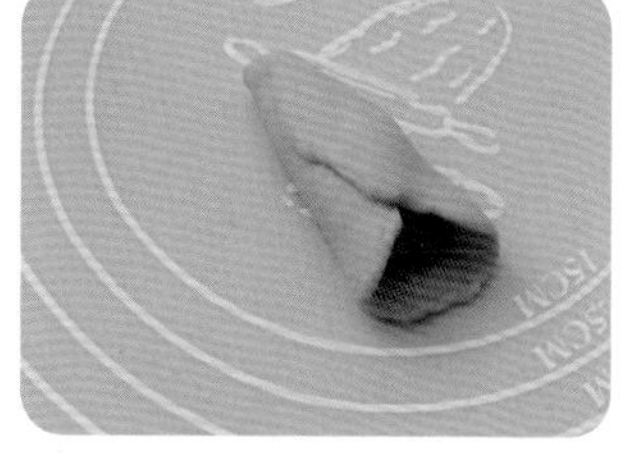

❻捲起，接合處塗一點點水幫助黏著。

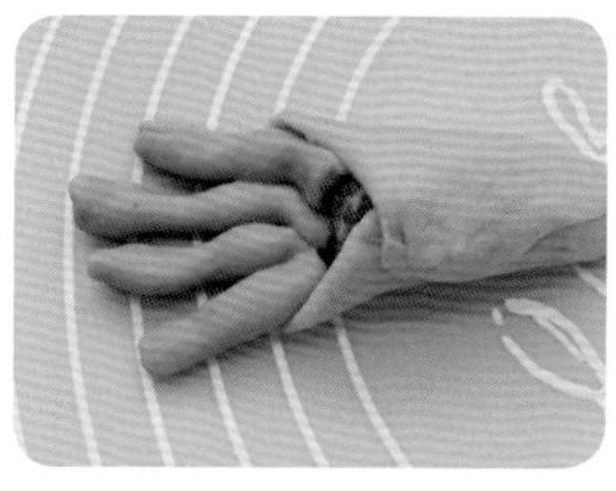

❼葉子部分滾成長條形放入後，收口處捏緊。（葉子麵糰請以材料Ⓒ重覆做法❷至做法❹）

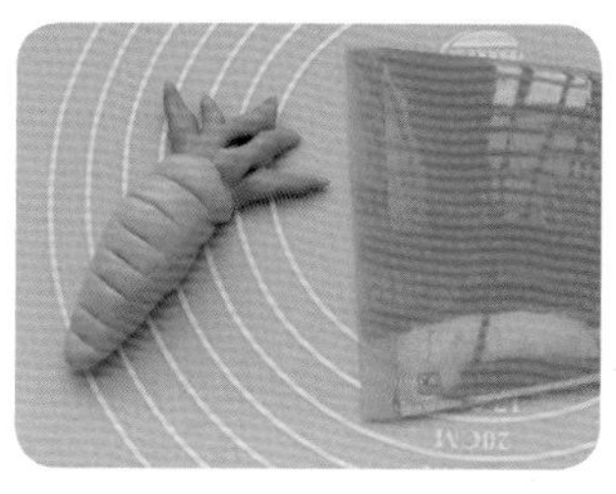

❽用切麵刀或刀背，壓出紅蘿蔔的刻痕（勿切太深，以免漏餡）。

❾放到蒸籠的饅頭紙上，做最後一次發酵20～30分鐘（夏天20分鐘）。電鍋外鍋1杯半水（米杯），蒸至跳起，拔插頭後，約2～3分鐘再開蓋（表面較不容易變皺）。

做法〔其他造型〕

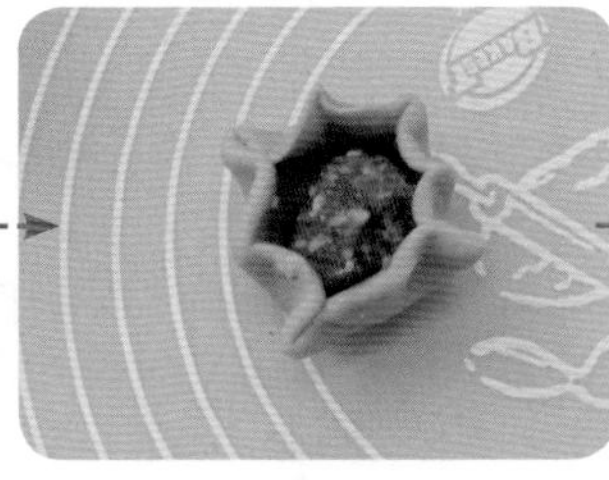

· **南瓜造型**：將內餡稍微搓圓。黃色麵糰邊捏折，再往中心捏緊。用切麵刀壓出刻痕，上方用綠色麵糰搓成三角錐狀後沾一點水黏上。

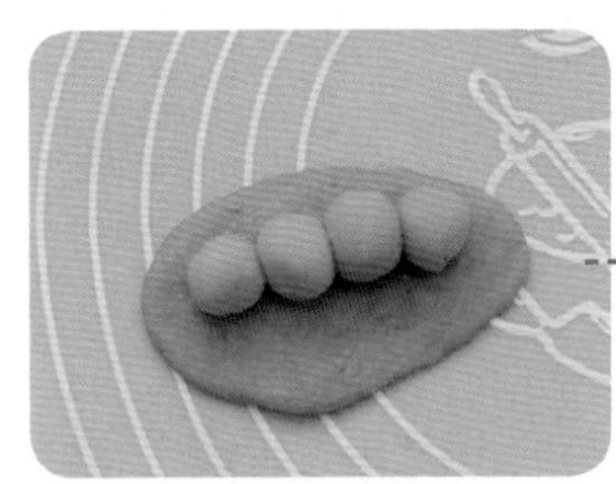

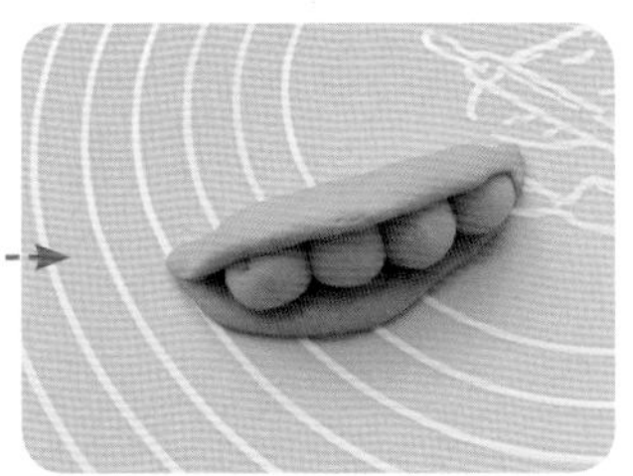

· **豌豆造型**：綠色麵糰滾成扁長的橢圓形。黃色麵糰滾成小圓球包入。將豆莢對折輕輕壓緊。

Point

- 將內餡先冰硬，較能輕鬆的包覆在包子裡面。
- 因為不同筋性及不同廠牌的麵粉，吸水度皆略有差異，一般總粉量 100g，液體約在 40 ～ 45g 左右，所以可以先加 40g 稍微揉勻後，再做適度的調整，或是參考食譜 69 地瓜饅頭捲的建議做法，先保留 20% 的麵粉，揉勻後再慢慢加入剩餘的麵粉。
- 冬天置於電鍋內發酵時，可在電鍋內先放 1 杯溫熱的水（不插電），提高電鍋內的溫度，以幫助發酵。

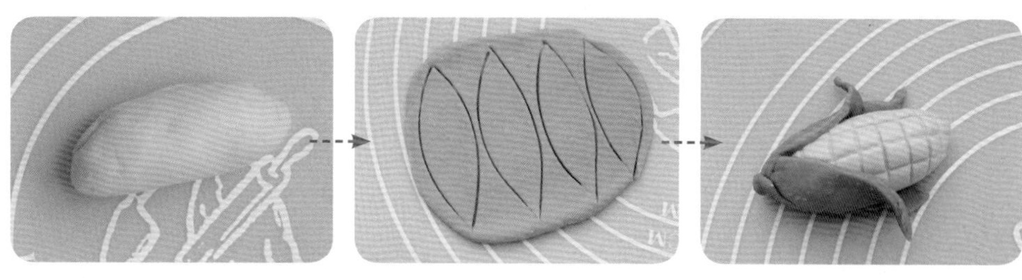

· 玉米造型：黃色麵糰圓球狀再滾成長條。綠色麵糰桿平後，用刀子割出葉子的形狀。將葉子包覆後，用刀背刻出刻痕。

貞穎媽烹飪心得

· 製作紅蘿蔔泥：將紅蘿蔔切圓片，放入電鍋中，滴入少許玄米油（幫助釋放紅蘿蔔素）後蒸熟，再壓成泥。其他像是南瓜或地瓜也可切成薄片再蒸，以加快蒸熟速度。

· 製作玉米泥：將玉米刷洗乾淨後，以刨絲器磨成泥即可。

食譜71
適用 9m 以上

小黃瓜鑲黃金肉末

橘黃色蔬菜大部分具有香甜的氣味，寶寶比較能接受。其富含葉黃素和維生素 A 有助於視力的維護而豐富的維生素 C 和胡蘿蔔素都可以幫助寶寶增強免疫。

材料

小黃瓜 ……… 2 根
豬絞肉 ……… 20g
（或雞里肌、鯛魚片）
南瓜泥 ……… 少許
玉米泥 ……… 少許
胡椒粉 ……… 少許
（可省略，或用一點蔥末取代）

做法

❶ 小黃瓜先置於水龍頭的流水中，用軟毛牙刷刷洗後，稍微汆燙。

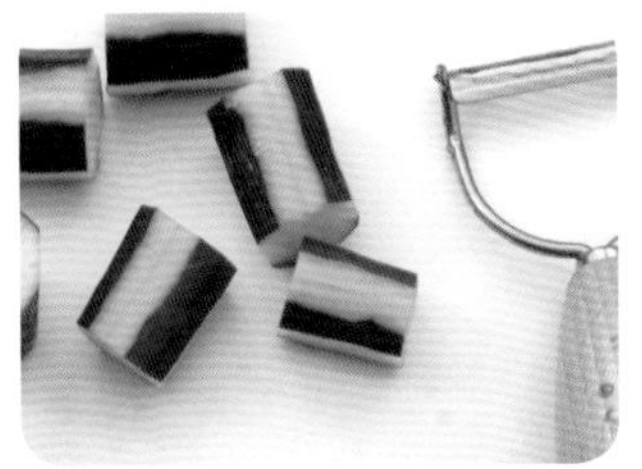

❷ 小黃瓜切小段後用削皮刀刨去部分外皮。

❸ 以珍奶吸管挖取一半的果肉，以塞入內餡。

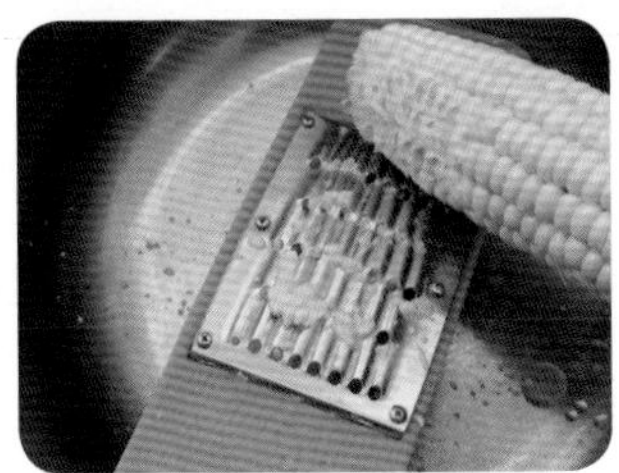

❹ 玉米用刨絲器磨泥。

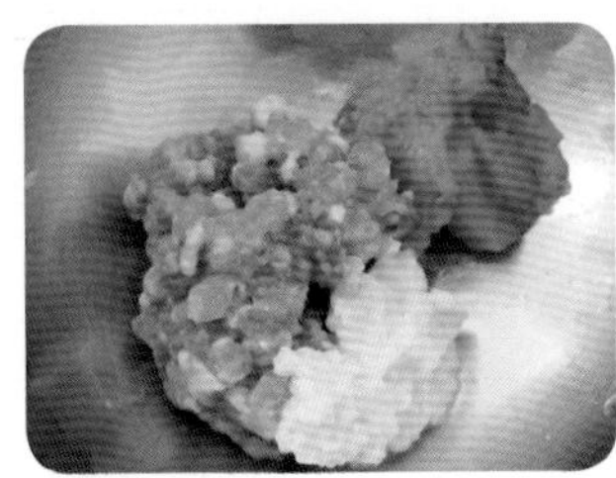

❺ 加入絞肉和南瓜泥拌勻。

❻ 將內餡填入小黃瓜中，水滾後轉中小火，蒸約 5 ～ 10 分鐘。

Point

- 小黃瓜、苦瓜、佛手瓜、扁蒲等瓜菜類，因具有較耐放的特性，所以可以置於通風涼爽的室溫下數日，降低系統性的農藥殘留。
- 如果想讓寶寶練習抓握和塞進洞口遊戲，可以珍奶吸管穿透小黃瓜，再讓孩子以燙過的小黃瓜和青豆塞入即可。

特別篇

當寶寶大一點（1歲之後），貞穎媽會利用玉米粉混合地瓜泥或馬鈴薯泥，做出可愛的造型，運用在餐點或是蛋糕上。

猴子香蕉船

材料

蘋蒸熟馬鈴薯…50g
蒸熟地瓜………1條
起司……………5g
（建議使用新鮮起司）
小番茄…………2顆
綠花椰…………少許
（或其它蔬菜泥）
黑糖……………少許
（香蕉梗顏色）
玉米粉…………少許

做法

1. 用削皮刀，將生的馬鈴薯削成薄片，加速蒸熟時間，碗盤上包覆鋁箔紙，防止馬鈴薯在蒸的過程氧化變黑。
2. 馬鈴薯蒸熟後，趁熱加入起司，用湯匙壓成泥，直到起司完全溶化。
3. 以珍奶吸管或圓柱狀餅乾模在小番茄上壓出美人尖，再用水果刀割出愛心形輪廓，兩邊各切2個半圓形，折出耳朵。
4. 挖出番茄籽，塞入燙熟的青花菜或蔬果泥，再覆蓋上做法❸。
5. 將地瓜壓成泥塑成香蕉形；以地瓜泥加黑糖、一些玉米粉拌勻塑成梗。以手指在中間壓2個洞，將做法❹放於香焦船上即可。

第三階段

10~12個月手指食物

有些寶寶在這個階段，上下門牙已經長出來了，表示他們可以真正用牙齒去咬食物了，因此這個階段的食譜大致上適合有咀嚼能力的寶寶。

食譜 72
適用 10m 以上

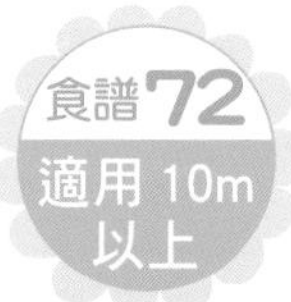

純米起司蛋糕

利用白飯來製作蛋糕，口感較為濕潤，很適合初次嘗試蛋糕的寶寶，添加少許在來米粉，以吸收白飯的水份，配方中的起司建議10個月以上食用或省略。

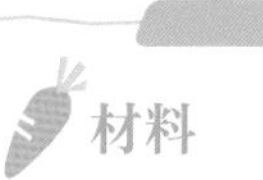

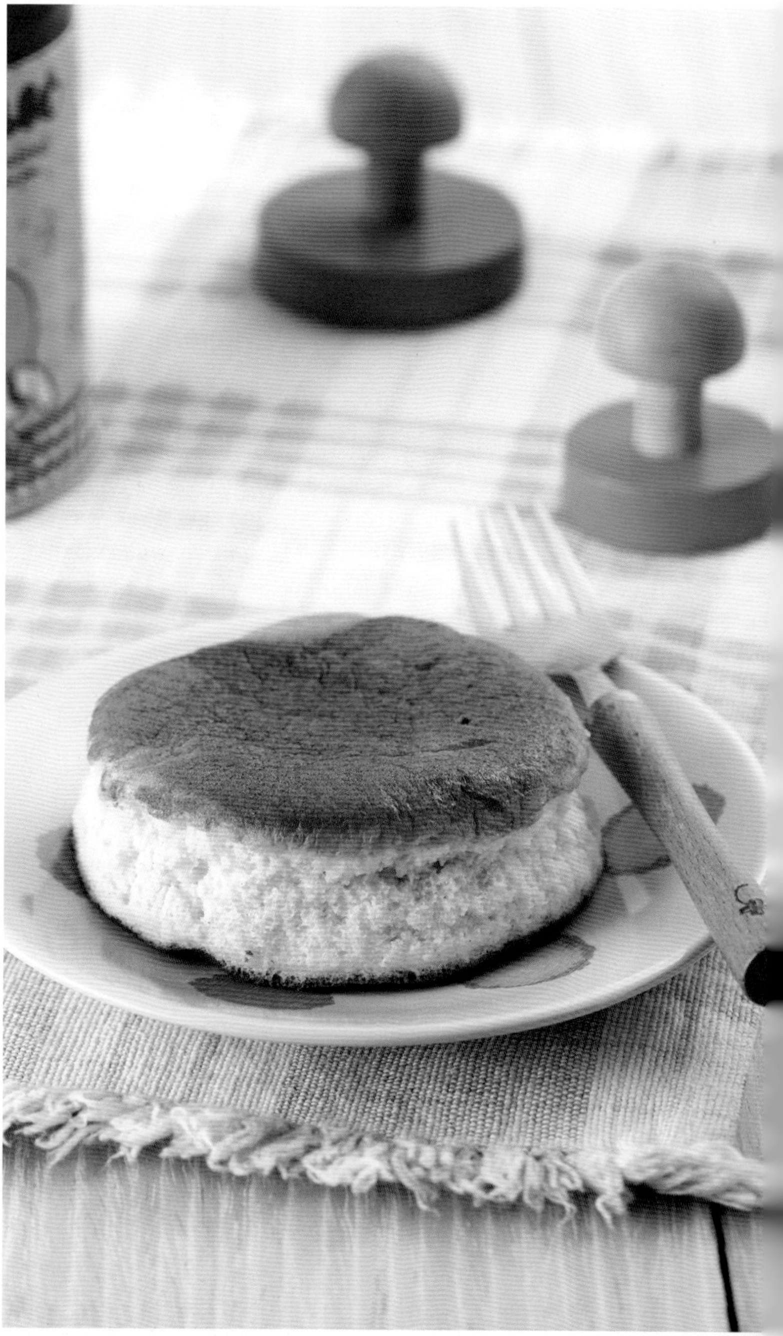

材料

白軟飯………… 50g
（用2倍水煮成）
雞蛋……………… 2顆
玄米油…………… 15g
（或橄欖油）
起司……………… 10g
糖……… 5g～10g
在來米粉……… 15g
蔥末……………少許
紅蘿蔔泥………少許
（或玉米泥、其它蔬菜）

做法

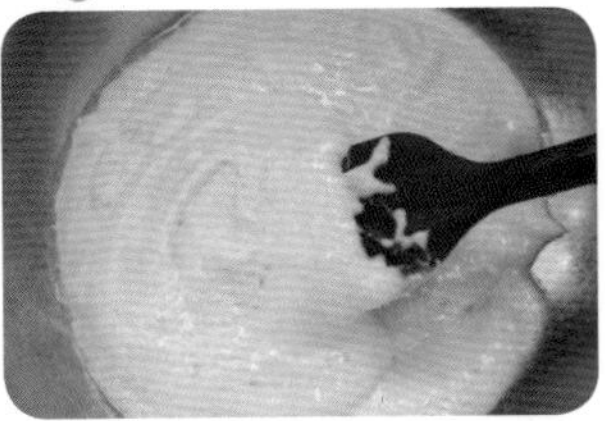

❶將白飯、蛋黃、起司、玄米油和蔬菜，用料理棒打成泥，再加入在來米粉，攪拌均勻成蛋黃糊。

❷蛋白用打蛋器，快速打至粗泡泡，再加入糖。

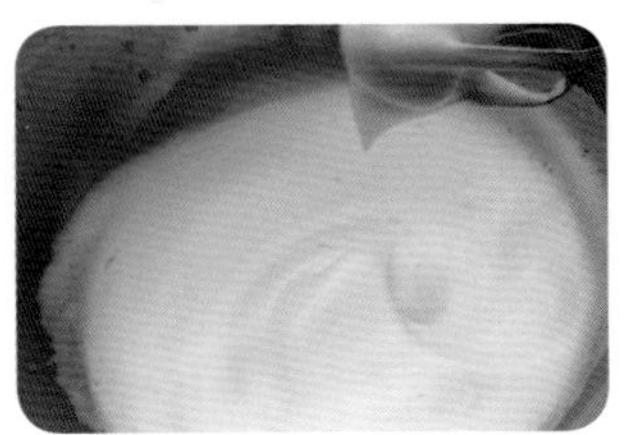

❸蛋白霜打至微微的小彎勾即可。

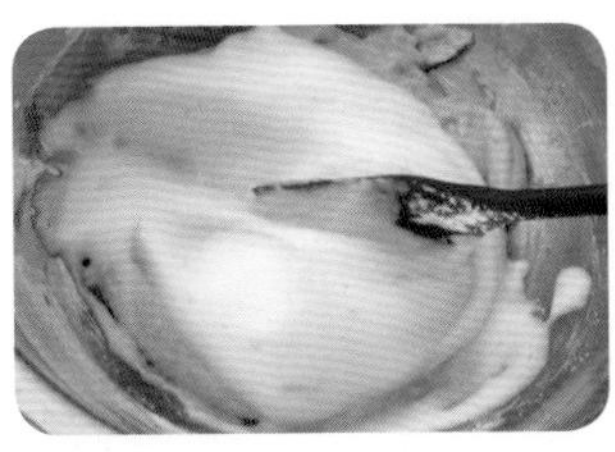

❹分次將蛋白霜加入蛋黃糊中，每次加入都要切拌至看不見蛋白霜，再繼續加入加入切拌均勻（如做法❺）。

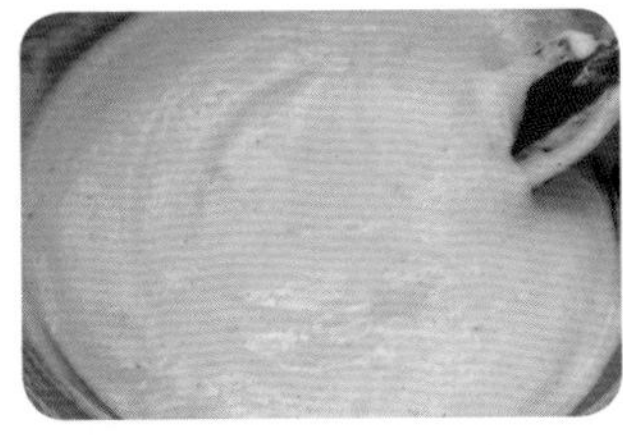

❺橡皮刮刀以握刀姿勢，從中間切入，再從底部，往順時針的方向轉半圈。攪拌成滑順的麵糊（切勿過度的攪拌）。

❻將紙碗或鋁箔烤盤底部挖空，裁剪成 2 ～ 3 公分高度的圓框。

❼平底鍋預熱後，將麵糊倒入，表面和紙碗的高度一致，並蓋上鍋蓋，煎至表面充滿泡泡。

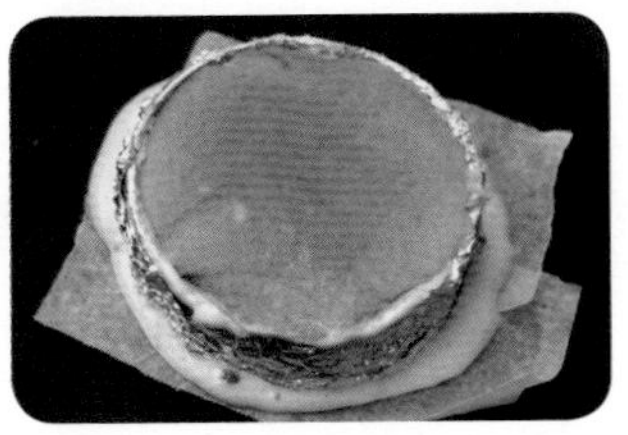

❽用烘焙紙覆蓋表面，再迅速翻面。

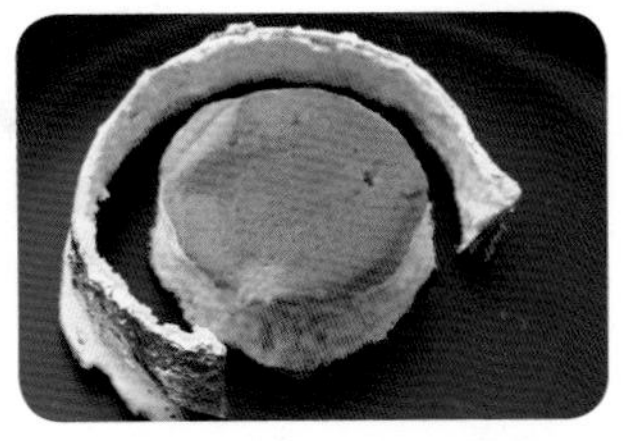

❾待蛋糕底部可以用橡皮刮刀輕輕扶起，脫離鍋面時，拆開紙碗後，取出蛋糕。

其他做法

・輕乳酪蛋糕：材料：雞蛋 2 顆、玉米泥 40g、洋蔥 5g、乳酪 10g、無鹽奶油 10g、低筋麵粉 40g、糖 5g、紅蘿蔔少許、蔥少許，做法相同。

側面一樣蓬鬆，也看得到蔬菜。

食譜73
適用10m以上

貓貓熊蒸飯糰

一般使用生米來製作珍珠丸子，蒸好後的米飯較為乾硬，這道食譜利用馬鈴薯泥和少許的玉米粉來增加黏性，內餡也添加蔬菜，可讓絞肉的口感較不易乾澀。

材料

Ⓐ材料（麵糊）：

白飯……50g（或軟飯）
馬鈴薯泥……10g
玉米粉……5g（可省略）
紅蘿蔔泥……少許（可自由搭配）
橄欖油……少許

Ⓑ材料（內餡）：

豬絞肉……20g
燙過的青花菜 少許
南瓜泥……少許
胡椒粉……少許（可省略）

做法

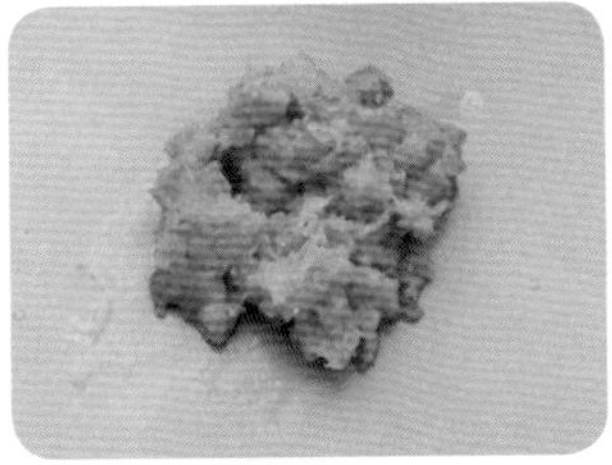

❶將紅蘿蔔磨泥，入鍋中加一點點油脂略炒。

❷將材料Ⓑ攪拌均勻（也可加入一小口白飯，打成泥）。

❸白飯和馬鈴薯泥，少許玉米粉拌均，用壓泥器壓成泥。

❹將做法❸攤成圓餅狀，包入做法❷。

❺搓成橢圓後，黏上紅蘿蔔泥（蒸好會黏住）。

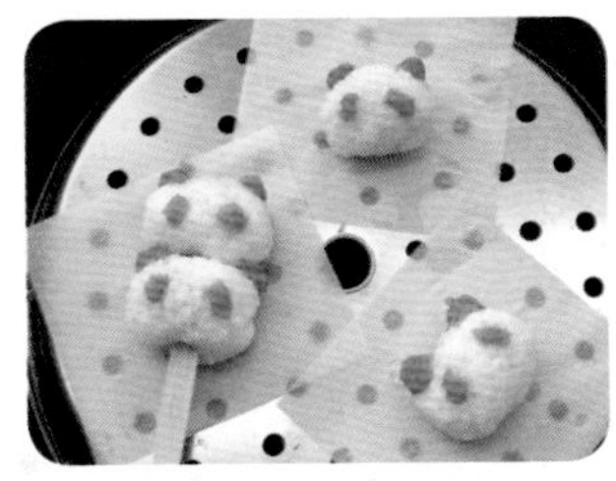

❻放到蒸籠的饅頭紙上，蒸5分鐘左右即可。

Point

✿ 任何飯糰、米漢堡，都可以利用馬鈴薯增加黏著性。

食譜74
適用10m以上

甜心牛肉薯餅

加入少許蘋果泥，除可讓牛肉肉質較軟嫩外，果香也可以幫助去腥！這道薯餅的口感偏軟嫩，很適合剛長牙的寶寶。嬰兒米精也可以用麵粉取代。

材料

蒸熟馬鈴薯……1/3 顆
嬰兒米精……約 10g
牛肉……少許
甜椒……少許
芥藍菜梗…1～2 根
蘋果泥……少許

做法

❶ 將蒸熟的馬鈴薯切塊、甜椒汆燙後剝去外皮再切碎末、芥藍菜梗燙軟後切碎、牛肉剁碎。

❷ 磨入蘋果泥後，加入嬰兒米精調濃稠，至可以捏成糰為止。

❸ 平底鍋抹少許油，將薯餅捏成球狀，入鍋中，底部稍微煎定型後壓扁，反面再煎熟。

另一種做法

· 較大的寶寶（10 ～ 12m）也可以將馬鈴薯換成吐司塊，混合牛肉、汆燙過的青花菜、紅蘿蔔泥、洋蔥泥、吐司塊、蛋液少許，捏成球狀再以入烤箱（160 或 170 度烤 15 ～ 20 分鐘）烘烤成肉蛋吐司球唷！

Point

- 整顆帶皮蒸熟的馬鈴薯，除了保留較多的維生素 C 外，冷藏後削去外皮，一樣可以切成條狀，入鍋中用少許油煎成薯條，或以烤箱烤成薯條，產生丙烯醯胺的風險較低。
- 做法 ❷ 也可以用白軟飯取代米精，如果使用白軟飯，則需要添加少許麵粉或蛋液幫助黏著。
- 牛肉可選購肉質較嫩的牛里肌火鍋肉片，芥藍菜梗也可以換成其他菜梗或青花菜。

食譜75
適用 10m 以上

麵線煎包

一般麵線的鈉含量偏高，建議選擇較低鈉的有機麵線，也可以省略包入肉餡，直接煎成麵線煎餅，香脆可口也很快速唷！

材料

Ⓐ材料（麵糊）：

麵線⋯⋯⋯⋯1 小把
雞蛋⋯⋯⋯⋯半顆

Ⓑ材料（內餡）：

豬絞肉⋯⋯⋯⋯少許
青花菜⋯⋯⋯⋯少許
南瓜⋯⋯⋯⋯少許
甜椒⋯⋯⋯⋯少許
橄欖油⋯⋯⋯⋯少許

做法

❶ 混合材料Ⓑ成內餡（也可以加入一小口白飯，全部打成泥）。

❷ 麵線折短後稍微用滾水汆燙約 10 秒。

❸ 放到篩網上沖冷水。

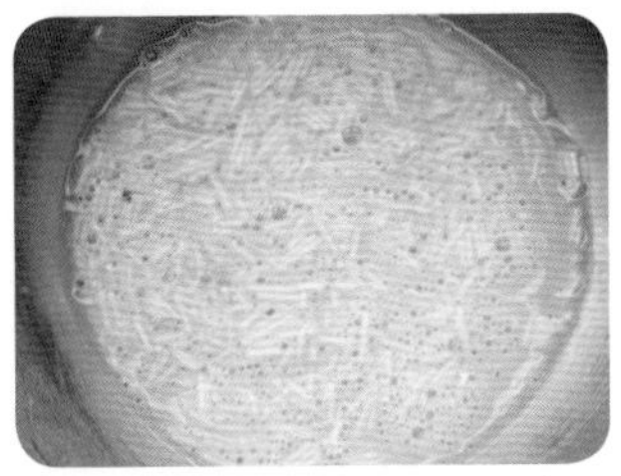

❹ 將做法 ❸ 混合蛋液，再過篩一次，濾掉多餘的蛋液。

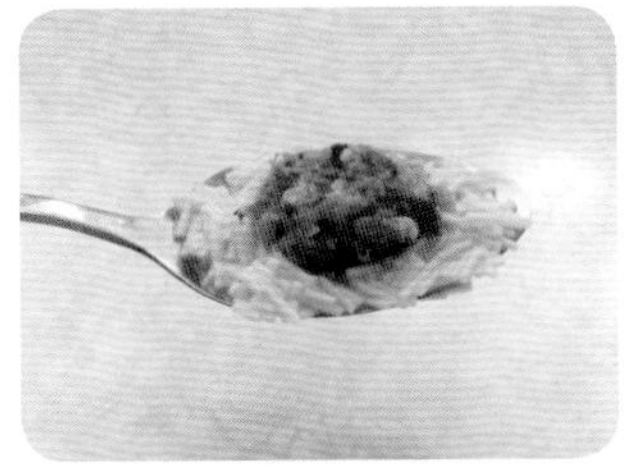

❺ 將部分麵線放到湯匙上，放入內餡後，上面再覆蓋一層麵線。

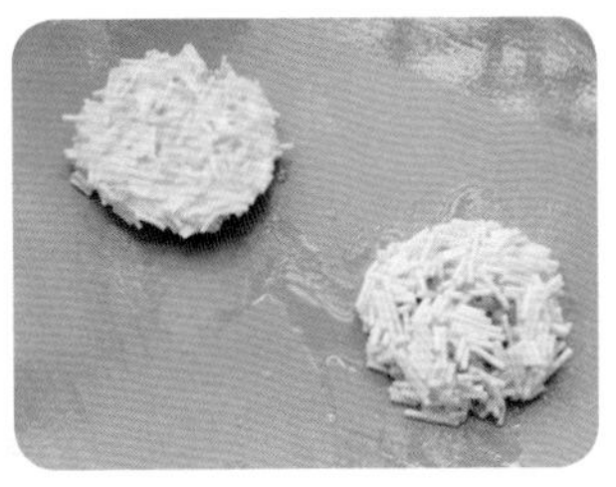

❻ 鍋內抹少許油，入鍋小火慢慢煎至表面微酥即可。

Point

- 燙過的麵線如果要添加較多的蔬菜，做法 ❹ 的蛋液則必須添加 5g 麵粉，以增加黏著性。
- 麵線混合蛋液後，務必過篩，以免蛋液過多變成麵線煎蛋，口感也不會酥脆。

食譜76
適用 10m 以上

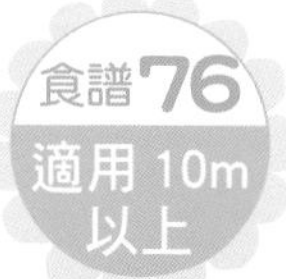

芋頭牛奶磨牙棒

酥鬆不脆硬的口感，很適合正在長牙的寶寶，可以慢慢用口水含到化開，也能補充到芋泥的膳食纖維及蛋黃的營養素，是一道營養密度較高的磨牙棒點心。

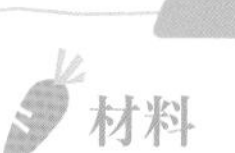

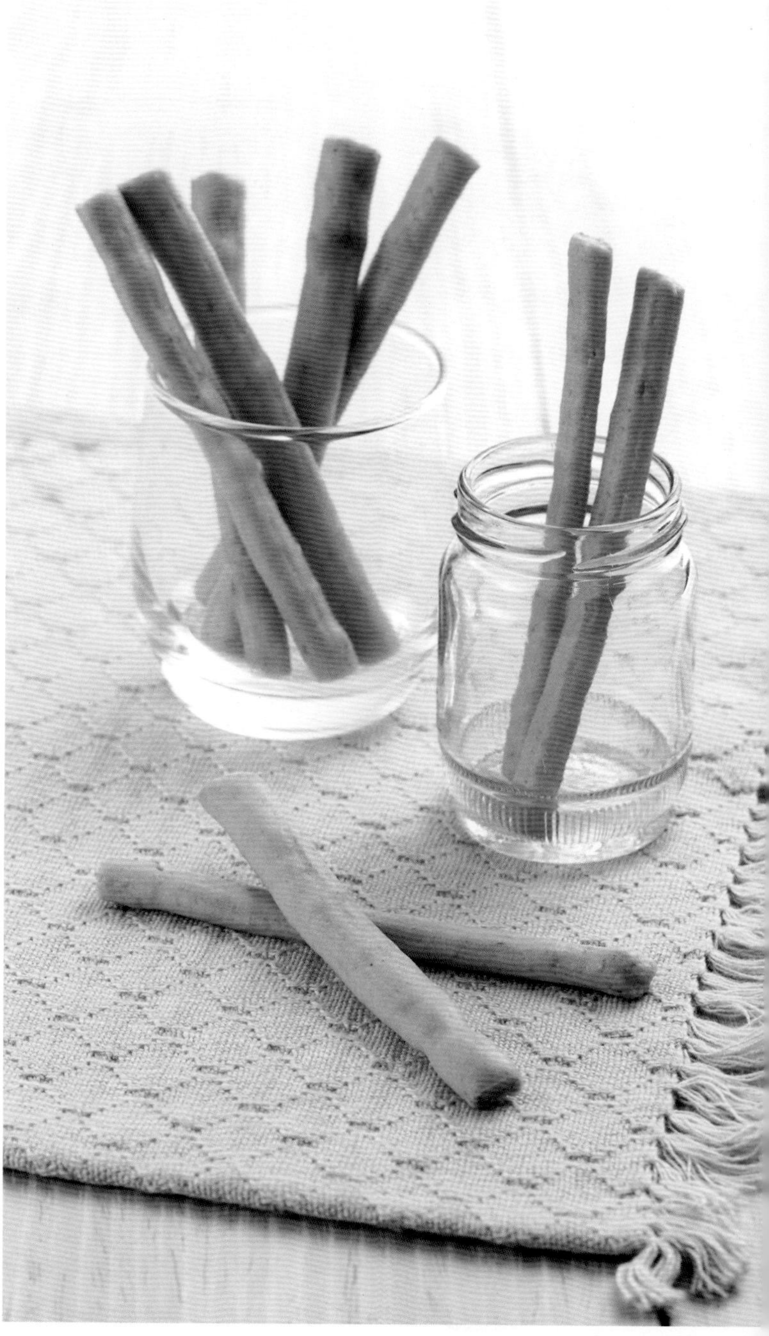

材料

芋泥	30g
水	15g
蛋黃	1 顆
玄米油	15g
糖	15g
低筋麵粉	50g
玉米粉	10g
配方奶粉	5g

做法

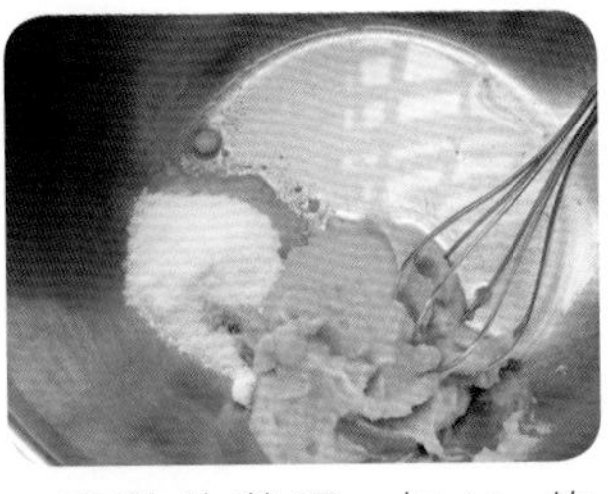

1 蒸熟的芋頭，加 15g 的水，打成泥，加入糖和玄米油攪拌均勻（我使用紅冰糖粉，若使用一般砂糖，則需先將油脂和糖攪拌至糖溶解）。

2 加入蛋黃攪拌均勻。

3 篩入粉類（麵粉、玉米粉、奶粉），攪拌均勻（若覺得太黏稠，芋泥可再增加 10g 或是麵粉減少 10g）。

4 用針筒擠花器，將麵糊擠長條狀到烤盤的烘焙紙上（也可以用擠花袋），烤箱先以 160 度預熱 10 分鐘。。

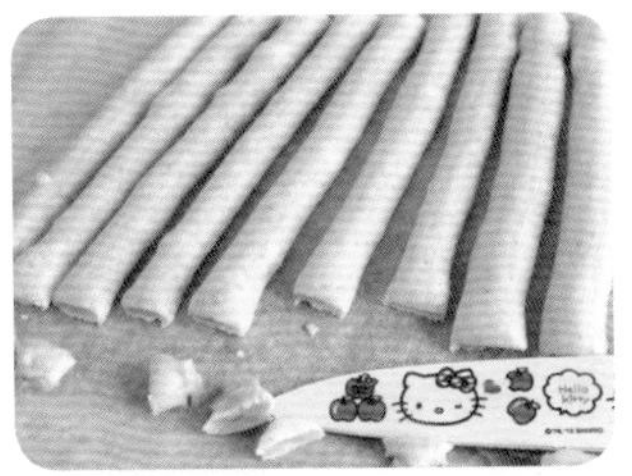

5 烤箱 160 度烤 12 ～ 15 分鐘，若內部尚未完全烤乾，再以 130 度烤 10 分鐘即可。

Point

✿ 芋泥製作時芋頭：水的比例為 2：1，例如 100g+ 水 50g 打成泥，打好的芋泥可做成冰磚方便使用。

食譜77
適用10m以上

白飯星星米餅

薄脆而中空的星星米餅，很適合寶寶練習抓握，但要注意米飯做成的餅乾，容易在放涼後顯得脆硬，因此在壓模前應盡量桿薄，餅皮會更薄脆而更容易入口。

材料

白軟飯……… 25g
水或配方奶或母乳 50g
糖………………… 1g
玄米油…………10g
太白粉…………25g
（或樹薯澱粉或馬鈴薯澱粉）
在來米粉………少許
（表面防沾用）

做法

❶將水、糖、玄米油混合，倒入鍋中加熱至沸騰。

❷倒入太白粉並迅速攪拌均勻後熄火。

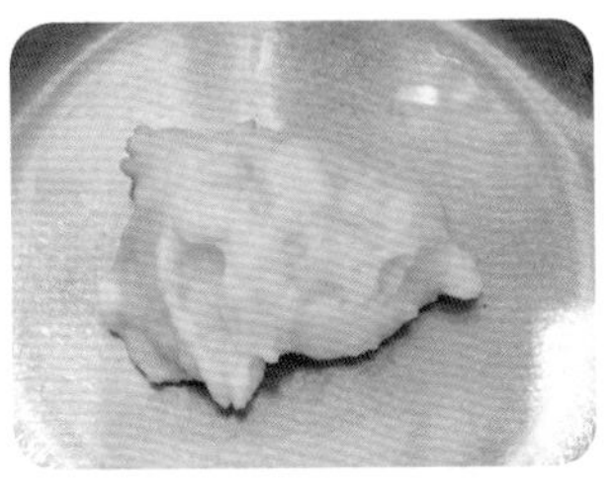
❸煮好的麵糰立刻和白飯一起放入攪拌杯，用料理棒以不斷上下移動的方式打成泥。

❹雙手手掌沾一點在來米粉或玉米粉當手粉，在麵糰上輕輕抹一些手粉，再慢慢桿平（過程中若有黏手的情況，再酌量抹一點點手粉）。

❺桿平後（越薄越好），再用餅乾模壓出造型。

❻壓好造型的麵糰，用手指拍掉表面多餘的手粉（或用軟毛刷輕輕刷除），烤箱先以 200 度預熱。

❼放入烤箱後，以 200 度烤 2 ～ 3 分鐘，麵糰就會鼓起，再以 120 ～ 125 度烤 10 分鐘，將內部完全烤乾。

- 寶島太白粉口感較薄脆好入口，因為樹薯澱粉的支鏈澱粉較高，高溫較容易膨化而薄透，所以市售零食大部份會使用樹薯澱粉，而馬鈴薯澱粉的直鏈澱粉比例和白飯很相近，所以口感稍微脆硬一些。
- 最好選擇直徑 1 公分左右的餅乾模，膨脹的速度及米餅薄透的程度最佳。
- 米餅乾，在低油糖的形況下容易有回潮變軟的現象，若放置一段時間變軟了，可以再用 100 ～ 120 度稍微烘烤即可。

食譜78
適用 11m 以上

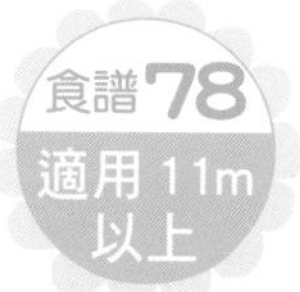

白飯冰皮月餅

省略油脂，並以蓮藕粉來製作冰皮月餅，一樣可以做出口感Q軟滑嫩的口感，這個餅皮也可以用來製做草莓大福唷！

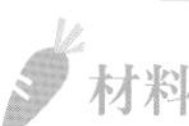

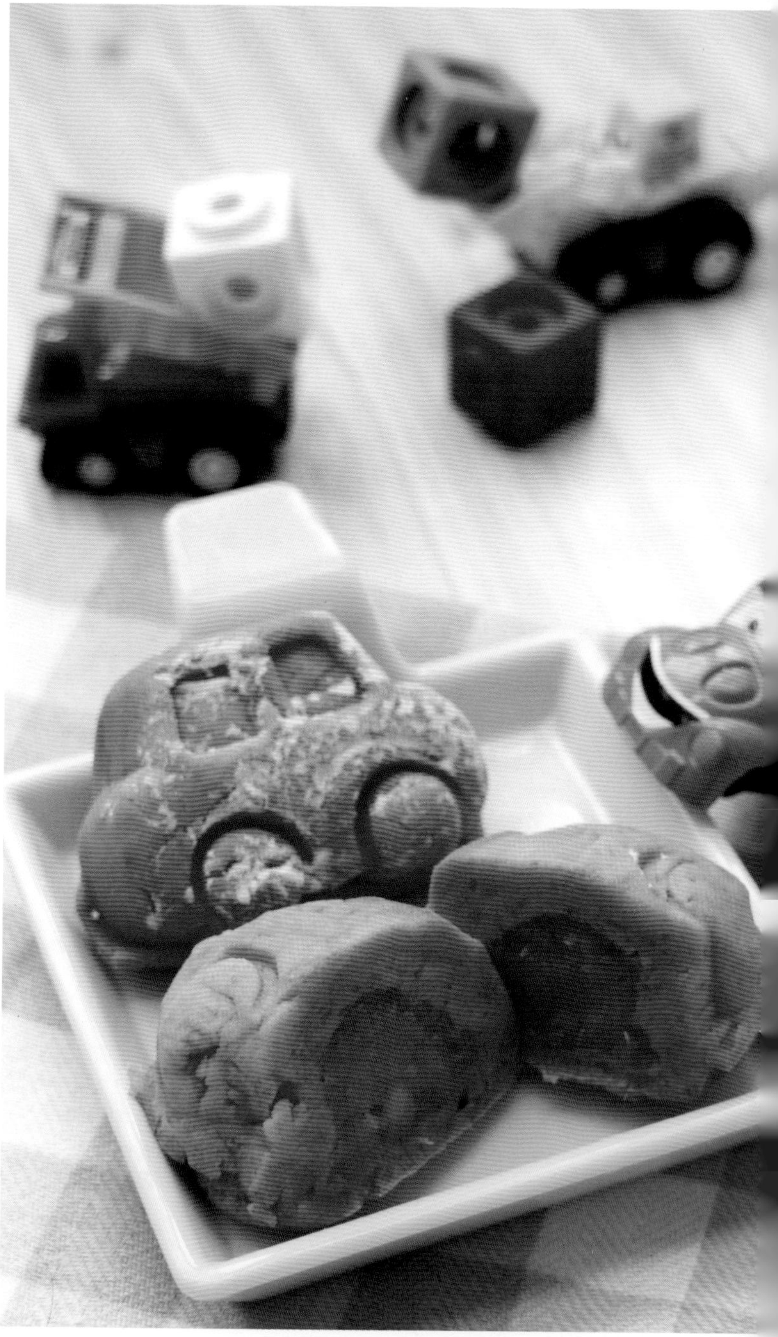

材料

Ⓐ材料：
白軟飯…………50g
火龍果汁………5g
蓮藕粉…………10g
玉米粉…………少許
（或馬鈴薯澱粉，表面防沾用）

Ⓑ材料（內餡）：
蒸熟地瓜泥 7～8g
（可視模具大小增減）

做法

① 將所有白軟飯、火龍果汁、蓮藕粉混合以料理棒打成泥。

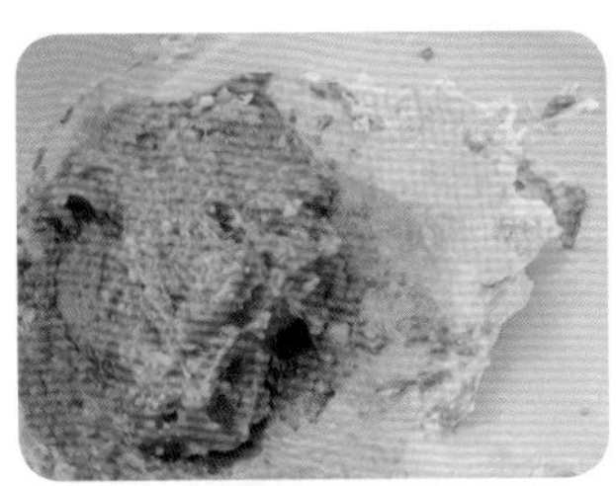

② 將做法❶入鍋翻炒成糰後取出，捏成小麵糰。

③ 玉米粉（或馬鈴薯澱粉）入鍋中不停翻炒至炒熟。

④ 將做法❷的小麵糰表面沾少許做法❸的熟粉。

⑤ 填入飯糰模具中，中間再放入搓成丸狀的地瓜泥即可。

Point

- 一般米飯加入少量的油脂和水即可達到像麻糬的口感，而一般冰皮月餅通常是以糯米粉和粘米粉、澄粉等製作，由於低筋麵粉與糯米粉的比例約為 1：2，因此不建議作為寶寶的副食品點心。
- 如果寶寶的咀嚼能力尚未很好，建議改用蘋果果凍，中間填入丸狀的地瓜泥，同樣也可以做出簡單好吃的冰粽唷！

雞窩蛋蛋黃酥

以簡單的餅乾做法來製作水果口味餅皮的蛋黃酥，口感是鬆軟的，內餡建議以無糖的紅豆泥和地瓜泥來取代傳統的蛋黃酥內餡，以免養成寶寶重口味的習性。

材料

Ⓐ材料（外皮）：

雞蛋……1 顆
糖……50g
無鹽奶油……50g
（用植物油也可以）
低筋麵粉……180g
玉米粉……30g
奶粉 15g（可省略）
青江菜泥……10g
芒果泥……10g
火龍果泥……10g

Ⓑ材料（內餡）：

紅豆……約 3～5g
奶粉……少許
地瓜泥……3～5g

 做法

❶ 無鹽奶油於室溫中放軟後混合雞蛋、糖。

❷ 用電動打蛋器攪打均勻，分成 3 份。

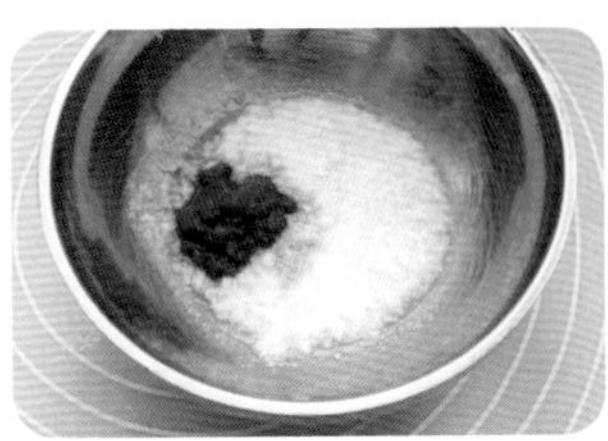

❸ 取其中一份加入青江菜泥。

❹ 再加入低筋麵粉 60g、玉米粉 10g 及奶粉 5g 後，用手掌按壓成糰，桿平。

❺ 入冷凍冰硬後取出，切條狀，表面抹少許低筋麵粉防沾。

❻ 紅豆蒸熟後打成泥，過篩取細緻的泥，加入配方奶粉，再包入地瓜泥，滾成圓球。

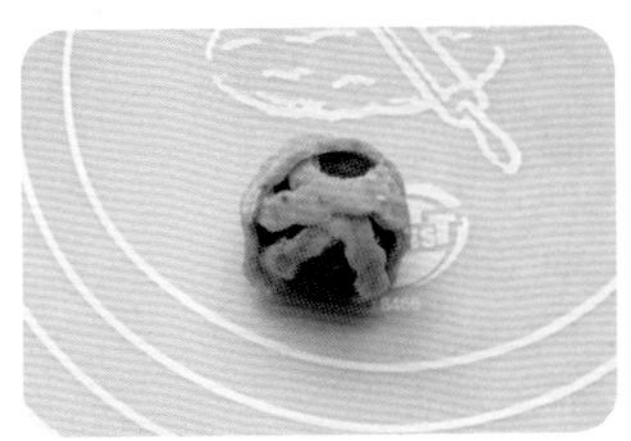

❼ 將做法 ❺ 像捆毛線一樣，纏繞在做法 ❻ 的紅豆泥球上。

❽ 表面刷少許蛋黃汁，灑上白芝麻。

❾ 烤箱 160 度預熱，烤 12 ～ 15 分鐘即可。

另一種口味

· **黃色**：於做法 ❸ 中取其中一份加入芒果泥 10g。
· **粉紅色**：於做法 ❸ 中取其中一份加入火龍果汁 10g+ 少許紅麴 10g。

Point

✿ 若只使用單一口味，則將材料中的果泥總量改為 30g 即可。

食譜80
適用11m以上

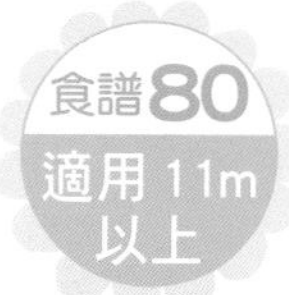

蒸月亮蝦餅

利用帶有果香味的蛋皮，來取代一般油炸的月亮蝦餅餅皮，若未嘗試過蝦的寶寶，也可以改成鯛魚片或鱈魚。

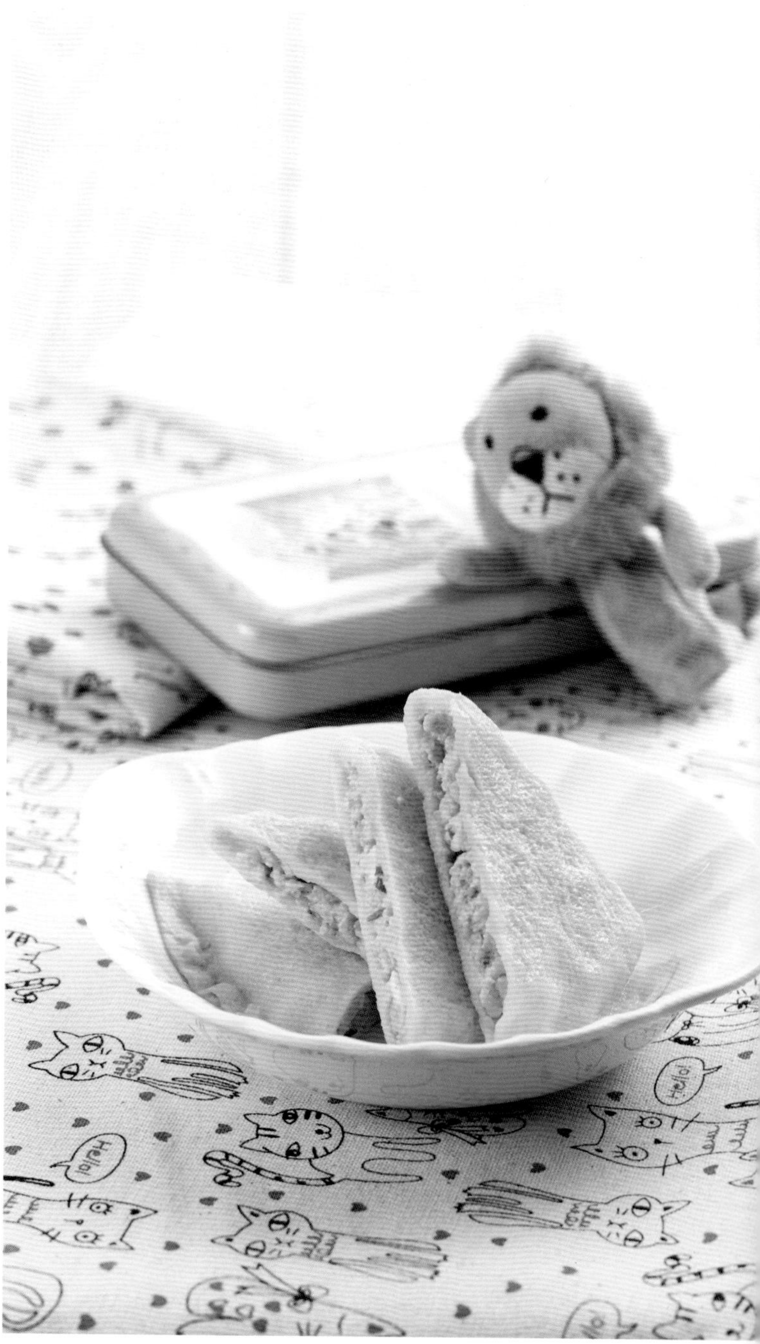

材料

A材料（蛋皮）：

雞蛋……2顆
柳橙汁10g（或開水）
日本太白粉……5g

B材料（內餡）：

蝦……5隻
絞肉……30g
蔬菜……20g
（高麗菜、紅蘿蔔）
白軟飯……20g
蔥末……少許
金針菇……少許
（只取蕈傘）

做法

❶ 蝦背以刀切開後，用牙籤抽掉腸泥。

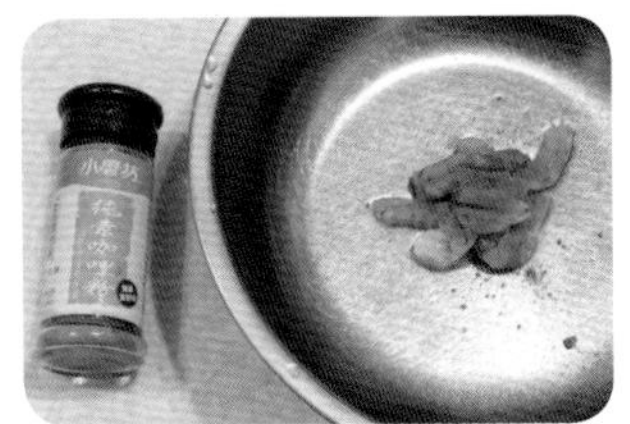

❷ 做法 ❶ 加入咖哩粉，用手搓一搓，再沖洗乾淨，去腥。

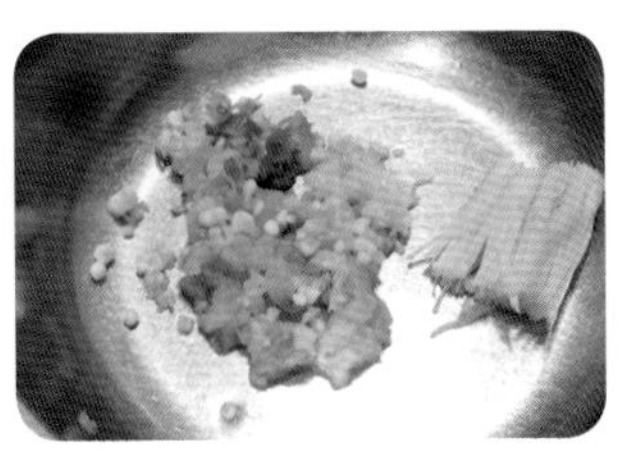

❸ 混合所有內餡，用料理棒打成泥。

❹ 混合蛋皮材料，柳橙汁先和日本太白粉攪拌均勻，再加入蛋液中。

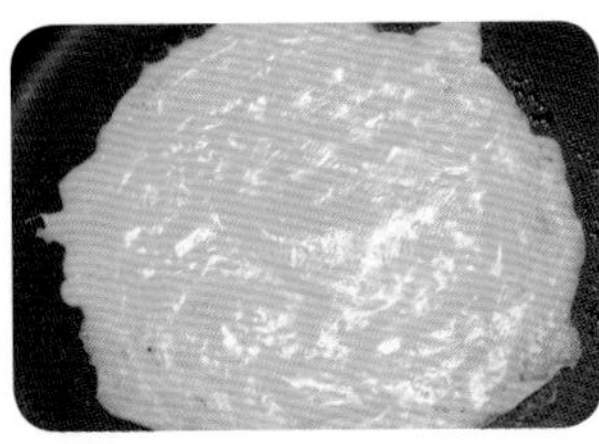

❺ 鍋內抹少許油，將做法 ❹ 緩慢倒入，並用鍋鏟稍微抹平。

❻ 將蛋皮煎至表面乾燥後放入做法 ❸ 的內餡。

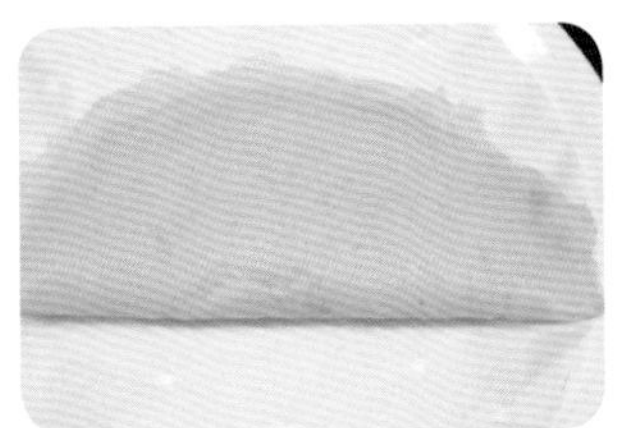

❼ 對折後，放到盤子上，盤子底部需鋪蒸籠紙或饅頭紙。

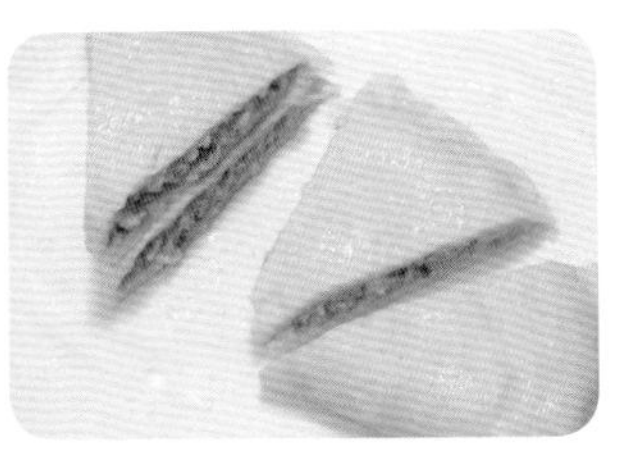

❽ 入鍋蒸 10 分鐘或電鍋外鍋 2 至 3 米杯水蒸熟後，切塊。

Point

- 以咖哩粉去腥並不會殘留咖哩味。建議挑選素食咖哩粉，也就是成份中無添辣椒和胡椒粉的，台灣的咖哩粉品質就已經很不錯，不一定要選購進口的咖哩粉，因為翻譯後的成份反而不是很明確。
- 蝦肌肉中的原肌球蛋白（tropomyosin），是造成人對甲殼類水產品引發不適反應的主要過敏原；蝦死亡後，體內的酵素會把此蛋白分解出來，如果新鮮健康的活蝦直接烹煮，蝦肉入胃後被人體消化酵素隨機分解，自然不一定會有過敏的狀況。但活蹦亂跳的蝦不見得新鮮安全，有些不肖業者會在運送過程中，加入興奮劑之類的藥物，食用過量對健康有害，如果無法查明是否添加藥物，建議購買急速冷凍的蝦。

食譜81
適用 11m 以上

白飯脆皮月亮蝦餅

若寶寶不喜歡前頁食譜的蛋皮口感，也可以利用混合白飯和蛋白的麵糊，煎成口感較酥脆的餅皮。

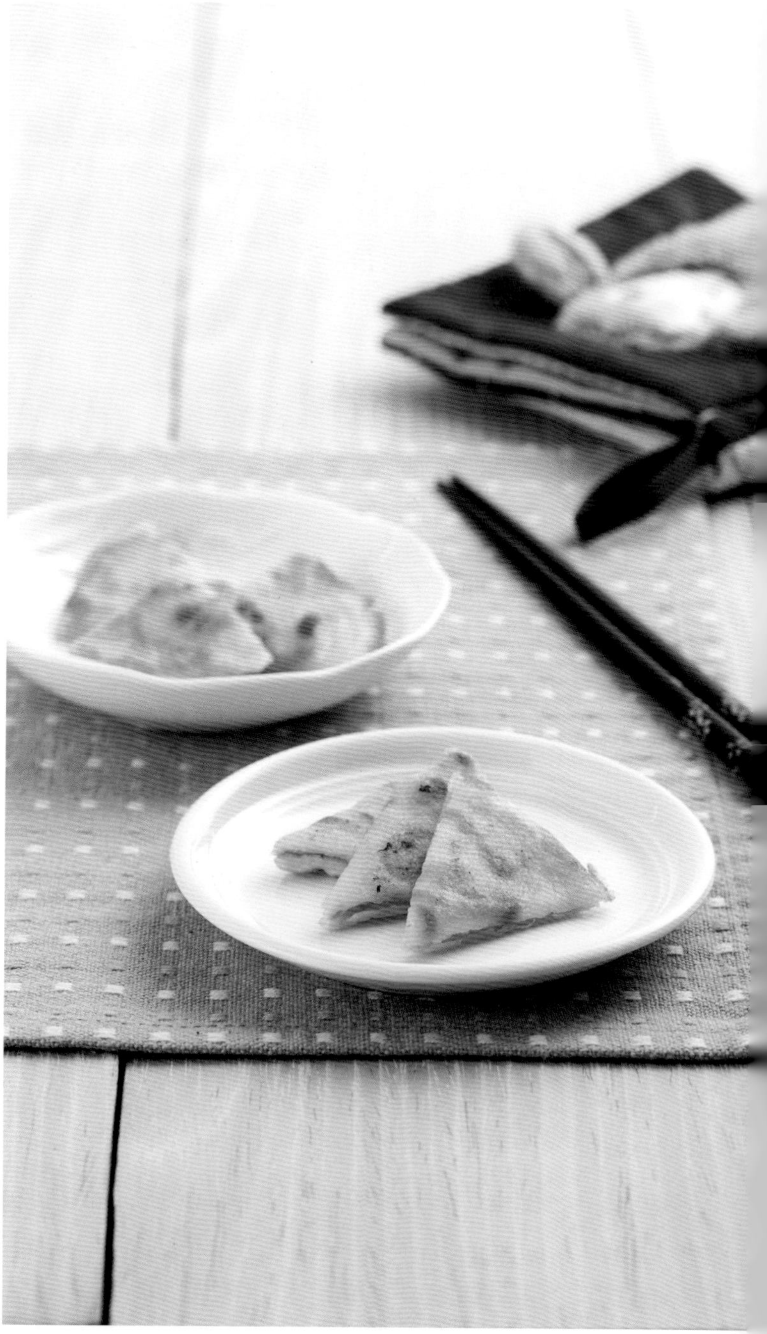

材料

Ⓐ材料（餅皮）：

白軟飯⋯⋯⋯ 30g
（2倍水煮成的飯）
蛋白⋯⋯⋯⋯ 1顆
麵粉⋯⋯⋯⋯ 10g
玉米粉⋯⋯⋯ 5g

Ⓑ材料（內餡）：

蝦⋯⋯⋯ 2～3隻
蒸熟馬鈴薯⋯⋯ 30g
白軟飯⋯⋯⋯⋯ 5g
蔥末⋯⋯⋯⋯少許
紅蘿蔔泥⋯⋯少許
胡椒粉⋯⋯⋯少許
檸檬汁⋯⋯⋯少許

做法

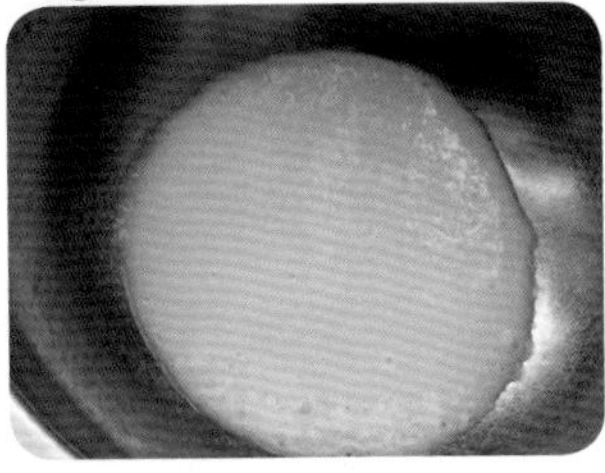

❶ 將白軟飯和蛋白一起用料理棒打成泥。

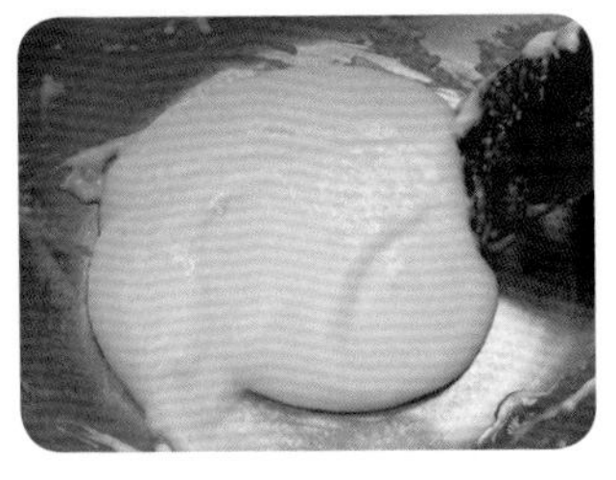

❷ 加入麵粉和玉米粉攪拌均勻。

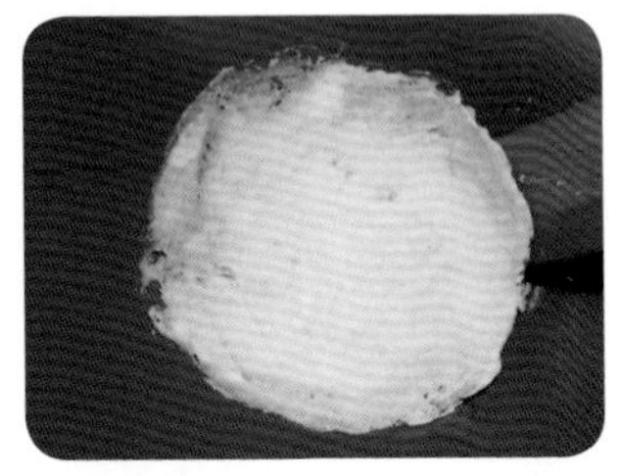

❸ 用湯匙盛少許麵糊至鍋中，用湯匙底部將麵糊盡量抹平及薄透，餅皮煎好後取出備用。

❹ 混合內餡材料，用料理棒打成泥。

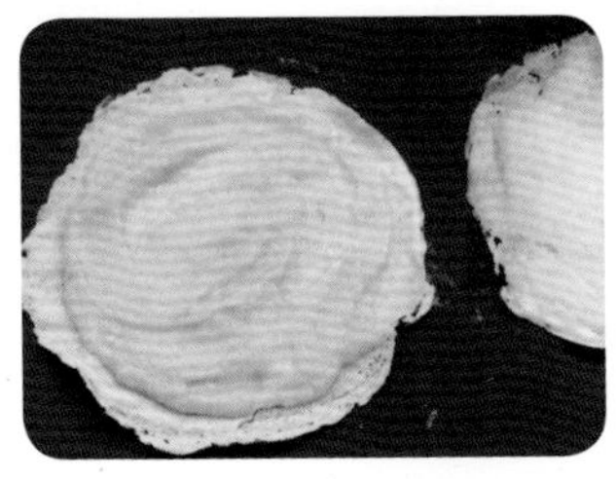

❺ 將做法❹的內餡鋪於做法❸的餅皮上。

❻ 再覆蓋一張餅皮。

❼ 兩面皆煎至微酥後，起鍋、切塊。

- 做法類似一般自製蛋餅皮，所以第一次做餅皮的時候，建議鍋內抹少許油後擦拭，或是使用平底鍋乾煎，夾入內餡後，則可以用少許油煎至微酥。
- 做法❺也可使用市售餛飩皮，煎好再切成四塊三角形的蝦餅即可。

食譜82
適用 11m 以上

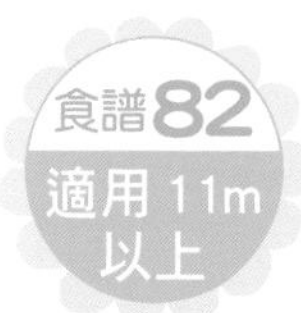

玉米鮭魚飯糰

玉米所含的胡蘿蔔素和玉米黃質，屬於脂溶性營養素，建議添加少許油脂烹煮，或是利用魚肉本身的油脂，幫助寶寶吸收到更多的營養素。

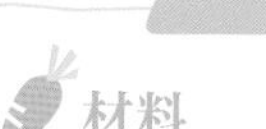

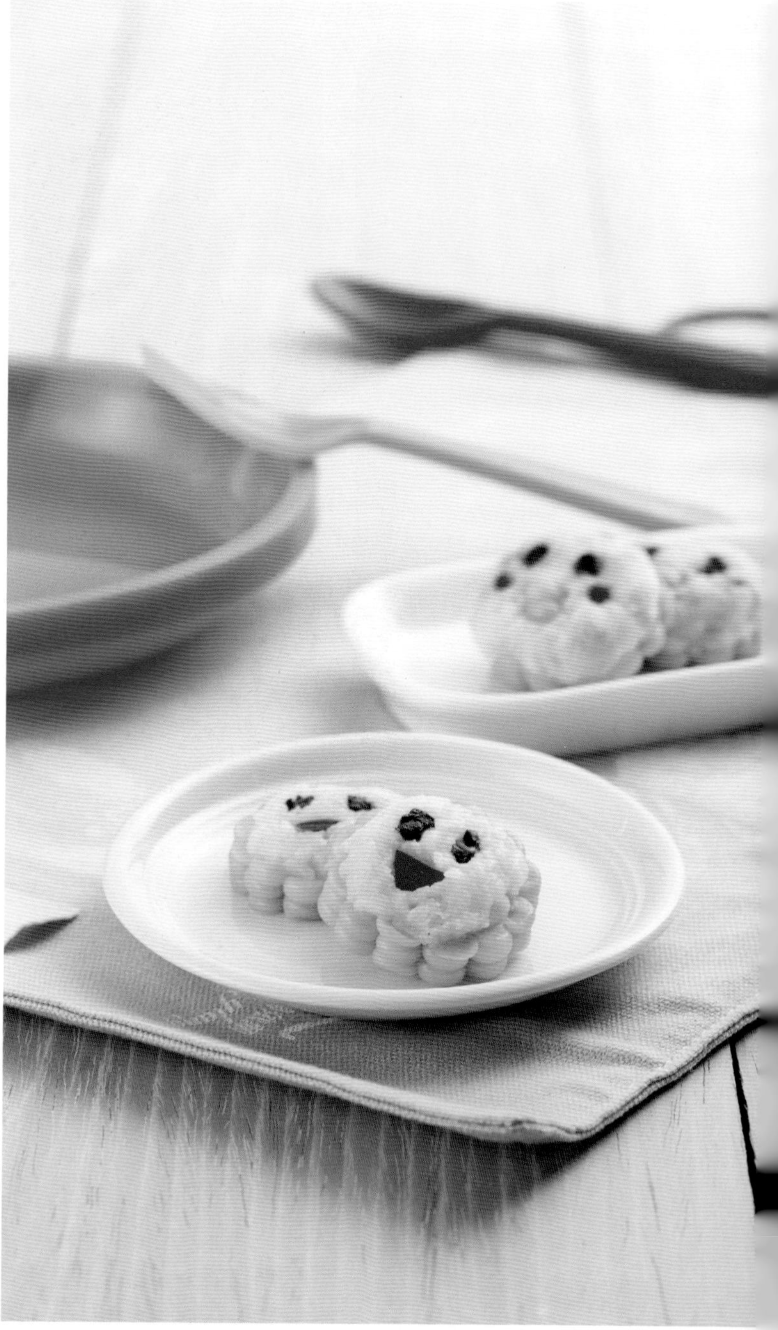

材料

玉米切薄片……數片
馬鈴薯……25g
白飯……25g
鮭魚……少許
洋蔥……少許
起司……少許
麵粉……少許
菠菜泥……少許
甜椒……少許

做法

① 玉米切成薄片後燙熟。馬鈴薯蒸熟後壓泥。

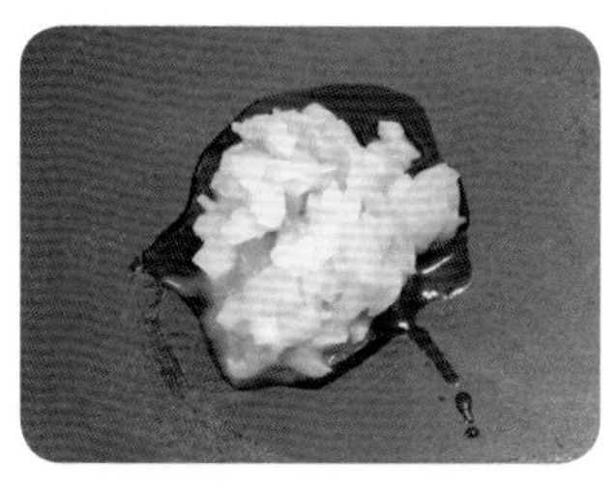

② 鍋內用少許油，將鮭魚和洋蔥略炒後盛起。

③ 混合做法❶及做法❷，趁材料未涼時，加入少許起司拌勻（可省略）。

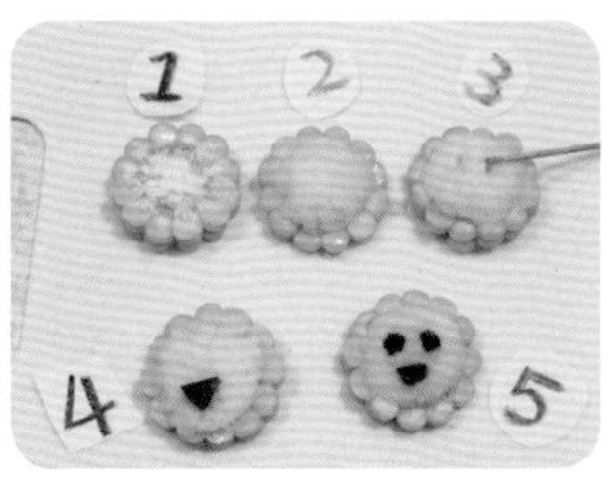

④ 在玉米片上抹少許麵粉，填入做法❸，以竹籤在上方搓洞，再以汆燙過的甜椒或番茄當嘴巴，並用蔬菜泥當眼睛。

⑤ 完成造型後入鍋中蒸 5 ～ 8 分鐘即可。

Point

- 玉米主要產季為 9 ～ 12 月，和 1 ～ 3 月，以往錯誤的資訊是玉米的農藥很多，其實玉米冒出幼嫩果穗，摘下頂端的果穗就是玉米筍，而農民會在剩下的果穗穗頭點藥，直到採收都不會再噴藥，因此只要在流水中沖洗乾淨或使用軟毛刷刷洗即可。
- 切成薄片的玉米，較方便寶寶將完整的玉米粒咬下，因為玉米的營養大多集中在玉米胚芽哩，所以不論是削下玉米粒或啃食，都盡量讓寶寶能攝取到胚芽，倘若寶寶的咀嚼能力尚未很好，建議磨泥後，混合其他食材，做成小飯丸讓寶寶抓取食用。

食譜83
適用 11m 以上

米飯馬卡龍

這道配方以軟飯泥取代蛋糕配方的液體，較能在平底鍋勺入不流動的麵糊，而蛋糕口感也較為鬆軟濕潤。

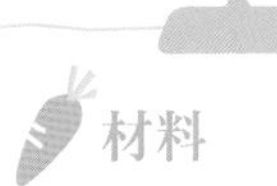

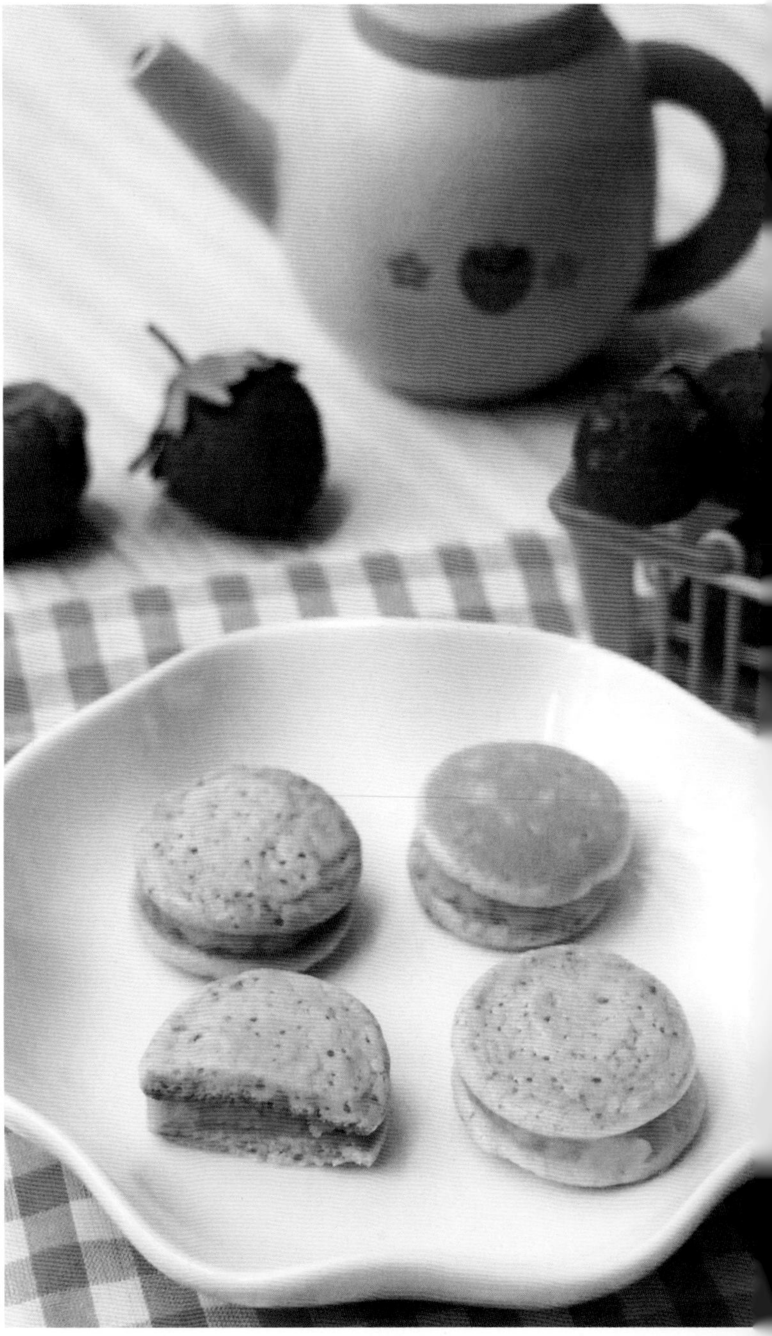

材料

白軟飯……………40g
（用2倍水煮成的軟飯）
奶油乳酪……………20g
火龍果汁……………5g
低筋麵粉……………20g
玉米粉……………10g
雞蛋……………1顆
糖……………5g

做法

❶ 奶油乳酪、火龍果汁、蛋黃、白軟飯、糖，先一起用料理棒打成泥。

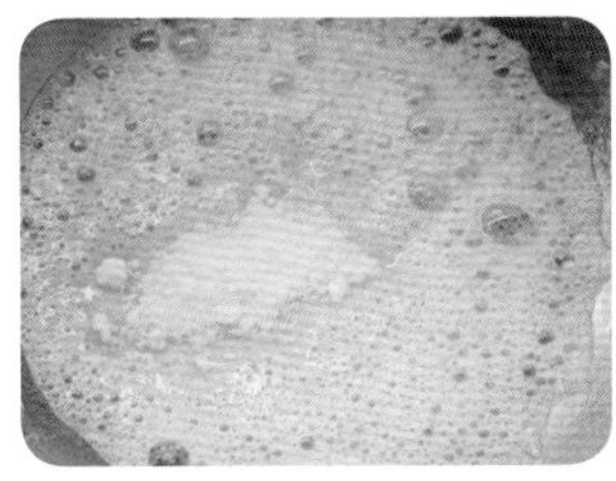

❷ 蛋白打至粗泡泡，加入糖，繼續以高速打發。

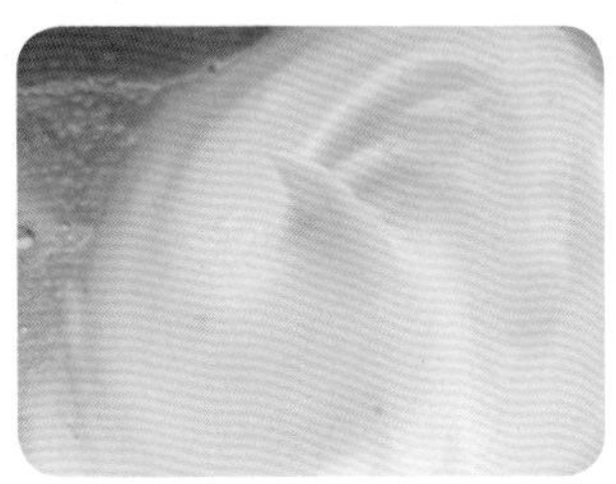

❸ 再加入玉米粉，繼續高速打發至蛋白霜成挺立的彎勾狀。

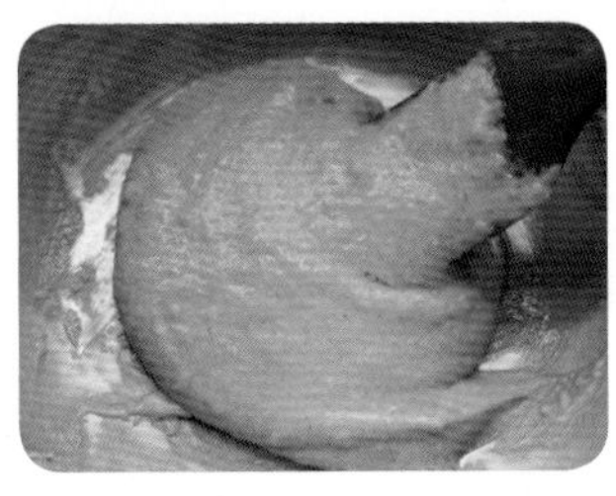

❹ 在做法 ❶ 的米飯泥中篩入低筋麵粉，攪拌均勻成蛋黃糊。

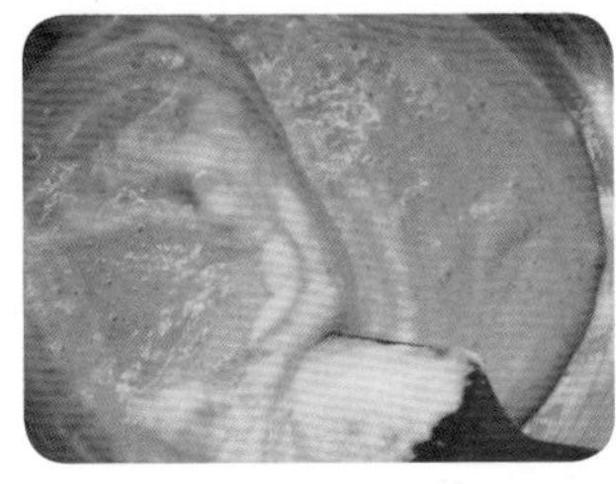

❺ 將 1/3 的蛋白霜加入蛋黃糊中，以橡皮刮刀從中間切入再沿著盆邊像寫日文的の一樣翻轉上來，可以邊轉動盆子邊翻動麵糊，直到蛋白霜完全溶入蛋黃糊中，重複切拌翻轉 2～3 次，動作務必輕柔快速。

❻ 鍋內抹薄薄的油再擦拭乾淨，用小湯匙勺入少許麵糊。

❼ 翻面後則是銅鑼燒餅皮，翻面後微煎一下即翻面，沒有焦黃的那一面很像馬卡龍喔！

Point

- 一般奶油乳酪約含 30％以上的油脂，因此建議使用的量盡量減少。
- 奶油乳酪可用 10g 玄米油 +10g 優格取代。
- 可夾入地瓜泥或南瓜泥，更好吃。

食譜84
適用11m以上

寶寶檳榔

地瓜葉含有維生素A，因此建議油炒或是在汆燙的過程中滴入少許油脂，而汆燙的時間也不宜過久，以免營養流失過多。

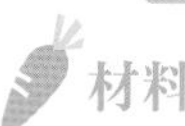

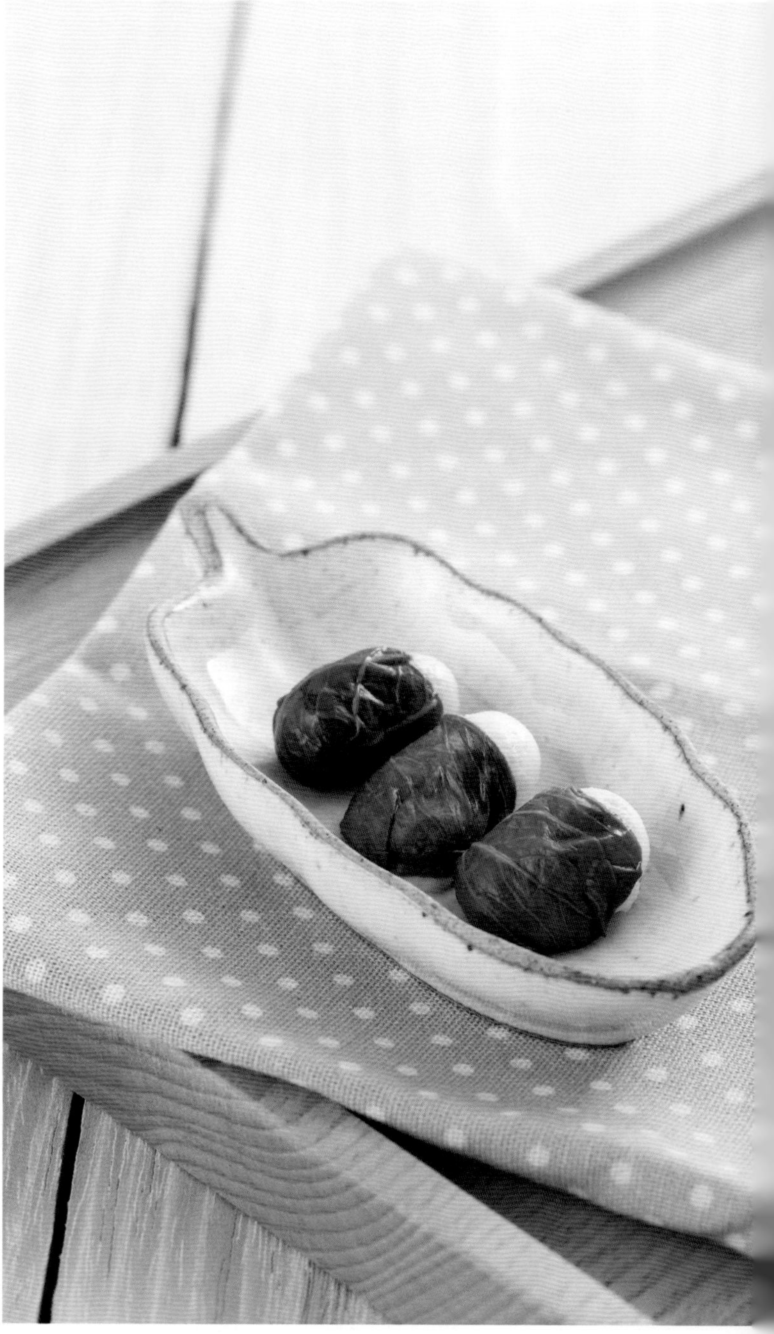

材料

地瓜葉…3～5片
蓮子……3～5顆
馬鈴薯泥……少許
（或白軟飯、地瓜泥）

做法

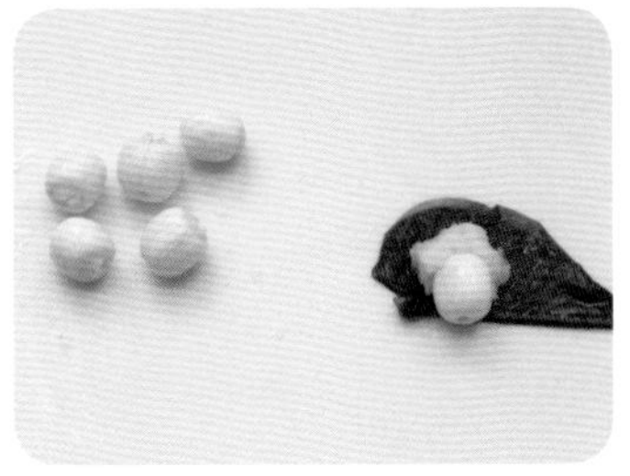

❶ 地瓜葉汆燙燙軟後對折，先放入一點點白軟飯或馬鈴薯泥或地瓜泥，再放上汆燙至軟的蓮子。

❷ 捲起來即可。

Point

- 蓮子煮軟和地瓜葉燙軟，也可以讓寶寶直接抓取食用唷！
- 新鮮的蓮子色澤是象牙黃，聞起來有一點點清香味，勿選購顏色過白的蓮子，恐有使用雙氧水漂白的疑慮。此外，食用過量容易引起便秘，建議少量攝取即可。

食譜85
適用11m以上

寶寶肉粽

這道當然是繼上一道的巧思，也可以當作端午節的應景食譜，雖然裡面我只包了白飯，但還是可以改成口感偏軟的炊飯或炒飯，想包什麼都可以。

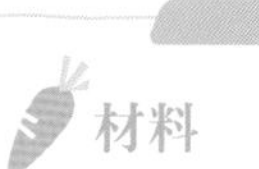

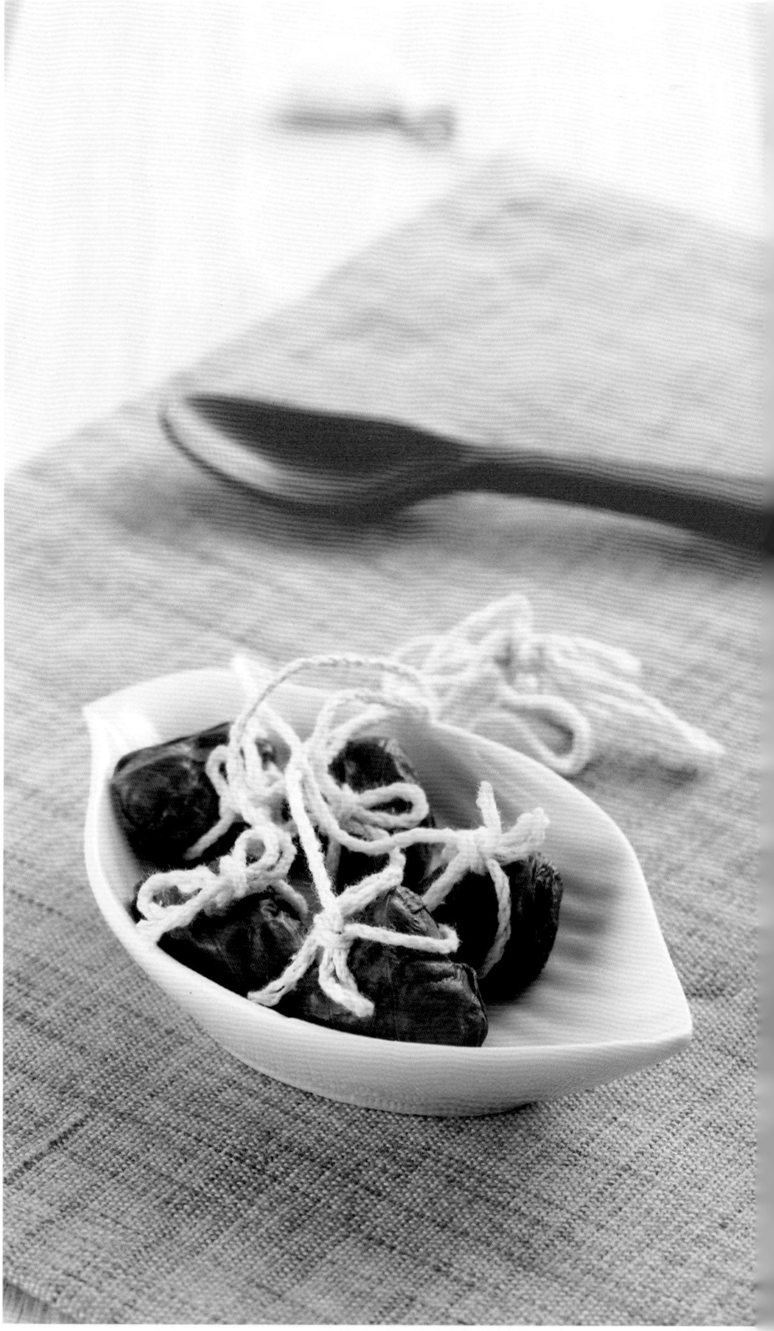

材料

青江菜……4～5片
白飯……1/3飯碗
粽繩……適量

做法

❶ 將青江菜汆燙燙軟，一小口白飯放在中間。

❷ 包起來呈三角錐，再綁繩子即可。

Point

✿ 寶寶 2 歲前腸胃功能尚未完全跟大人一樣，因此不建議給寶寶食用糯米製品，除了容易噎到外，糯米的支鏈澱粉約占 80%，而支鏈澱粉雖然在小腸較容易消化吸收，但因為黏性較高，會造成食物不易被腸道磨成食糜，停滯在胃中的時間相對也較長，因此吃糯米製的食品，常有腹脹、腹痛等問題，所以無需急著讓寶寶嘗試糯米製品。

食譜86
適用11m以上

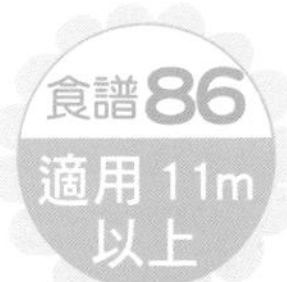

芋籤丸

芋頭的營養成份和馬鈴薯類似，可以預防蛀牙和增加免疫力。這道食譜的芋頭和香菇的香氣較重，也可以促進寶寶食慾。

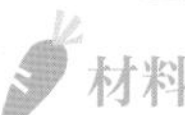

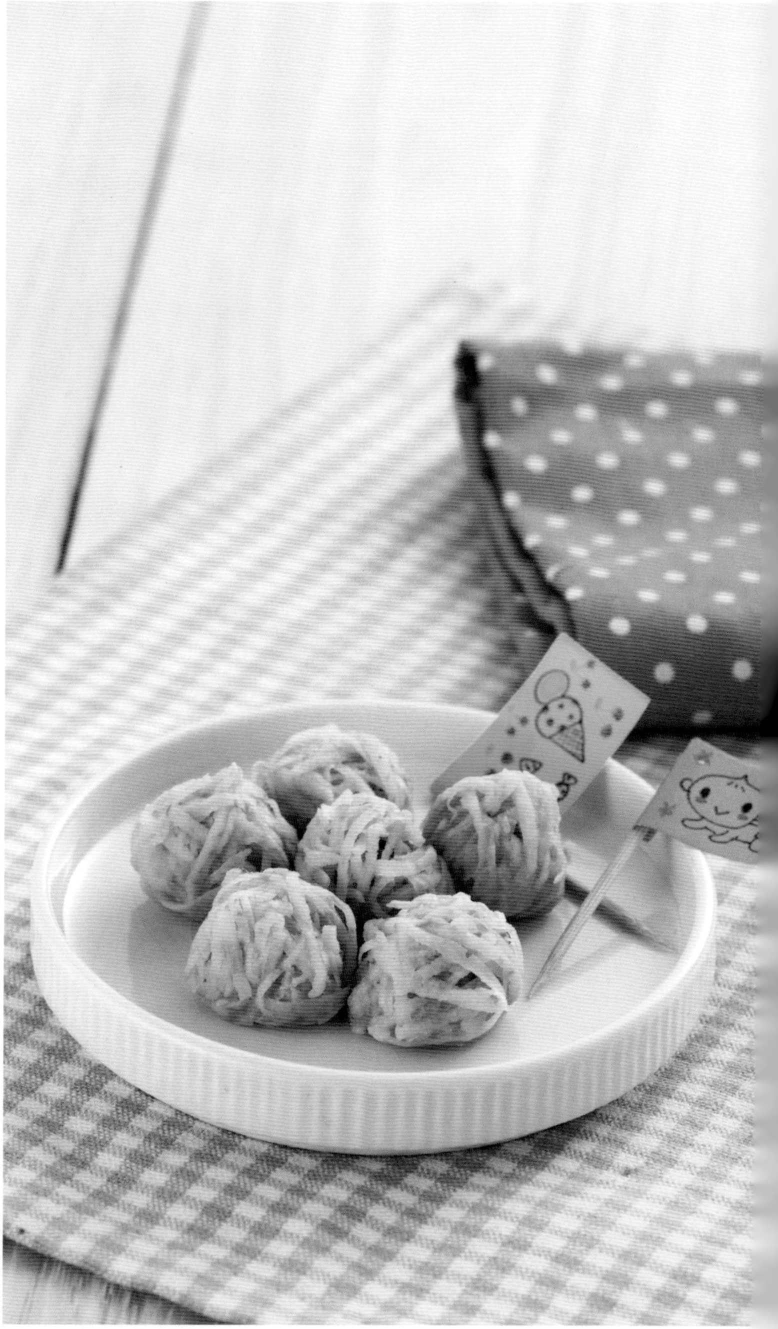

材料

芋頭絲（刨絲）少許
豬絞肉…………少許
乾香菇…………1朵
蔥末……………少許
麵粉……………少許

做法

❶ 芋頭刨絲後，置於篩網上用水稍微沖洗。

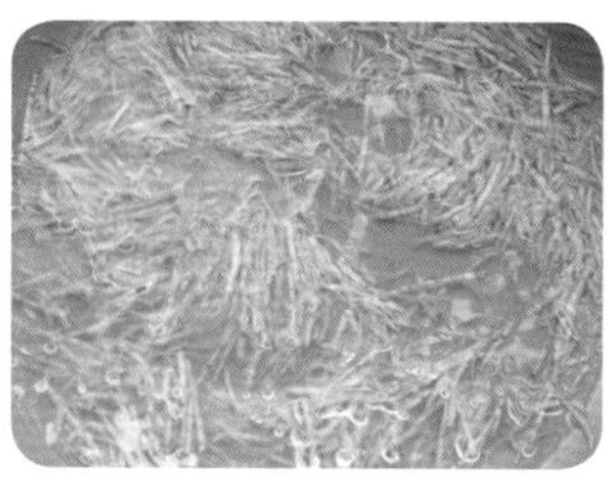

❷ 置於鍋中稍微汆燙後，再沖一次冷水。

❸ 準備內餡，乾香菇泡軟剁碎後，加入豬絞肉及蔥末以攪拌棒打成泥。

❹ 將做法 ❸ 搓成丸狀，表面沾薄薄的麵粉。

❺ 外層包裹芋頭絲。

❻ 放置於蒸盤的饅頭紙上，蒸約 10 分鐘即可。

Point

- 芋頭膳食纖維含量高，與許多蔬菜的含量相當，可以說是澱粉類的蔬菜，且含豐富的澱粉和蛋白質，容易產生飽足感也有足夠的營養。建議食用芋頭時，不要搭配開水，就比較沒有脹氣的問題。
- 肉類在打泥的時候，可加一小口水，幫助肉質滑嫩，再加一小口飯，增加黏性（若寶寶的咀嚼能力很不錯，可省略）。

食譜87 適用11m以上

蘋果麵包

使用蘋果原汁來製作除了沒有蘋果香味外，也容易影響麵糰發酵，因此我利用切丁的蘋果，加水熬煮成蘋果水來製作，鬆軟的薄片麵包，很適合寶寶抓握食用。

材料

蘋果水…………70g
蛋黃…………1顆
糖…………20g
奶粉…………3g
酵母粉……1/2茶匙
（或新鮮酵母6g）
高筋麵粉……150g
玄米油……5～8g
牛奶…………少許
（刷表面用）

做法

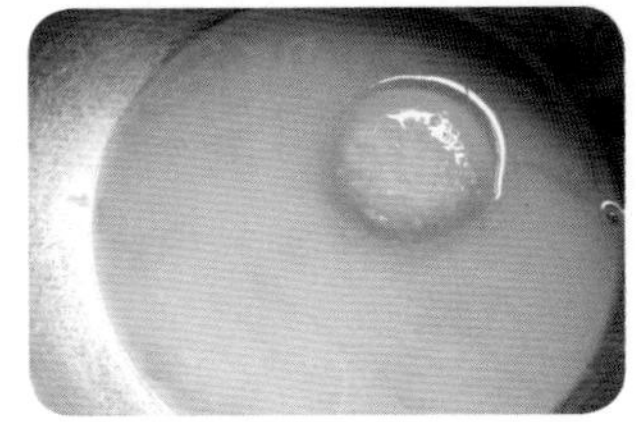

❶蘋果水加入蛋黃、糖、酵母、奶粉攪拌均勻。

❷再加入高筋麵粉攪拌均勻。

❸揉成糰後（揉麵時間須在2分鐘以內）表面覆蓋擰乾的濕布，醒10分鐘。

❹再加入玄米油，揉勻。

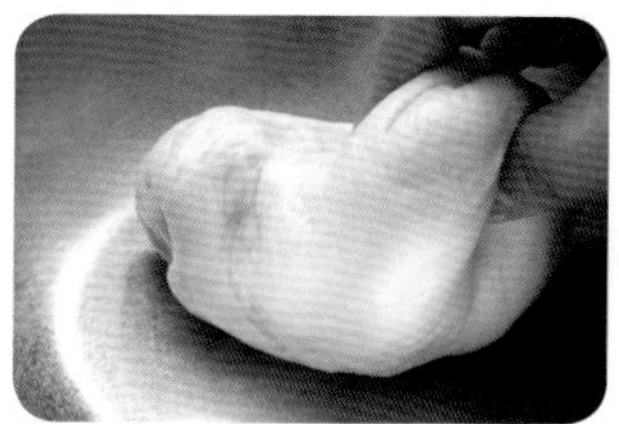

❺ 抓起麵糰的一端，在盆中甩打至少重覆 50 次。

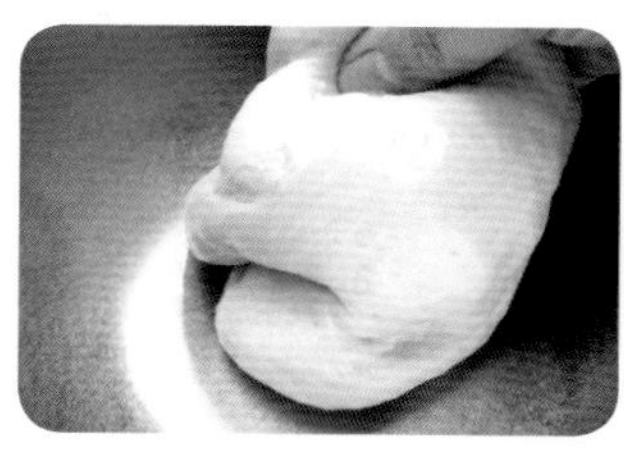

❻ 利用對折的方式，手掌在前方由上往下壓，一直重覆此動作，直到麵糰表面光滑。

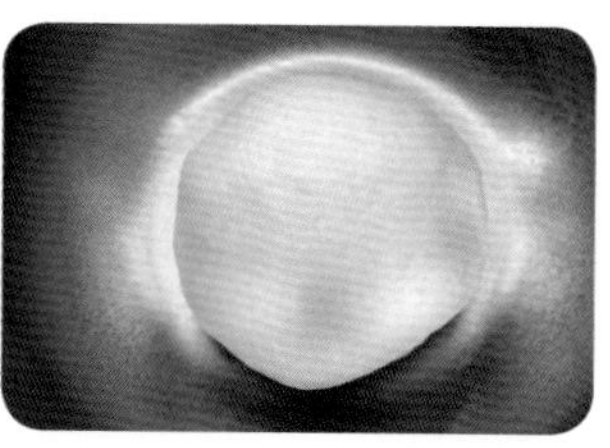

❼ 麵糰呈現光滑均勻即可，再繼續覆蓋擰乾的濕布或保鮮膜，等待發酵約 20 分鐘。

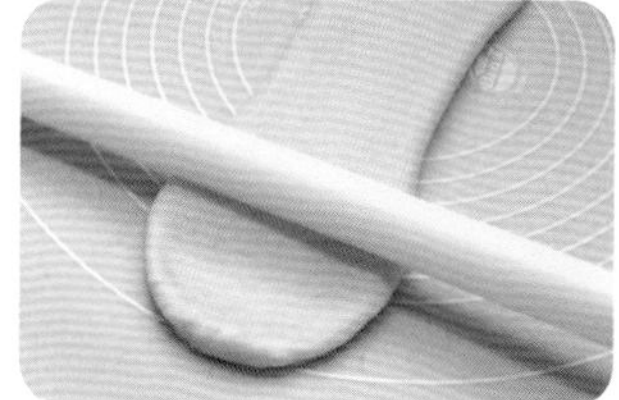

❽ 取出麵糰，麵棍由中間往前及往後推桿，對折再桿，至表面光滑平整。

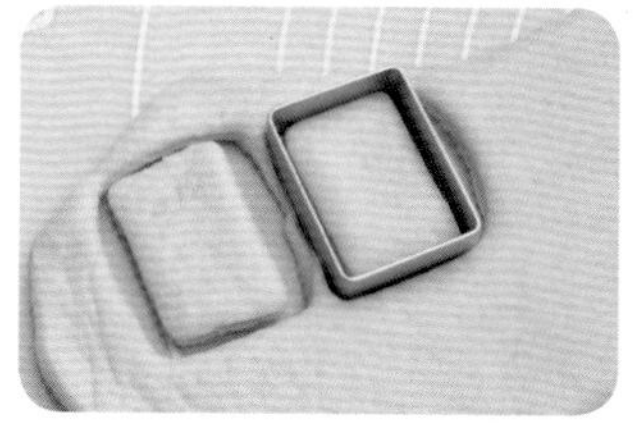

❾ 用模具（鳳梨酥模）壓出造型或使用切麵刀切成長方塊。

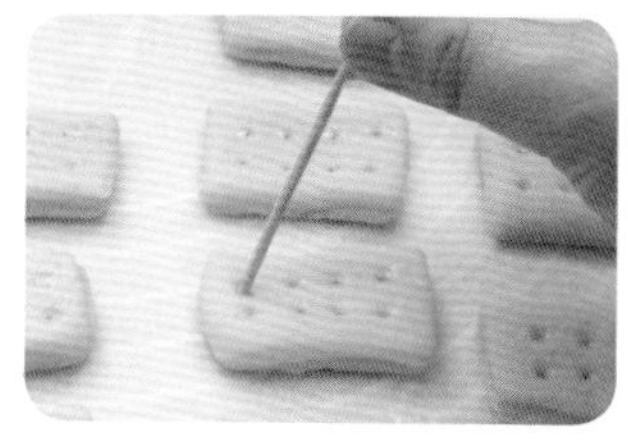

❿ 牙籤沾少許植物油，搓出洞洞造型（可省略）。

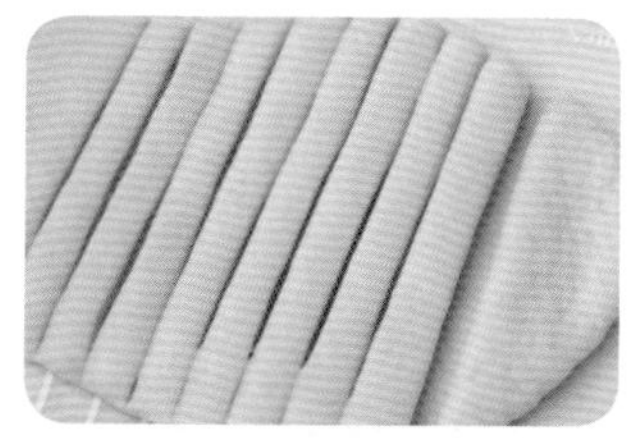

⓫ 也可以將麵糰切成條狀，做成麵包棒。

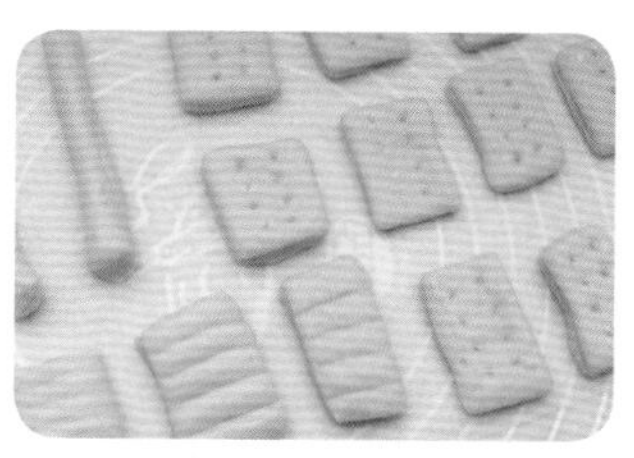

⓬ 放進烤箱的烘焙紙上，做最後一次發酵 60 ～ 90 分鐘（麵糰體積膨脹約 2 倍大），取出先覆蓋保鮮膜。烤箱以 180 度預熱 10 分鐘。

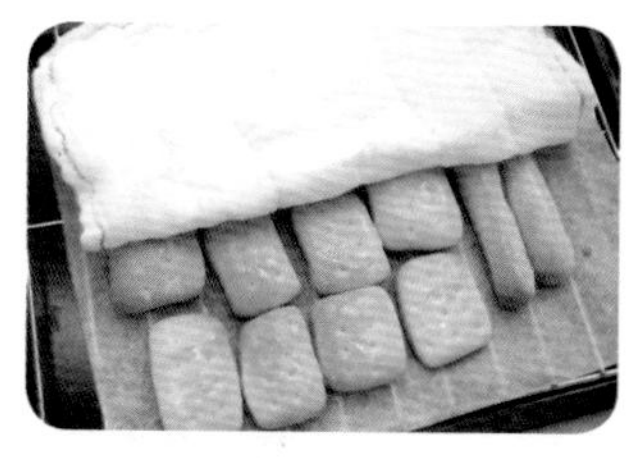

⓭ 表面刷少許牛奶（可使用旅行用的噴霧罐會比較均勻薄透），烤箱 180 度烤 10 ～ 12 分鐘，取出後置於放涼架上，以乾的棉布覆蓋。

- 蘋果汁的部份我使用切丁的蘋果，加水熬煮出蘋果的香味，過濾後取蘋果水稍微放涼後使用（低於體溫即可）。因水中的礦物質可以幫助酵母發酵，所以不建議直接使用果汁來製作麵包。
- 做法 ❺ 我都是將打蛋盆一手抱在腹部，另一手將麵糰舉起至眼睛高度，往盆內摔打。
- 成品以乾的棉布覆蓋可防止冷卻過程中，表面風乾變硬，也可刷少許植物油增加表面的濕度，這樣放置 2 ～ 3 天，表面及內部依然保持柔軟。

食譜88
適用 11m 以上

南瓜小米麵包

選用的食材皆含膳食纖維，除可幫助排便外，同時兼助消化、顧腸胃的功效。做剩下來的南瓜泥和小米飯，也可以做成冰磚，煮成南瓜小米粥讓寶寶食用。

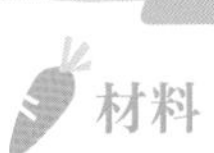

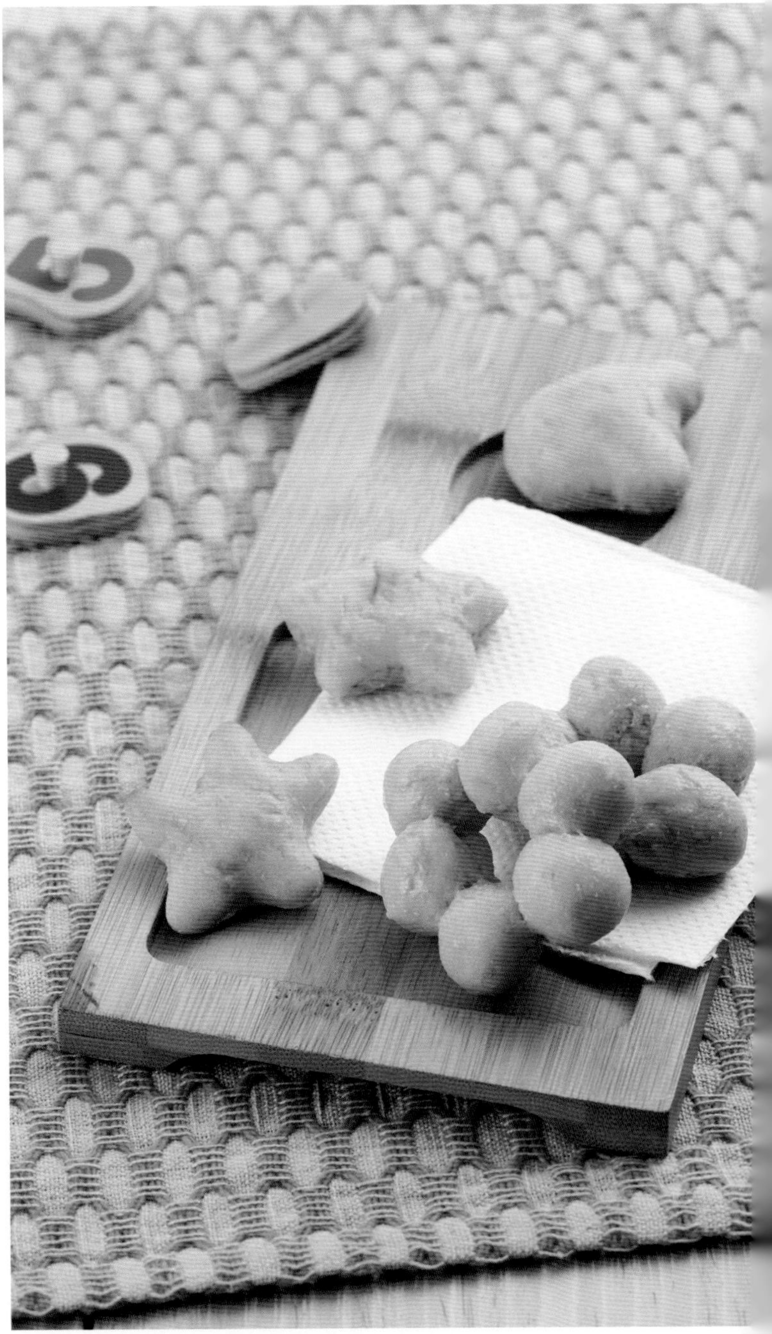

材料

煮熟的小米飯	50g
南瓜泥	50g
低筋	90g
高筋	30g
酵母粉	1g
糖	5g

做法

❶ 小米洗淨後，加入 5 倍水（例如小米 30g、水 150g），電鍋外鍋 1 杯水蒸至跳起。

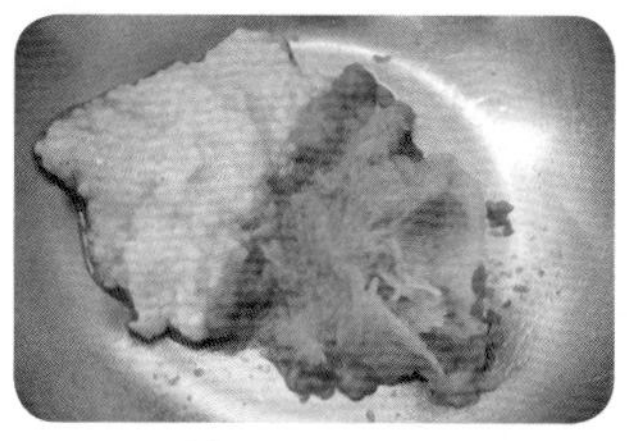

❷ 混合小米和蒸熟的南瓜泥，放涼備用。

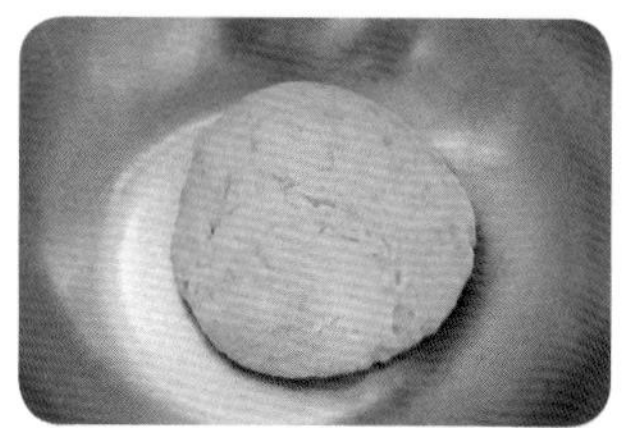

❸ 加入其它材料揉成糰後，靜置 20 ～ 30 分鐘。

❹ 取出桿平，對折再桿平，至表面光滑。

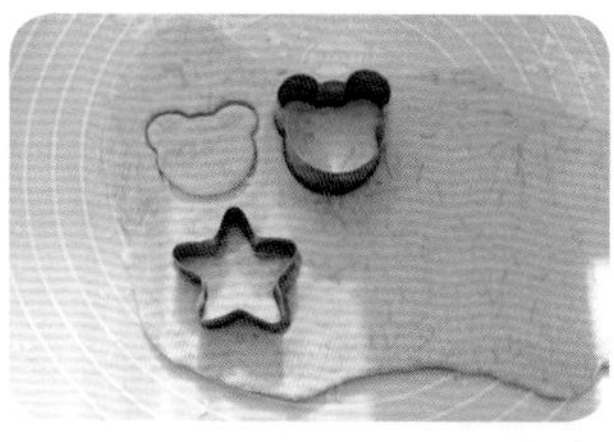

❺ 用模具壓出造型，表面覆蓋擰乾的濕布，做最後一次發酵 50 ～ 60 分鐘。

❻ 平底鍋稍微預熱，先抹一層薄油再擦拭乾淨，放入麵糰乾煎。

❼ 蓋上鍋蓋，待麵糰表面明顯膨脹後，進行翻面。

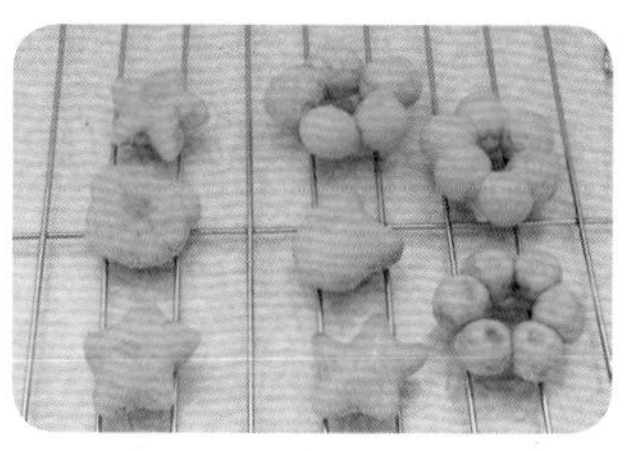

❽ 煎好的麵包，表面覆蓋乾的棉布，待涼即可。

- 以平底鍋煎鬆餅、蛋糕和麵包時，最好使用架高爐架，或將爐架重疊，這樣可延緩底部變焦的速度。
- 也可以置於烤箱以 180 度烤 12 ～ 15 分鐘（烤前表面可刷少許蛋液或牛奶）。
- 除使用模具外也可以使用瓷碗碗底來壓模。

食譜89
適用 11m 以上

白飯起司鬆餅

利用白飯，馬鈴薯和少許起司做成的餅皮，加上蔬菜泥做成的卡士達醬，也可以當成正餐唷！

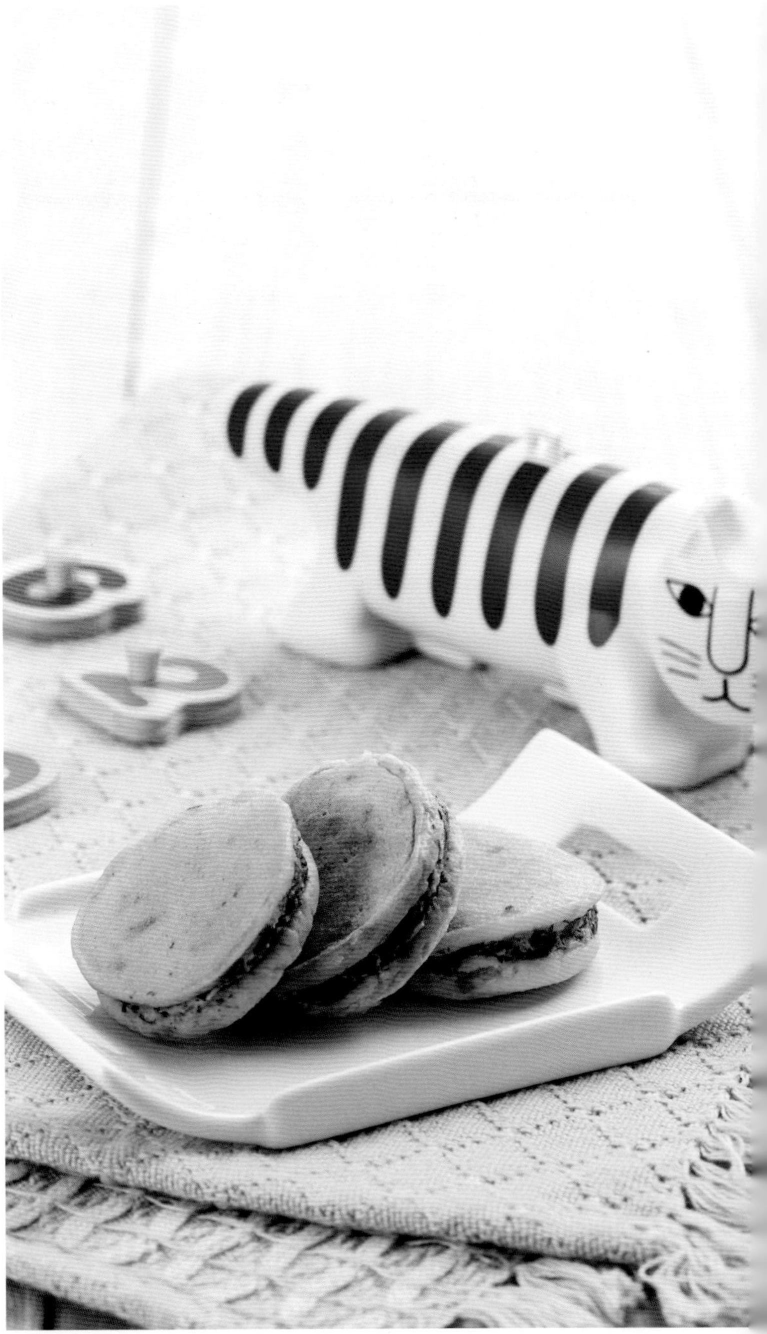

材料

Ⓐ材料（餅皮）：

白飯……50g
馬鈴薯……50g
起司……10g
雞蛋……1顆
玉米粉……5g
蔬果泥……3～5g

Ⓑ材料（內餡）：

小松菜……50g
無鹽奶油……5g
（室溫中軟化，或使用植物油）
低筋麵粉……10g

做法

❶ 將餅皮材料混合，用料理棒打成泥，可分成 2～3 份，分別加入少許不同顏色的蔬果泥，鍋內抹少許油，入鍋小火慢慢煎熟即可。

❷ 小松菜葉燙軟後剁碎，加入無鹽奶油及麵粉，入鍋中小火翻炒成軟泥狀即可。

❸ 將做法 ❷ 的小松菜泥包入做法 ❶ 的餅皮中夾起即可。

Point

- 餅皮麵糊中的蔬果可任意變換，諸如加入少許紅蘿蔔泥或南瓜泥、紅椒泥、山藥泥等，就有不同的顏色變化！

雪花魚棒

用電鍋蒸出後再微焗烤，像白雪一樣覆蓋在青花菜上，好吃又營養，青菜、魚肉、澱粉一次就可以均勻攝取。

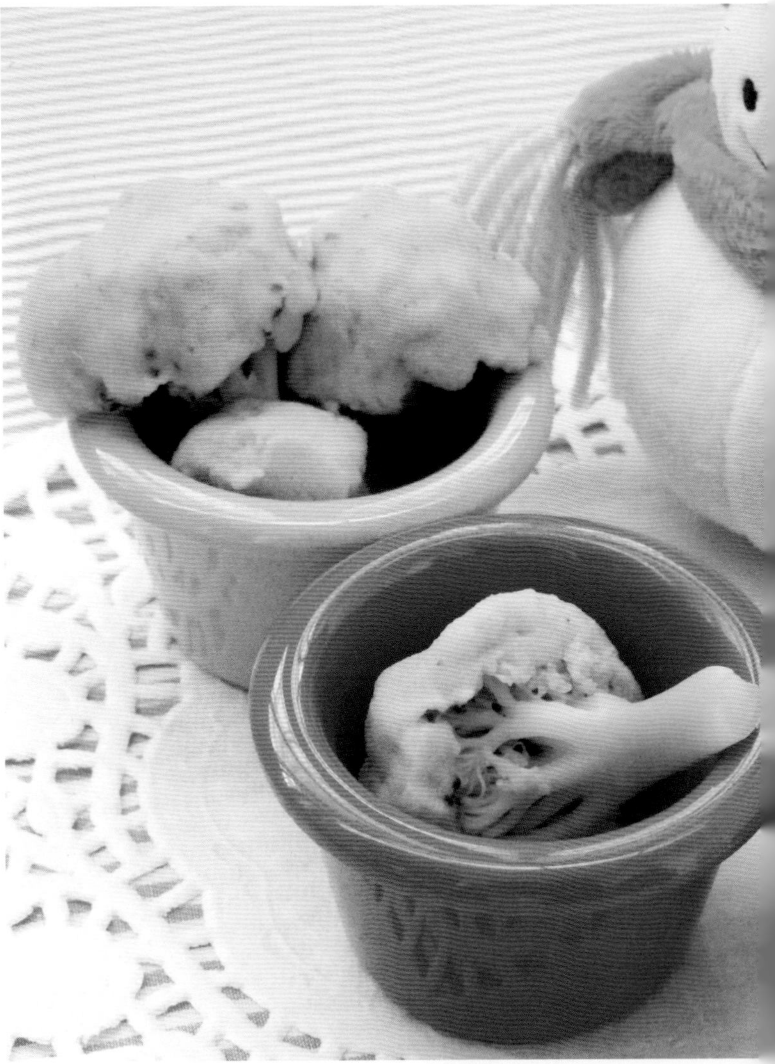

材料

魚肉……70g
馬鈴薯……70g
起司……5g
蔥……少許
檸檬汁……少許
花椰菜……少許

做法

❶ 將所有材料（除花椰菜之外）用料理棒打成馬鈴薯魚泥。

❷ 花椰菜稍微汆燙後沖冷水，表面沾少許麵粉，以幫助餡料附著於花椰菜上。

❸ 將做法❶的馬鈴薯魚泥包覆在花椰菜上，蒸約7～8分鐘即可。

Point

- 花椰菜汆燙後沖冷水蒸的過程中較不易氧化變黃。
- 這道食譜有加少許起司，所以建議 11m 以上寶寶食用，如果月齡較小的寶寶，可以將魚肉加一點白飯打成泥，一樣覆蓋在青花菜上。

食譜91
適用 11m 以上

寶寶高鈣麵條

使用菠菜泥除了保留纖維質外，芝麻的香氣也能掩蓋菠菜的味道，讓不喜歡蔬菜味道的寶寶較能接受蔬菜，是一道美味與營養兼顧的寶寶麵食。

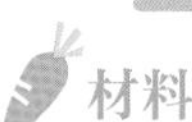

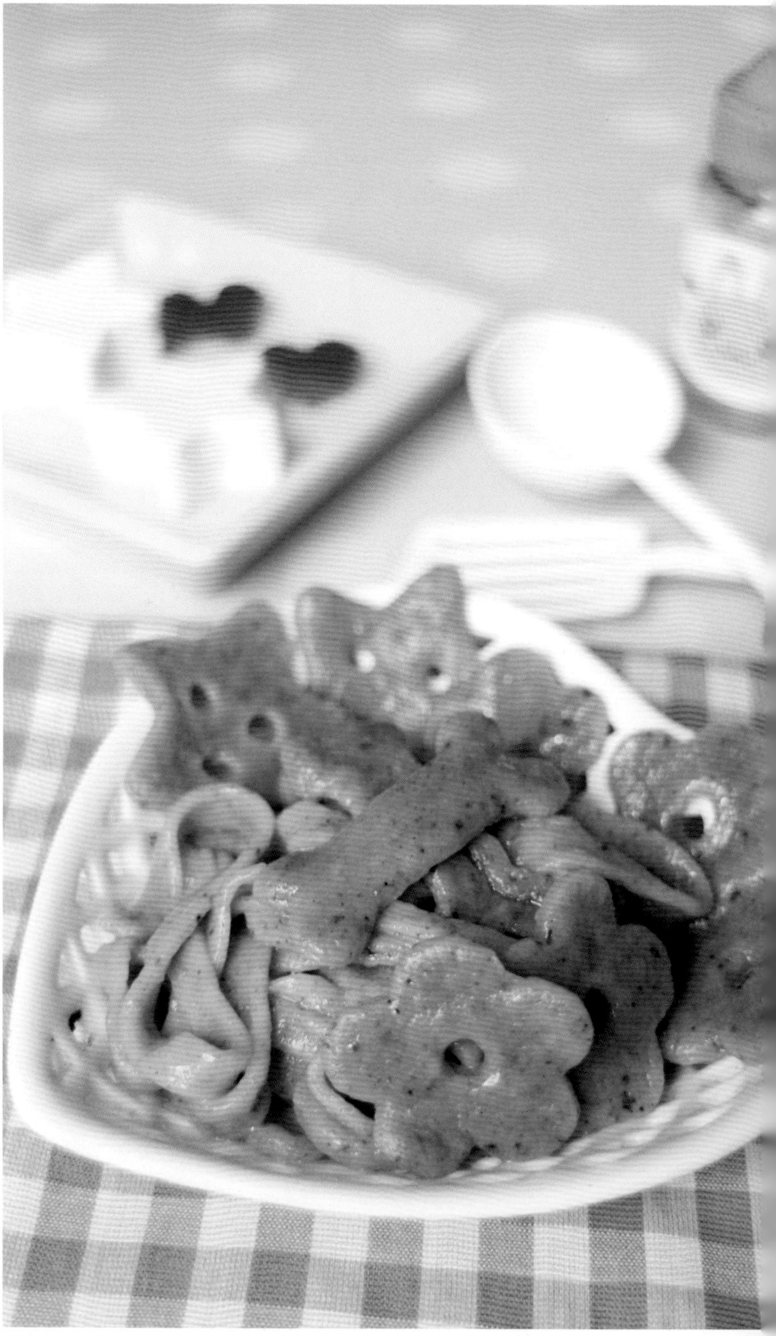

材料

菠菜泥…………50g
（或其它綠色蔬菜）
馬鈴薯泥………50g
低筋麵粉120～130g
黑芝麻粉 ………5g

做法

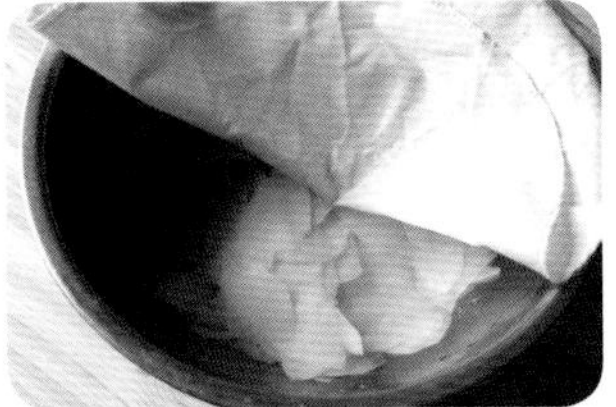

❶ 將馬鈴薯用削皮刀削成薄片，上面覆蓋蒸籠布，電鍋外鍋 1 ～ 2 米杯水蒸熟。

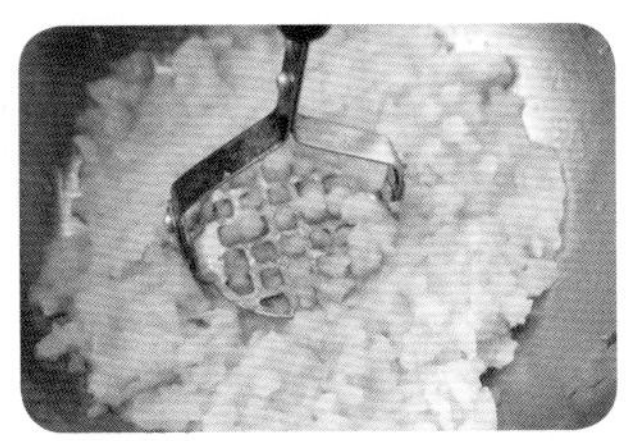

❷ 將馬鈴薯壓成泥或使用攪拌棒打成泥。

❸ 菠菜入鍋中稍微汆燙幾秒後撈起。

❹ 菠菜打成泥後，加入馬鈴薯泥和麵粉、芝麻粉。

❺ 用手掌按壓成糰，表面覆蓋擰乾的濕布，或抹少許麵粉，再用保鮮膜覆蓋，鬆弛 10 ～ 15 分鐘。

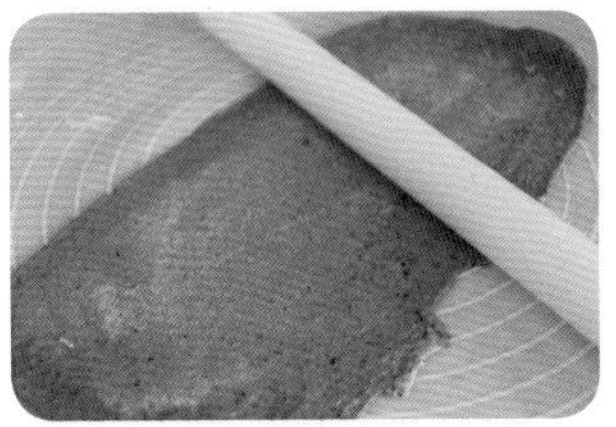

❻ 取出用桿麵棍桿平。

❼ 可用披薩刀或刀背切成麵條。

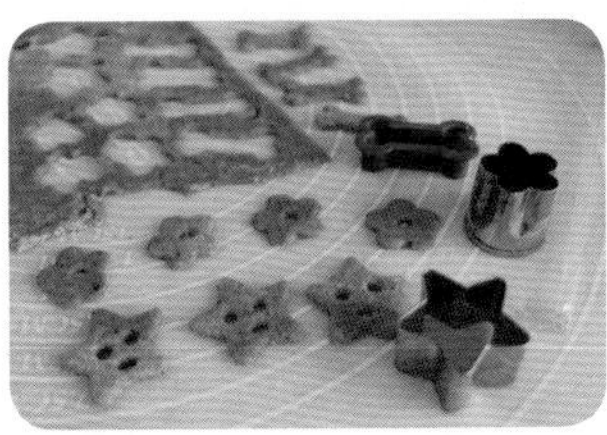

❽ 或用餅乾模壓出造型。

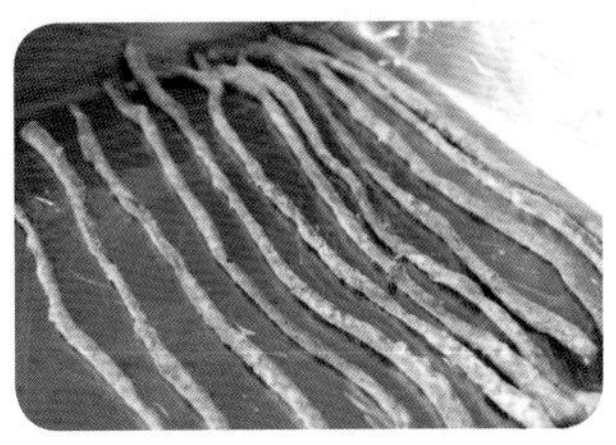

❾ 表面沾少許麵粉，再拍掉多餘麵粉，盤上鋪保鮮膜，冷凍冰硬後，可置於保鮮袋內繼續冷凍保存。

- 加入馬鈴薯泥製作的麵條，不僅能讓麵條口感較軟，維生素 C 也能增加菠菜和芝麻的鈣質吸收率（蒸熟的馬鈴薯仍然保留了約 6 成以上的維生素 C，如果整顆帶皮蒸熟，可以保留更多，但外鍋需要 4 米杯水）。
- 不直接使用菠菜汁是因為菠菜含有較高的草酸，容易與血液中的鈣離子結合，形成草酸鈣，另外葉菜類的硝酸鹽含量也頗高，因此利用汆燙來去除大部份的草酸和硝酸鹽，也同時保留蔬菜纖維。

食譜92
適用11m以上

彩蔬三色蛋

利用蔬菜繽紛的色彩，取代一般三色蛋的皮蛋和鹹蛋，很適合寶寶抓握，即使涼涼吃也很美味。

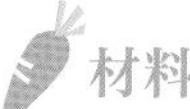

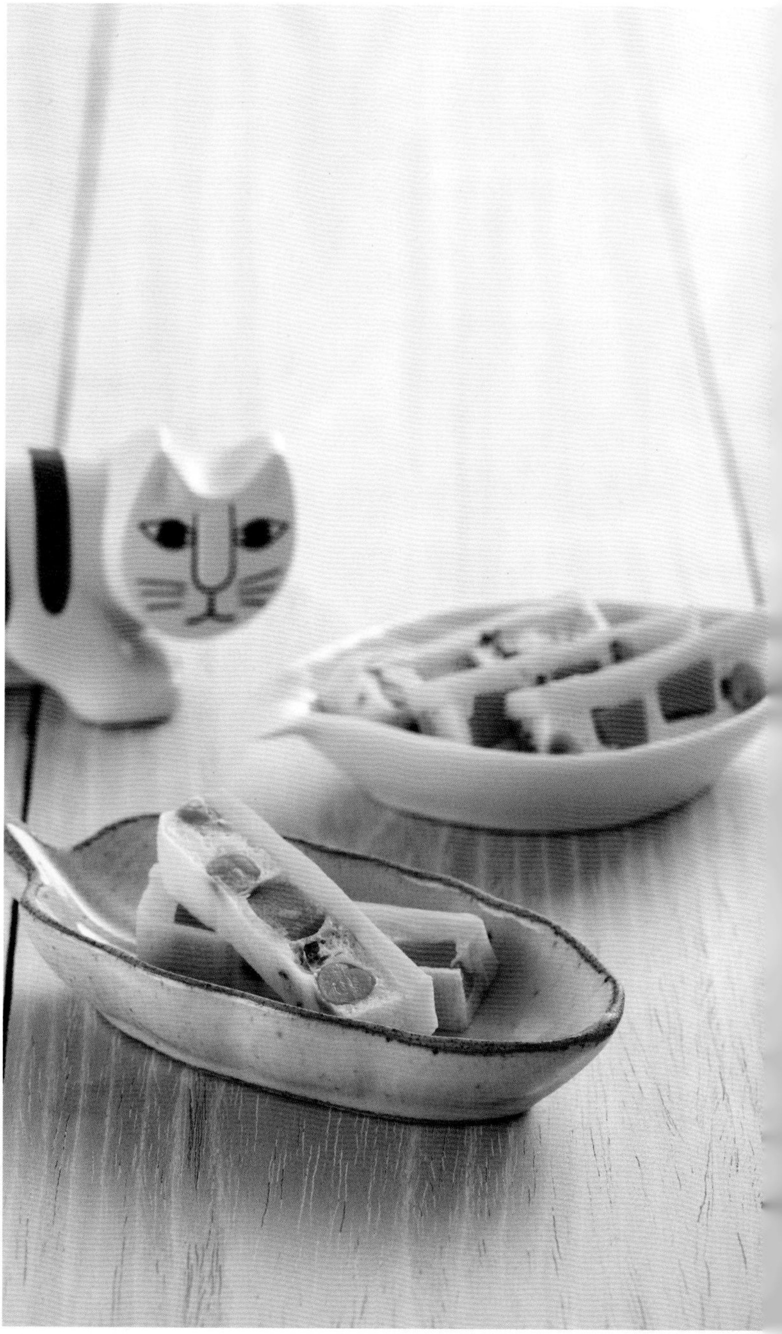

材料

雞蛋 ………… 2顆
綠花椰　約10小朵
（取綠花椰頂端約半個拇指大小）
青豆 ………… 少許
南瓜丁 ……… 少許
紅蘿蔔丁 …… 少許
牛奶 ………… 10g
（可用柴魚或昆布高湯取代）
日本太白粉 …… 2g

做法

❶ 將小株綠花椰、青豆、南瓜丁、紅蘿蔔丁燙軟。

❷ 容器內先鋪烘培紙。將牛奶、日本太白粉攪拌均勻，加入蛋白，再加入做法❶的蔬菜，倒入容器內。

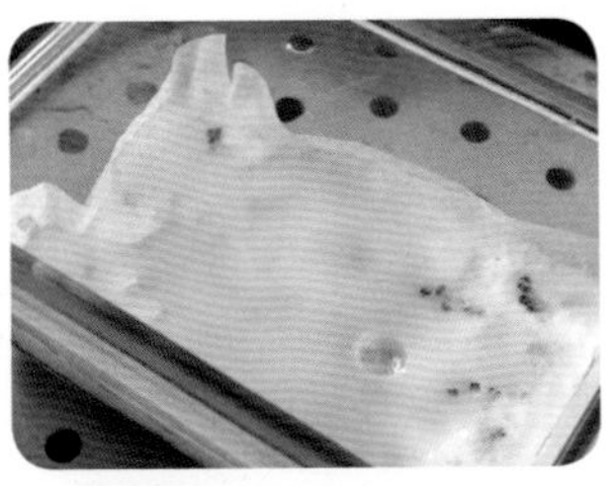

❸ 瓦斯爐水滾後轉中小火，蒸約5分鐘至蛋白表面凝固後再倒入蛋黃，約蒸1～2分鐘即可凝固成型。

❹ 稍微放涼後切片即可食用。

Point

- 蔬菜丁也可以用南瓜泥或菜泥取代，直接混合蛋白中即可。
- 如果希望蛋黃滑嫩一點，可以加5g的牛奶和1g的日本太白粉混合攪拌均勻。
- 因為沒有添加調味料，保存上容易變質，建議當天食用完畢。

火柴棒蝦球

利用蘆筍好抓握的特性，鑲上蝦球，很方便寶寶抓取食用，若寶寶對蝦過敏，也可以換成魚泥或肉泥唷！

- 蝦…………3～4隻
- 咖哩粉………少許（清洗蝦子用）
- 白軟飯……一小口（可省略）
- 蔥末…………少許
- 檸檬汁………幾滴
- 日本太白粉……少許（或玉米粉）
- 麵粉…………少許

做法

❶ 先用刀子在蝦背上劃一刀，洗去腸泥，蝦腹的腸泥則用牙籤剔除。

❷ 於蝦仁中加入少許咖哩粉抓一抓，再沖洗乾淨（幫助去腥）。

❸ 加入少許蔥末、白軟飯用料理棒打成泥，再滴入幾滴檸檬汁。如果太稀，可酌量加入少許日本太白粉。

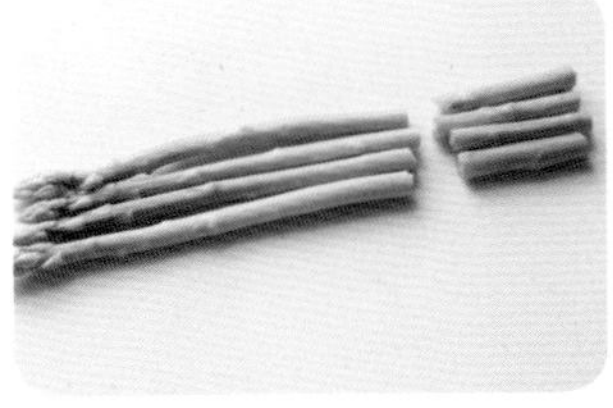

❹ 蘆筍尾端切除約 3 公分（避免系統性農藥殘留）。

❺ 蘆筍放入鍋中，加點冷水，開始加熱（不一定要到沸騰）。

❻ 燙好的蘆筍沖一下冷水，一端沾裹少許麵粉（幫助蝦丸黏著）。

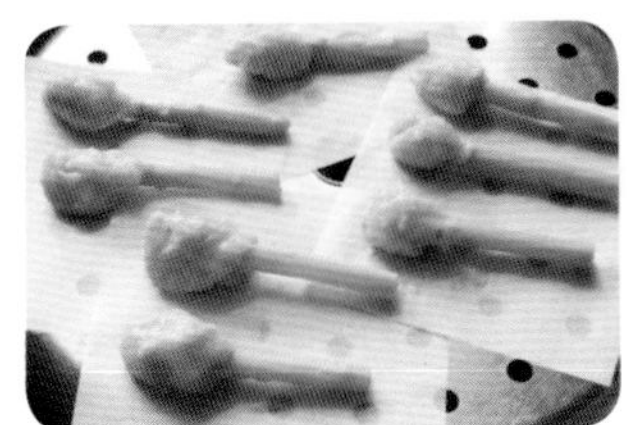

❼ 裹上蝦泥後，放到蒸盤的饅頭紙上，蒸約 2 ～ 3 分鐘，待蝦丸變紅即可。

- 蝦背上的腸泥，是蝦子尚未排泄完的廢物，比較令人擔心的是汞的殘留，因此務必要先將腸泥抽掉。
- 做法 ❺ 的蘆筍在加熱過程中，水蒸氣可幫助去除大部份的系統性農藥殘留，但還是建議烹煮前先以軟毛刷在流動的水中，邊刷邊洗。
- 台灣每年的 4 ～ 9 月是蘆筍盛產的季節，建議盡量選購台灣當季採收的蘆筍。

苦瓜甜甜圈

利用地瓜和玉米的香甜來掩蓋苦瓜味，增加寶寶的接受度，較不易養成挑食的習慣，苦瓜也能換成其它寶寶較不喜愛的蔬菜，例如青椒 。

材料

苦瓜………約 1/5 條
地瓜泥………… 20g
玉米泥………… 20g
蛋黃…………… 1 顆
低筋麵粉……… 10g

Point

- 現在市面上也有口感較清甜的蘋果苦瓜，媽咪們可以不用擔心寶寶害怕苦瓜味。
- 這道食譜是為了讓寶寶嘗試香甜以外的滋味、促進味蕾的刺激，當然如果寶寶還是很抗拒也不肯吃，建議媽媽勿強迫餵食，盡量保持用餐的氣氛愉快，讓寶寶對任何食物都能保有良好印象。

做法

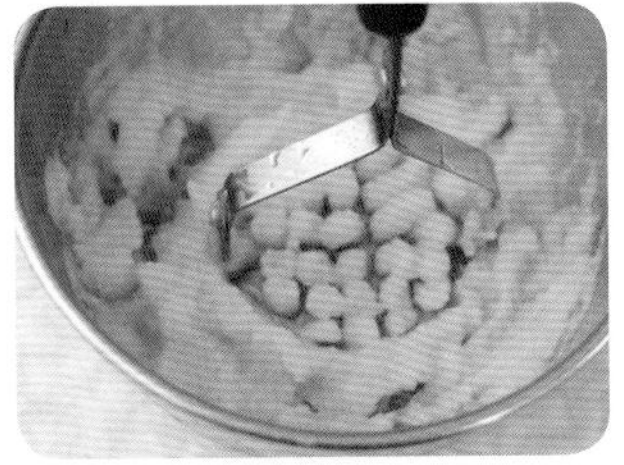

① 地瓜蒸熟後壓成泥。

② 玉米用刨絲器磨泥。

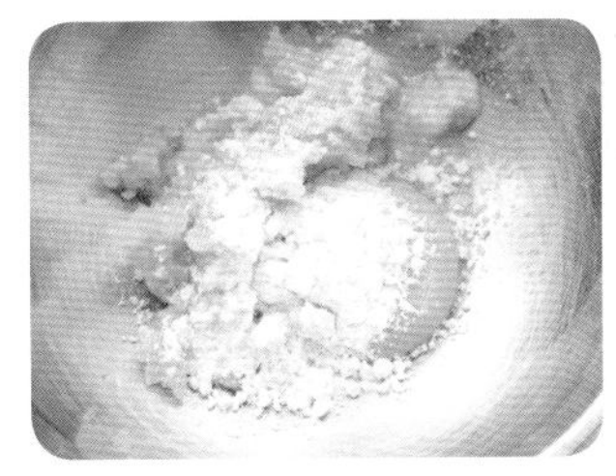

③ 做法❶、❷混合蛋黃及麵粉拌均成地瓜玉米麵糊。

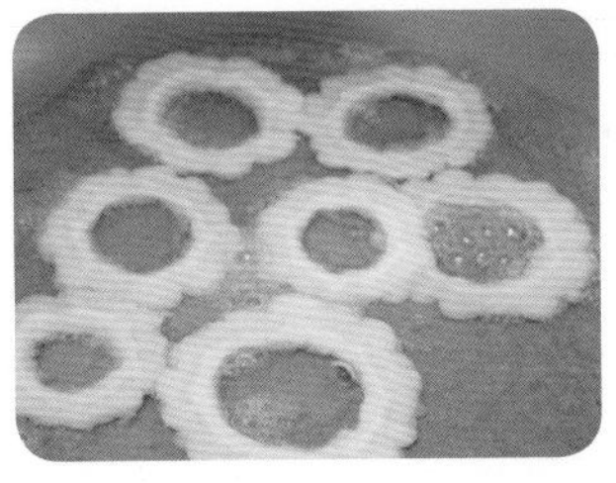

④ 苦瓜切薄片燙熟後，沖冷水。

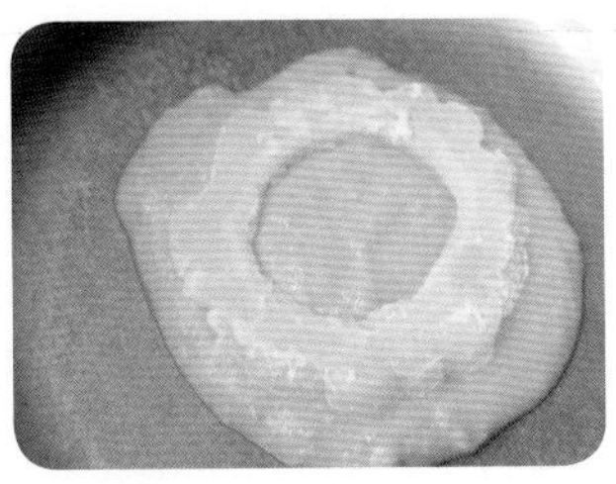

⑤ 將燙熟的苦瓜沾滿地瓜玉米麵糊。

⑥ 平底鍋抹少許油，入鍋中小火煎熟即可。

其他做法

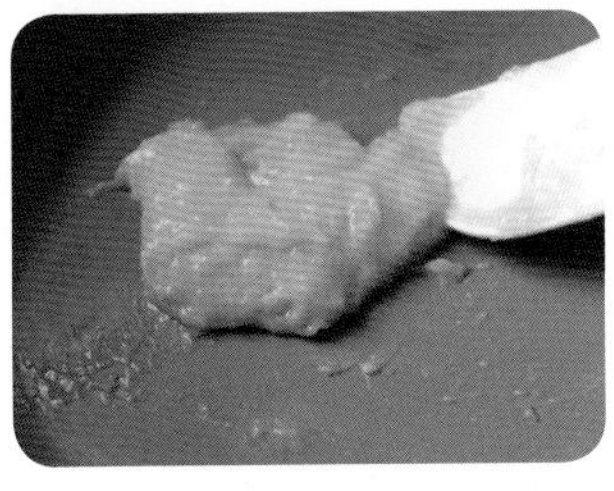

① 可以將地瓜泥或南瓜泥 40g 混合牛奶或水 80g，加入無鹽奶油 5g 及麵粉 5g，攪拌均勻後，倒入鍋中一邊加熱並攪拌，直到成為濃稠的南瓜卡士達醬。

② 再將南瓜卡士達醬沾裹在燙熟的苦瓜圈或苦瓜塊上，表面再包覆白飯和沾少許熟芝麻即可。

食譜95
適用 11m 以上

絲瓜堡貝

利用餅乾模具將蔬菜壓出形狀，增加寶寶對食物的興趣，也可以告訴寶寶，這是小星星唷！一般五金小賣場或烘培用品店，都可以買到這種不鏽鋼的餅乾模。

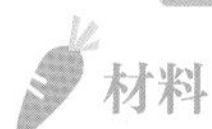

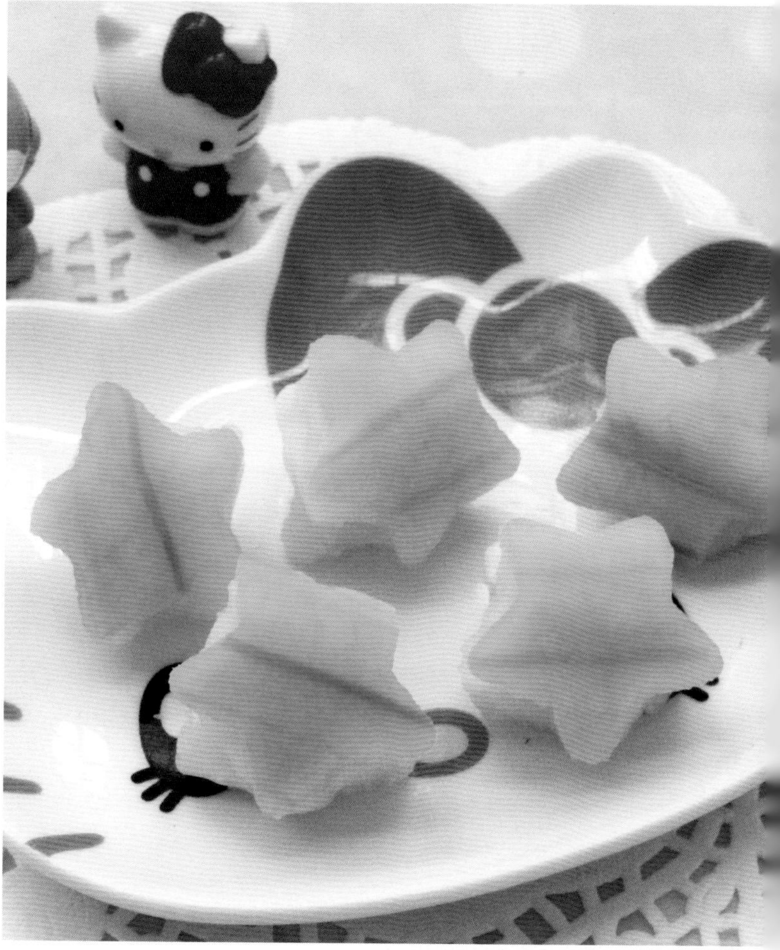

材料

絲瓜⋯1/2 條或 1 條
蒸熟馬鈴薯⋯⋯半顆
起司⋯⋯⋯⋯⋯⋯5g

Point

- 靠近綠色果肉的部份，我用刀子切出縫隙（沒有切斷），就可以像漢堡一樣，夾入米飯或薯泥，這裡我用蒸熟的馬鈴薯＋少許起司，淡淡的起司和薯泥的香氣，為絲瓜提升不少鮮甜的風味。
- 建議 9m ～ 1 歲的寶寶一天勿攝取超過半片（5g）的起司，以免造成寶寶腎臟的負擔。

做法

❶ 先將絲瓜切成和餅乾模差不多寬的長條狀，中間有籽的地方稍微切掉一些。

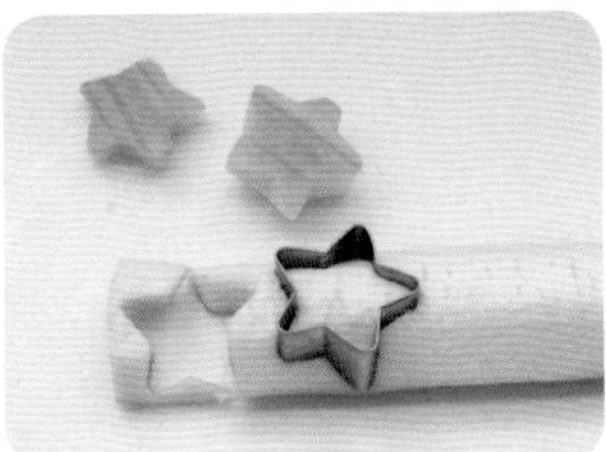

❷ 以餅乾模壓出星星形狀。

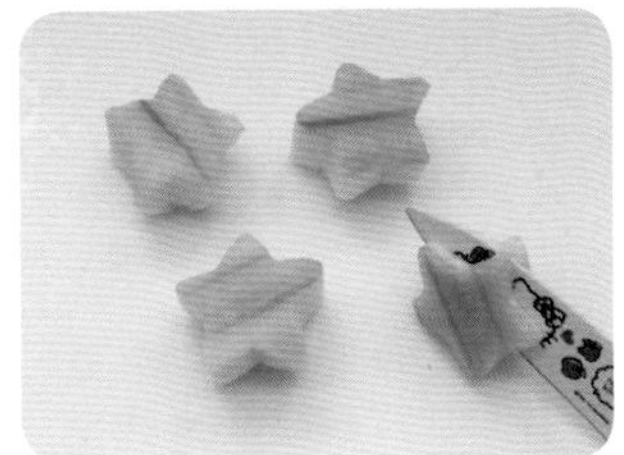

❸ 用刀子在靠近綠色的地方切開縫隙（勿整個切斷）。

❹ 入鍋將星星絲瓜燙熟。

❺ 蒸熟馬鈴薯趁熱加入少許起司，壓成泥（也可以使用湯匙）。

❻ 將薯泥夾入像漢堡的絲瓜縫隙中，即可直接食用。

貞穎媽烹飪心得

起司的選購建議

以前貞穎媽都是參考網路媽媽們的建議購買低鈉的起司片，不過因為這種起司片大多屬於再製的加工起司，尤其成份中的磷酸鈉、檸檬酸鈉等，也是隱形的鈉，所以比較不適合寶寶，

不過，現在市面上也有天然乾酪切成片狀的小包裝產品，建議媽咪們先看清楚包裝上的成份是否為生乳，若是包裝的成份標示為天然乾酪天然乾酪，則為再製的加工起司。

另外，新鮮起司的鈉含量也較低，但新鮮起司未經熟成，所以也不建議 2 歲以下寶寶直接食用。

食譜96 適用11m以上

寶寶南瓜水餃

這道食譜除了用來製作南瓜水餃之外，還可以製做成南瓜豆腐麵條，一種麵糰雙重享受。咀嚼能力較佳的寶寶，也可將豆腐省略，改以南瓜泥替代。

材料

Ⓐ材料（麵皮）：
南瓜泥 ………… 70g
有機嫩豆腐 …… 30g
低筋麵粉 ……… 150g
（或中筋）

Ⓑ材料（內餡）：
高麗菜 ………… 40g
（有用熱開水燙過）
豬絞肉 ………… 40g
蔥 ……………… 1根
（或少許洋蔥泥或蘋果泥）
白飯 …………… 10g
水 ……………… 10g

做法

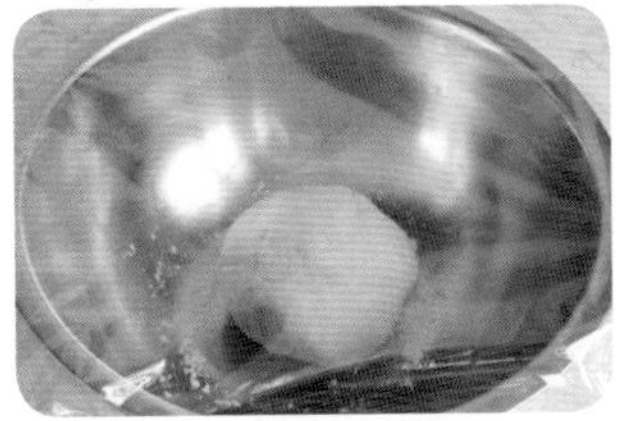

❶ 混合材料Ⓐ拌均，搓揉成糰，揉好的麵糰置於盆中，於盆子上方覆蓋保鮮膜，防止麵糰表面乾燥變硬，鬆弛約 10 分鐘後再取出。

❷ 取出麵糰後以桿麵棍桿平，並於表面塗抹薄薄的麵粉（二面都要塗）。

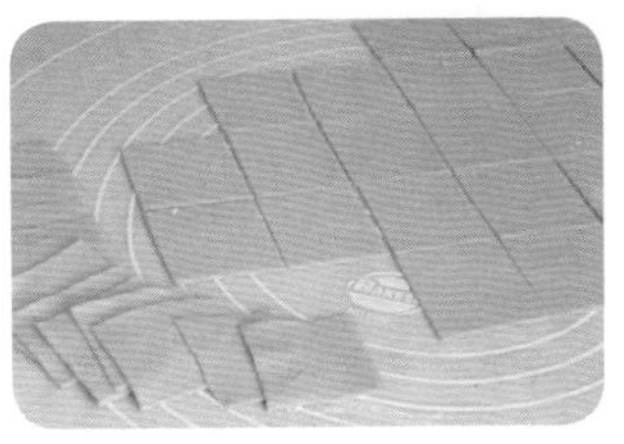

❸ 將麵糰桿平後，切成寬度約 2 ～ 3 公分四方形的麵皮。

❹ 混合材料Ⓑ內餡，以調理棒打成泥成肉漿。

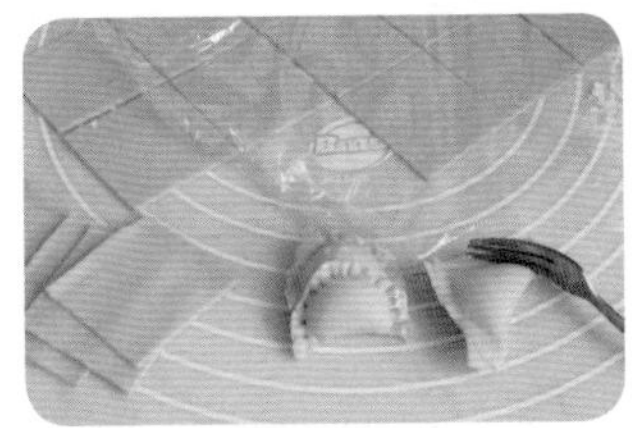

❺ 將做法 ❹ 包入做法 ❸ 並對折，邊邊用手或叉子壓緊。

❻ 包好的水餃，約 10 圓硬幣大小，煮熟後即可食用。

另一種做法

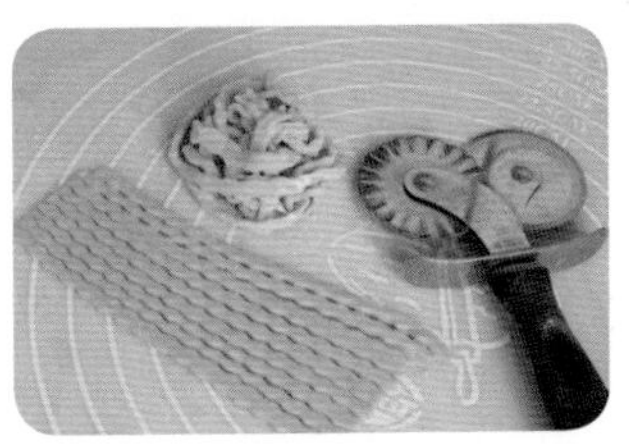

・南瓜豆腐麵條：剩下的麵糰可以桿平後切成麵條，切好後要灑少許麵粉，才不會沾黏。

Point

✿ 一般切過的高麗菜如果直接裝入保鮮袋，比較容易受潮，可以使用料理紙先包覆，再裝進保鮮袋內，較能保持乾燥，且不易滋生細菌，其它葉菜類也可以這樣包裝冷藏唷！

✿ 切割好的水餃皮（也可以用藥杯壓出圓形的餃子皮），必須在表面抹薄薄的麵粉，再堆疊。

食譜97
適用11m以上

白飯黑糖糕

使用白飯來製作的黑糖糕，整體口感也較發糕濕潤、細緻許多，而冰過之後，淡淡的米香和黑糖香，好吃的程度並不遜於真正的黑糖糕唷！

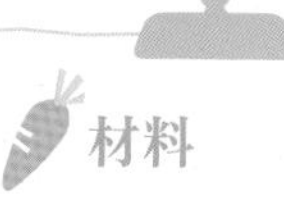

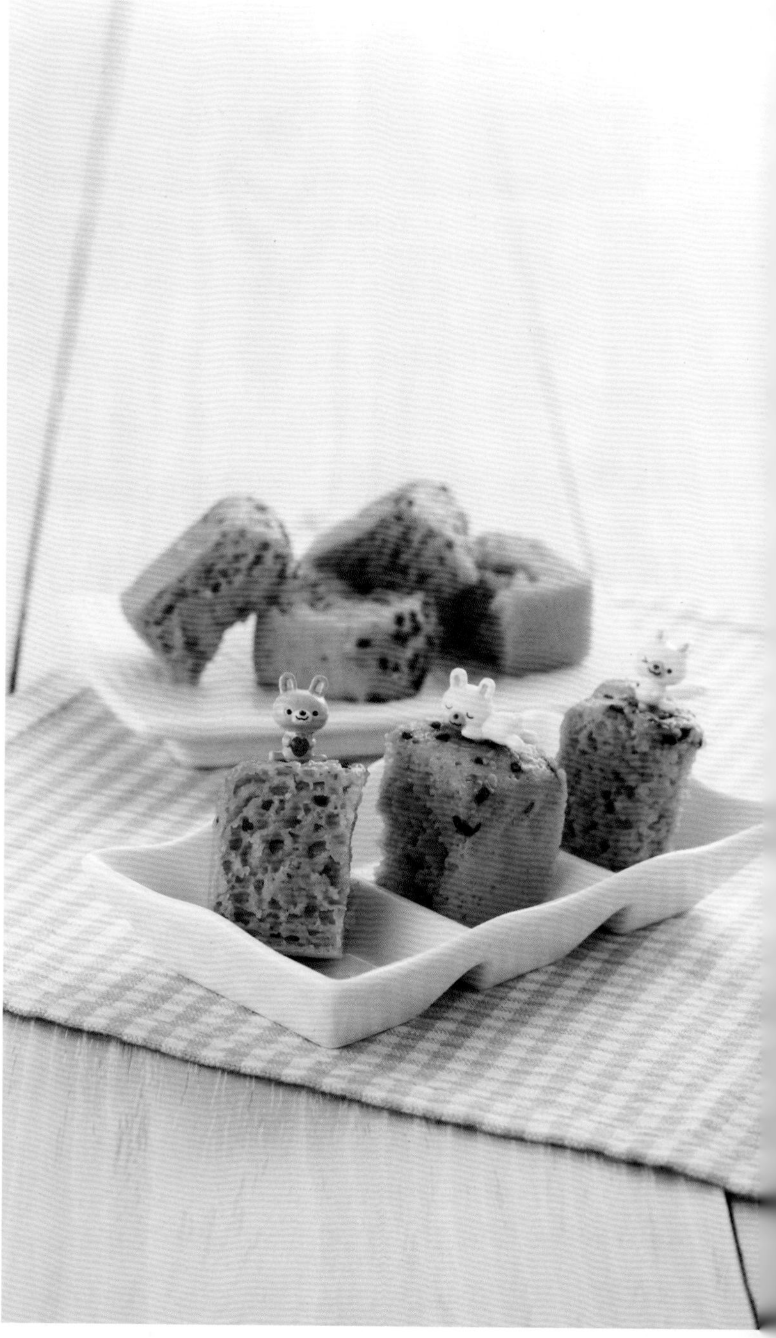

材料

白飯…50g+水100g
酵母粉……………1g
黑糖…20g+水50g
高筋麵粉……… 50g
低筋麵粉……… 50g
（或全使用中筋麵粉100g）
黑白芝麻……… 少許

做法

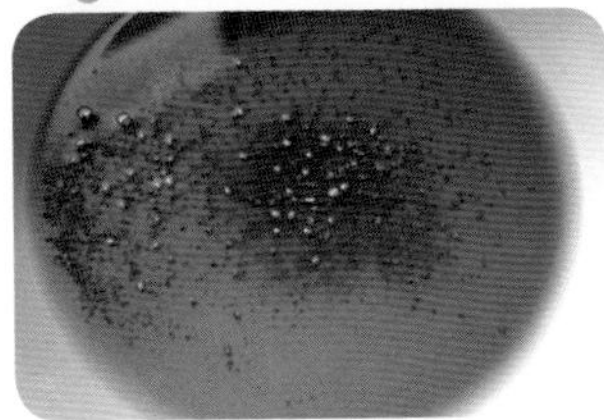

❶ 黑糖 20g+ 水 50g，入鍋中小火加熱，至黑糖完全溶解。

❷ 白飯 50g+ 水 100g，用料理棒打成米漿。

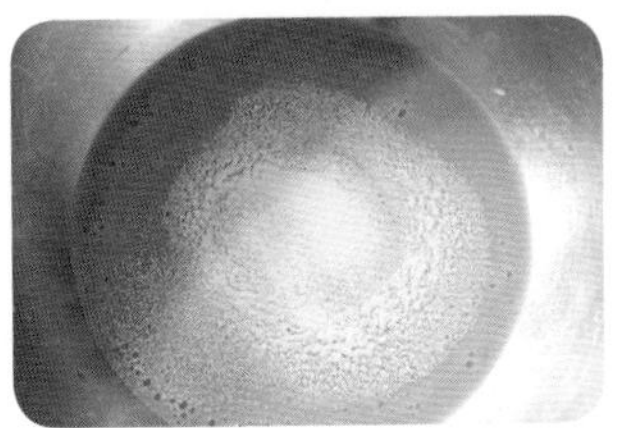

❸ 做法 ❶ + 做法 ❷ + 酵母粉，攪拌均勻。

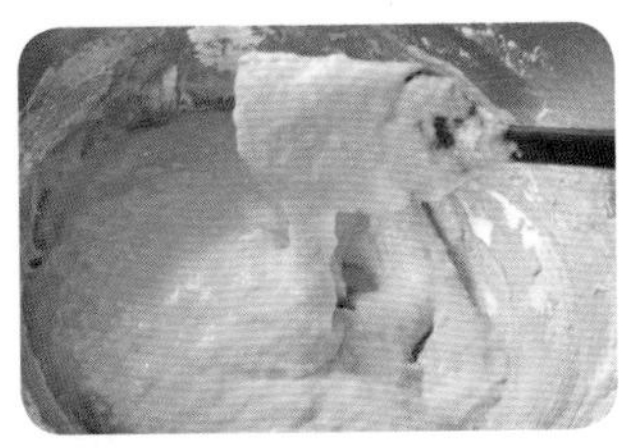

❹ 再加入高筋及低筋麵粉共 100g，攪拌均勻。

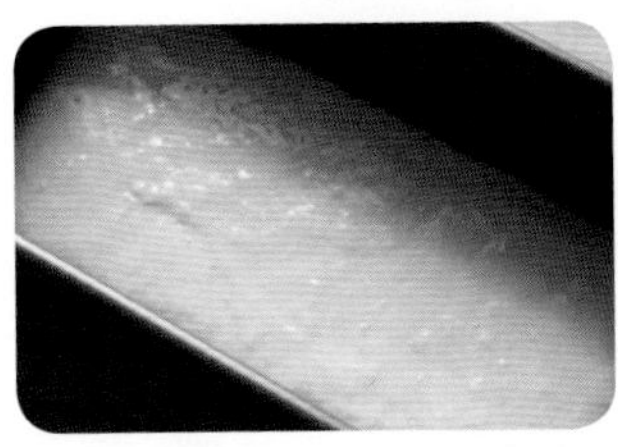

❺ 倒入模具，靜置發酵約 50 分鐘～ 1 小時（夏天發酵 40～50 分鐘即可）。

❻ 於麵糊上均勻灑上黑白芝麻，置於電鍋插電並按下開關。

❼ 蒸至跳起後，立刻拔掉插頭，待 1～2 分鐘後再掀蓋。

❽ 稍微放涼後，倒扣將黑糖糕敲出即可。

❻ 用刀子切塊時，可在刀子上抹少許油脂，避免沾黏。

Point

- 使用白飯來增加黑糖糕的 Q 度，而一般黑糖的份量約為總粉量的 1/2，而這道配方裡只使用 1/7 不到的黑糖量，所以外觀顏色較淺，口感也略像微 Q 的發糕。
- 做法 ❺，我使用不沾吐司模，若為不銹鋼或玻璃容器，可先鋪烘焙紙再倒入麵糊。

食譜98
適用 11m 以上

米漢堡

利用少量的馬鈴薯泥，來增加米漢堡的團結性，除能讓米粒不容易脫落外，還多了馬鈴薯的香氣，風味也加分許多。

材料

Ⓐ材料（漢堡）：

冷飯……… 約100g
馬鈴薯泥 10～20g
黑芝麻…………少許

Ⓑ材料（內餡）：

高麗菜丁……… 少許
甜椒丁………… 少許
韭菜丁………… 少許
蛋液…………… 20g
麵粉…………… 10g

做法

1 將材料B中的蔬菜入鍋汆燙。

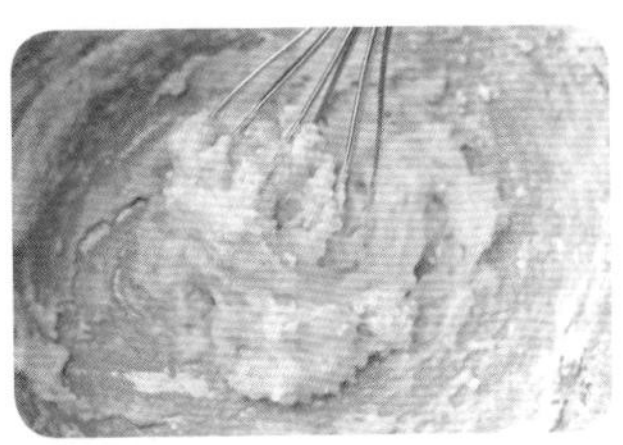

2 混合材料B中的蛋液和麵粉。

3 做法❶與做法❷混合後，再過篩。

4 鍋內抹少許油，將做法❸填入餅乾模內（或煎蛋器，或省略模具直接煎）。

5 將模具抽出，小火慢慢煎熟。

6 冷飯混合馬鈴薯泥後，填入模具內，用湯匙或手輕輕壓緊，再抽出模具。

7 翻面前可在底部先鋪少許芝麻，再翻面煎至表面定型，包入做法❺即可。

Point

- 內餡可用其他寶寶喜歡的蔬菜取代。
- 這道的內餡只使用蛋液和蔬菜，也可以加少許豬絞肉，但希望一開始能讓寶寶先愛上青菜的味道，畢竟肉類通常令人難以抗拒。

食譜99
適用11m以上

鹹光餅

鹹光餅因為沒有添加雞蛋，所以利用發酵數小時的老麵達到蓬鬆的效果，吃起來只有淡淡的麵粉香，很適合讓寶寶慢慢啃咬咀嚼。

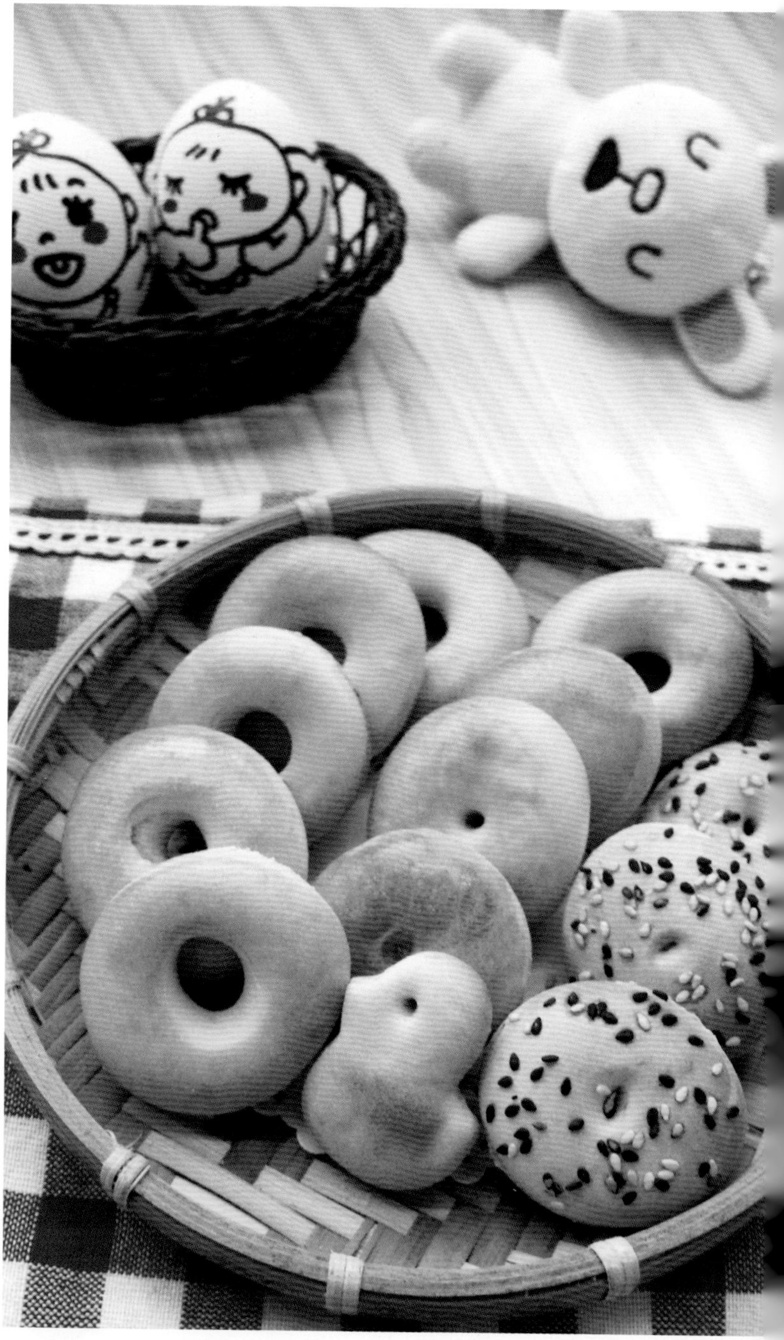

材料

Ⓐ材料（老麵）：

中筋麵粉……75g
水……50g
速發酵母粉1/8茶匙

Ⓑ材料（主麵團）：

中筋麵粉……150g
水……63g
速發酵母粉……1g或1/4茶匙
糖……10g
玄米油……5g

做法

1. 先將材料Ⓐ用筷子用力攪拌均勻，盆子上面包覆保鮮膜，靜置 4 ～ 5 小時（夏天 2 ～ 3 小時）。

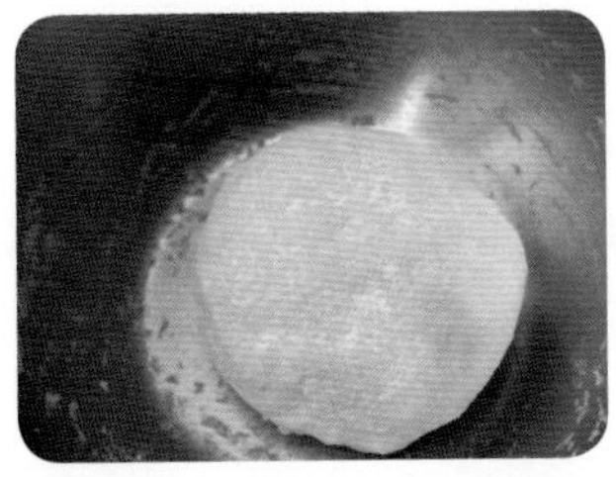

2. 將材料Ⓑ混合均勻後，加入做法❶的老麵，揉成表面光滑的麵糰，上面再抹少許麵粉，盆上包覆保鮮膜，靜置 10 分鐘。

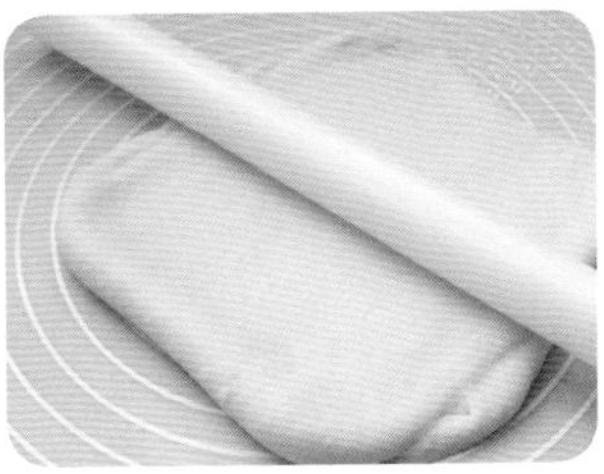

3. 將麵糰桿平，約 0.5 公分的厚度。

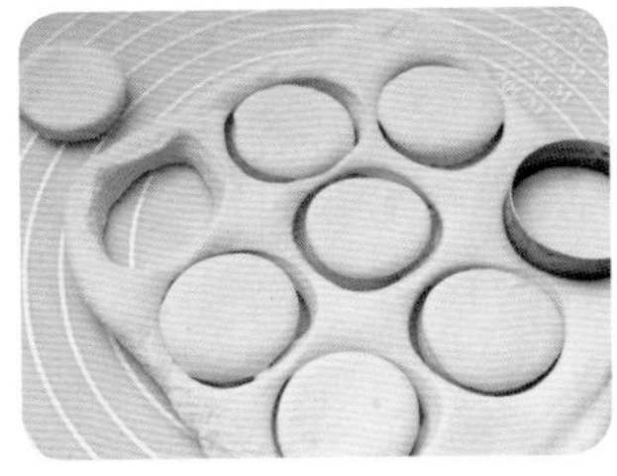

4. 用圓的餅乾模壓模後（或圓形瓶蓋壓成圓形麵糰），上面覆蓋擰乾的濕布（或先放到烤箱的烘焙紙上，在烤箱裡面靜置發酵），做最後一次發酵 20 分鐘（夏天的 10 分鐘）。

5. 烤箱先以 200 度預熱，用小吸管或大吸管在圓形麵糰中間挖洞後，放進烤箱的烘焙紙上。

6. 表面刷上稀釋的蛋液，上面也可灑一點芝麻。

7. 烤箱上火 200 度，下火 160 度烤 15 分鐘，取出後覆蓋乾的棉布，放涼後再放入樂扣盒或密封袋內保存。

✿ 自製餅乾或麵包置於密封容器或密封袋內，需要再添加一小包乾燥劑，以防產品受潮變質，乾燥劑可以在烘焙用品店購買。

食譜100
適用 11m 以上

米香雞塊

利用嬰兒米粉來做雞塊的麵糊，可軟可酥脆，也帶有淡淡的米香，是很健康的寶寶雞塊。

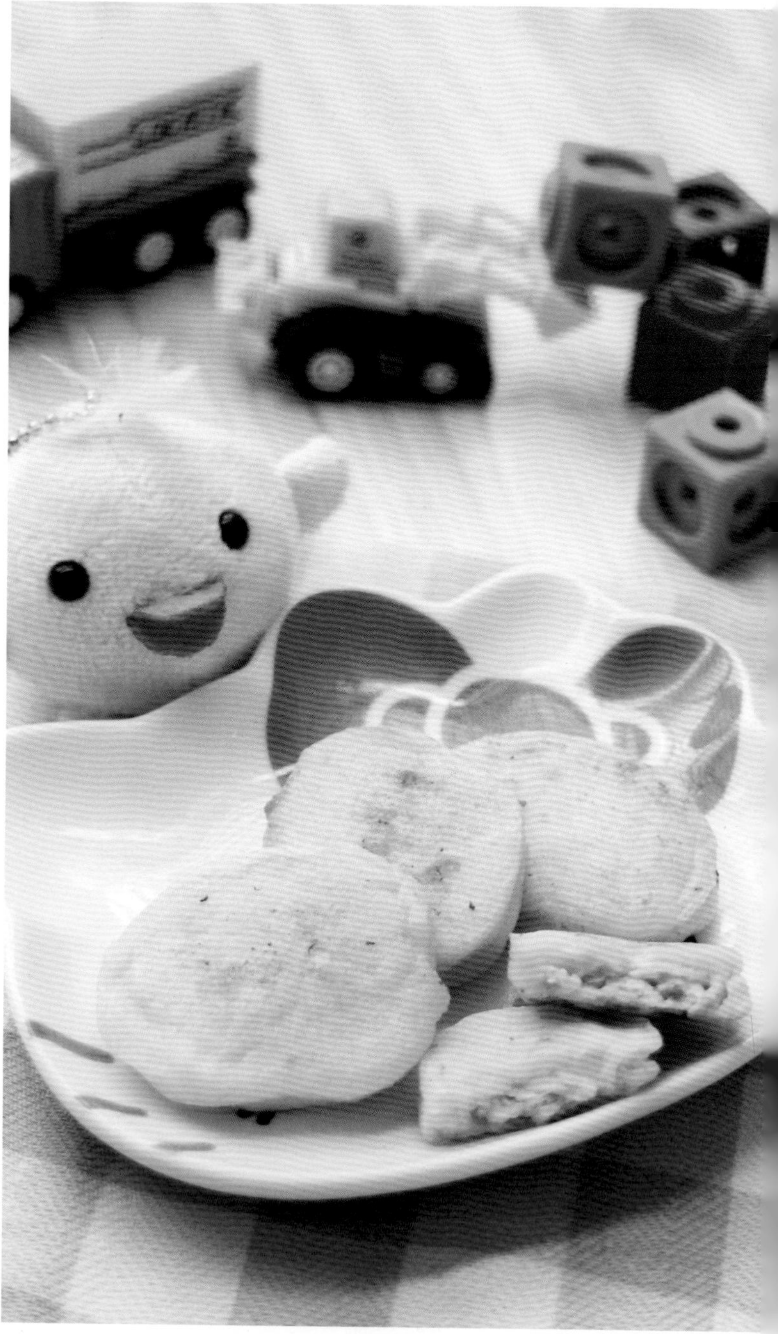

材料

Ⓐ材料（麵糊）：

嬰兒米粉…………5g
水…………………20g
玄米油……………5g
麵粉………………10g
（中、低、高筋皆可）
蛋黃………………1顆

Ⓑ材料（雞肉內餡）：

雞里肌……………30g
蛋白………5～10g
蔥末………………5g
胡椒粉……………少許
檸檬汁……………少許

做法

❶ 嬰兒米粉加水，攪拌均勻。

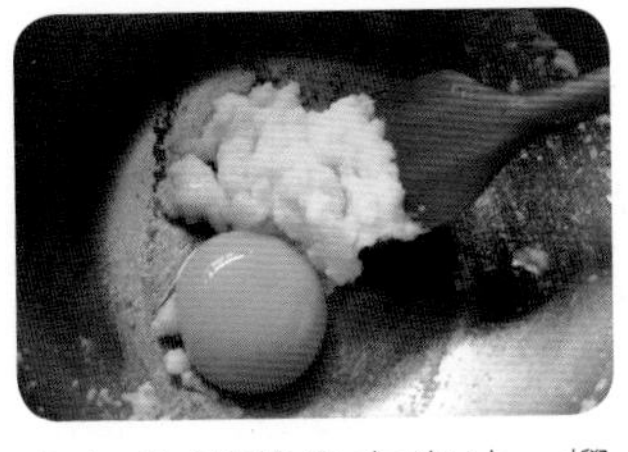

❷ 加入蛋黃和玄米油，攪拌均勻。

❸ 繼續加入麵粉攪拌均勻成麵糊。

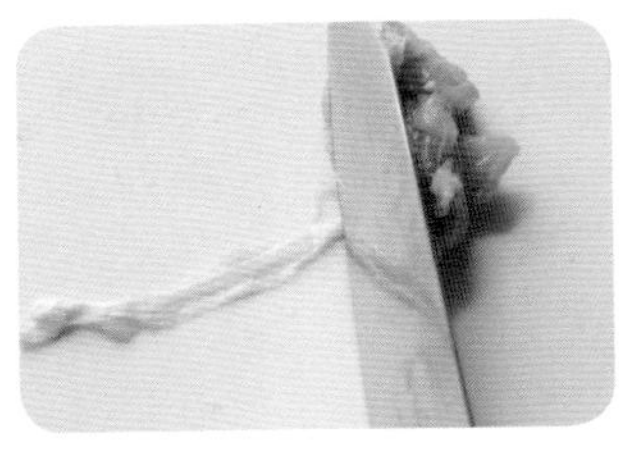

❹ 雞里肌肉用滑刀的方式，去除筋膜。

❺ 將雞肉切成碎末，再用壓泥器壓碎。

❻ 加入蛋白和蔥末，攪拌均勻成內餡。

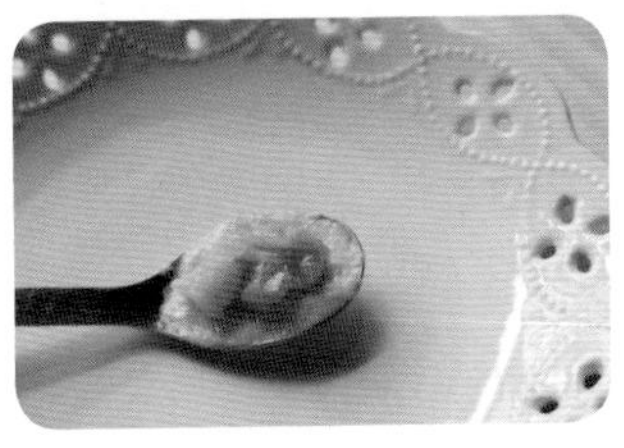

❼ 先將少許麵糊放入湯匙中，再放入內餡。

❽ 上面再覆蓋一層麵糊。

❾ 鍋內抹少許油後，入鍋小火煎至成型即可。

Point

- 也可用白飯飯泥取代嬰兒米粉，但麵粉要視濃稠度增減。
- 做法❺也可改用打泥的方式，但需以一小口飯泥取代蛋白。
- 如果追求市售雞塊口感，則內餡用少許檸檬汁去腥，並混合少許蔬菜，外層裹薄薄的麵粉，再裹蛋液，最後再裹一層麵粉即可；但做法需要多一點油脂，以半煎炸的方式完成。

特別篇 寶寶醬料大集合

寶寶沙拉醬（右前一）

材料：

有機豆腐………50g
蘋果泥…………30g
玄米油…………10g
檸檬汁少許（防止蘋果泥氧化變黑）

做法：

- 用攪拌器將材料打成泥後，入鍋中翻炒，收乾水分。

寶寶青醬（左前一）

材料：

綠花椰…約10小朵
洋蔥……………少許
（增加香甜度，可省略）
九層塔………… 數片
玄米油…… 2～3g

做法：

- 將綠花椰和洋蔥汆燙至軟，加入玄米油、九層塔，用攪拌器打成泥後再倒入鍋中稍微翻炒收乾水份。

寶寶醬油、醬油膏和海苔醬（右二）

材料：

有機黑豆鼓……10g
香菇末…………2朵
水……………100g
嬰兒米精……少許
壽司海苔 1 片（或紫菜少許）

做法：

1. 將豆鼓和香菇末加水，入鍋中熬煮（也可以放入電鍋內蒸），瀝出的醬汁即是寶寶醬油。
2. 將煮好的香菇豆鼓汁打成泥，即成醬油膏（或是醬油＋米精，或醬油＋白軟飯打成泥）。
3. 做法❶（或做法❷）加入撕碎的壽司海苔或紫菜，熬煮到水份收乾，即成海苔醬。

寶寶番茄醬・義大利麵紅醬（右三）

材料：

番茄……………1顆
洋蔥…………1/4顆
嬰兒米精……少許

做法：

1. 番茄底部用刀子劃十字，加入少許洋蔥，放進電鍋，外鍋半杯水蒸熟。
2. 將番茄皮撕開後和洋蔥打成泥，入鍋中翻炒，加入少許嬰兒米精來增加黏稠度即可。

寶寶酪梨南瓜醬（左二）

材料：

酪梨……………半顆
南瓜……………約50g
（和酪梨泥等重）
檸檬汁………少許

做法：

・將酪梨用湯匙刮成泥，加入少許檸檬汁，防止酪梨泥氧化變黑，加入等量的南瓜泥，即完成酪梨南瓜醬。

寶寶白醬（左三）

材料：

蒸熟馬鈴薯……40g
洋蔥……………5g
奶粉……………5g
水………………80g

做法：

・將材料用攪拌器打成泥後，入鍋中翻炒成濃稠狀，也可以加入少許嬰兒米精增加黏稠度。

貞穎媽嬰幼兒手指食物

作　　者／吳貞穎
選　　書／陳雯琪
主　　編／陳雯琪

行銷企畫／洪沛澤
行銷經理／王維君
業務經理／羅越華
總 編 輯／林小鈴
發 行 人／何飛鵬
出　　版／新手父母出版
城邦文化事業股份有限公司
台北市中山區民生東路二段 141 號 8 樓
電話：(02) 2500-7008　傳真：(02) 2502-7676
E-mail：bwp.service@cite.com.tw
發　　行／英屬蓋曼群島商家庭傳媒股份有限公司城邦分公司
台北市中山區民生東路二段 141 號 11 樓
讀者服務專線：02-2500-7718；02-2500-7719
24 小時傳真服務：02-2500-1900；02-2500-1991
讀者服務信箱 E-mail：service@readingclub.com.tw
劃撥帳號：19863813
戶名：書虫股份有限公司

香港發行所／城邦（香港）出版集團有限公司
香港灣仔駱克道 193 號東超商業中心 1F
電話：(852) 2508-6231　傳真：(852) 2578-9337
E-mail：hkcite@biznetvigator.com
馬新發行所／城邦（馬新）出版集團 Cite(M) Sdn. Bhd. (458372 U)
11, Jalan 30D/146, Desa Tasik,
Sungai Besi, 57000 Kuala Lumpur, Malaysia.
電話：(603) 90563833　傳真：(603) 90562833

封面、版面設計／徐思文
內頁排版、插圖／徐思文
攝影／子宇影像有限公司 · 徐榕志
製版印刷／科億彩色製版印刷有限公司
2016 年 8 月 11 日初版 3.2 刷
Printed in Taiwan
定價 420 元
ISBN 978-986-5752-43-9

國家圖書館出版品預行編目 (CIP) 資料

貞穎媽嬰幼兒手指食物 / 吳貞穎著 . -- 初版 . --
臺北市 : 新手父母 , 城邦文化出版 : 家庭傳媒
城邦分公司發行 , 2016.07
面 ;　公分 . -- (育兒通系列 ; SR0083)
ISBN 978-986-5752-43-9(平裝)
1. 育兒 2. 小兒營養 3. 食譜
428.3　　105010452